高等学校教材

概率论与数理统计
习题全解指导

同济大学数学科学学院 编

中国教育出版传媒集团
高等教育出版社·北京

内容提要

本书是同济大学数学科学学院编写的《概率论与数理统计》教材的配套教学辅导书。为方便教学，主教材在每一小节后面都安排了难易不同的习题，方便教师和学生做到每课一练。本书每节安排了“内容概要”，方便学生复习和掌握各节知识要点，并按照教材的章节次序给出了每道习题的详细解答。

本书可供高等学校理工科各专业学生作为学习概率论与数理统计课程的参考书，也可供学生作为参加全国硕士研究生招生考试的复习辅导书。

图书在版编目（CIP）数据

概率论与数理统计习题全解指导 / 同济大学数学科学学院编. -- 北京 : 高等教育出版社，2024.9

ISBN 978-7-04-062257-7

Ⅰ. ①概… Ⅱ. ①同… Ⅲ. ①概率论-高等学校-教学参考资料②数理统计-高等学校-教学参考资料 Ⅳ. ①O21

中国国家版本馆 CIP 数据核字(2024)第 106221 号

Gailülun yu Shuli Tongji Xiti Quanjie Zhidao

策划编辑 贾翠萍　责任编辑 贾翠萍　封面设计 王凌波 王 琰　版式设计 李彩丽
责任绘图 李沛蓉　责任校对 陈 杨　责任印制 沈心怡

出版发行 高等教育出版社
社　　址 北京市西城区德外大街 4 号
邮政编码 100120
印　　刷 北京印刷集团有限责任公司
开　　本 787 mm×1092 mm 1/16
印　　张 15.5
字　　数 310 千字
购书热线 010-58581118
咨询电话 400-810-0598
网　　址 http://www.hep.edu.cn
　　　　 http://www.hep.com.cn
网上订购 http://www.hepmall.com.cn
　　　　 http://www.hepmall.com
　　　　 http://www.hepmall.cn
版　　次 2024 年 9 月第 1 版
印　　次 2024 年 9 月第 1 次印刷
定　　价 30.00 元

物 料 号 62257-00

前　言

本书是同济大学数学科学学院编写的《概率论与数理统计》教材的配套教学辅导书。为方便教学，主教材在每一小节后面都安排了难易不同的习题，方便教师和学生做到每课一练。本书每节安排了"内容概要"，方便学生掌握各节知识要点，按照教材的章节次序给出了每道习题的详细解答。

做题是学生学习和掌握数学知识的必不可少的途径，初学概率论与数理统计课程的学生常常不能掌握概率论与数理统计的思维方式，对做题会感到困难，本书会对这些学生有所帮助。通过多看、多思考解题方法和解题思路，能够有效地提高解题的能力和解题的技巧。

本书的"内容概要"部分由杨筱菡（第一、八章）、李莉娜（第二章）、王勇智（第三章）、花虹（第四章）、钱伟民（第五、六章）、钱志坚（第七、九章）编写，周叶青编写了全书的习题答案，各章编写教师对习题解答进行了审核。全书由花虹统稿。本书的编写得到了同济大学数学科学学院许学军教授和李忠华教授的关心、支持和鼓励，在此向他们表示感谢。最后感谢高等教育出版社对我们的支持和帮助。

由于水平有限，不当之处在所难免，恳请广大教师和学生提出宝贵意见，我们会在以后做进一步改进。

编　者

2024 年 1 月

目　　录

第一章 随机事件与概率

§1.1 随机事件及其运算

一、内容概要

1. 随机试验

(1) **可重复性** 观察可以在相同的条件下重复进行;

(2) **结果多样性和明确性** 每次试验的可能结果不止一个,而且试验之前可以明确试验的所有可能结果;

(3) **结果不确定性** 每次试验将要发生什么样的结果是事先无法预知的.

2. 样本空间 随机试验所有可能的结果构成的集合,记为 Ω.

样本点 样本空间中的每个元素,即试验的每一个可能结果,记为 ω.

3. 随机事件 在一次试验中可能出现,也可能不出现的事件. 样本空间 Ω 的部分样本点构成的子集.

基本事件 仅含一个样本点的子集.

必然事件 Ω 由于 Ω 包含所有可能试验结果,所以 Ω 在每一次试验中一定发生.

不可能事件 $\varnothing$ 由于 $\varnothing$ 中不包含任何元素,所以 $\varnothing$ 在每一次试验中一定不发生.

4. 随机事件间的关系与运算

(1) **子事件** 若事件 A 发生必定导致事件 B 发生,则称事件 B 包含事件 A,记为 $A\subset B$(或 $B\supset A$).

若事件 A 发生必定导致事件 B 发生,且事件 B 发生必定导致事件 A 发生,则称事件 A 与事件 B 相等,记为 $A=B$.

（2）**并事件**　事件 A 发生或事件 B 发生，记为 $A\cup B$.

（3）**交事件**　事件 A 与事件 B 都发生，记为 $A\cap B$（或 AB）.

（4）**互不相容事件**　若事件 A 与事件 B 不可能同时发生，则称事件 A 与事件 B 互不相容（或称为互斥）.

对立事件　若事件 A 与事件 B 互不相容，且 $A\cup B=\Omega$，则称事件 B 为事件 A 的对立事件（或称为逆事件、余事件），记为 $\overline{A}$.

（5）**差事件**　事件 A 发生而事件 B 不发生，记为 $A-B$.

5. 随机事件的运算性质

（1）交换律 $A\cup B=B\cup A, A\cap B=B\cap A$；

（2）结合律 $(A\cup B)\cup C=A\cup(B\cup C),(A\cap B)\cap C=A\cap(B\cap C)$；

（3）分配律 $(A\cup B)\cap C=AC\cup BC,(A\cap B)\cup C=(A\cup C)\cap(B\cup C)$；

（4）对偶律 $\overline{\bigcup_{j=1}^{n}A_j}=\bigcap_{j=1}^{n}\overline{A_j}$，$\overline{\bigcap_{j=1}^{n}A_j}=\bigcup_{j=1}^{n}\overline{A_j}$. 特别地，$\overline{A\cup B}=\overline{A}\cap\overline{B}, \overline{A\cap B}=\overline{A}\cup\overline{B}$.

二、习题全解

1. 写出下列随机试验的样本空间 Ω 与随机事件 A：

（1）本学期的概率论与数理统计期末考试实行等级评价，分 5 个等级，事件 $A=$ {不及格}；

（2）抛掷两颗均匀的骰子，事件 $A=$ {两颗骰子的点数相等}；

（3）记录一天内收到的垃圾短信数，事件 $A=$ {总次数不超过 5 次}；

（4）观察上海迪士尼乐园“创极速光轮”项目排队等候时间，事件 $A=$ {等候时间不超过 2 h}；

（5）在以原点为圆心的一单位圆内随机取一点，事件 $A=$ {所取的点与圆心的距离大于 0.5}.

解　（1）样本空间 $\Omega=$ {优，良，中，及格，不及格}，事件 $A=$ {不及格}.

（2）记 (a,b) 为抛掷的点数对，其中 a 为第一颗骰子的点数，b 为第二颗骰子的点数. 样本空间 $\Omega=\{(x,y):x,y=1,2,3,4,5,6\}$，共 $6^2=36$ 个样本点，其中事件 $A=\{(1,1),(2,2),(3,3),(4,4),(5,5),(6,6)\}$.

（3）样本空间 $\Omega=\{0,1,2,\cdots\}$，为任意非负整数，事件 $A=\{0,1,2,3,4,5\}$.

（4）记 t 为上海迪士尼乐园“创极速光轮”项目排队等候时间，单位为 h，样本空间 $\Omega=\{t:0\leqslant t\leqslant 13\}$，事件 $A=\{t:0\leqslant t\leqslant 2\}$.

（5）记 (x,y) 为所取点的坐标，样本空间 $\Omega=\{(x,y):\sqrt{x^2+y^2}\leqslant 1,x,y\in\mathbf{R}\}$，事件 $A=\{(x,y):0.5<\sqrt{x^2+y^2}\leqslant 1,x,y\in\mathbf{R}\}$.

2. 随着手机的普及，人们选择手机支付的方式呈现多样化，$A=\{$支付宝支付$\}$，$B=\{$微信支付$\}$，$C=\{$银联云闪付$\}$，试用 A,B,C 的运算表示下列各个事件：

(1) 仅使用“支付宝支付”方式（记为E_1）；

(2) 仅使用其中一种支付方式（记为E_2）；

(3) 至少使用其中两种支付方式（记为E_3）；

(4) 三种支付方式都使用（记为E_4）.

解　(1) $E_1=A\overline{B}\overline{C}$.

(2) $E_2=A\overline{B}\overline{C}\cup\overline{A}B\overline{C}\cup\overline{A}\overline{B}C$.

(3) $E_3=AB\cup BC\cup AC\cup ABC$.

(4) $E_4=ABC$.

3. 化简下列事件：

(1) $(A\cup B)(A\cup\overline{B})$；(2) $\overline{B}\cup(A-B)$.

解　(1) $(A\cup B)(A\cup\overline{B})=[(A\cup B)A]\cup[(A\cup B)\overline{B}]=A\cup A\overline{B}=A$.

(2) $\overline{B}\cup(A-B)=\overline{B}\cup A\overline{B}=\overline{B}$.

§1.2　概率的公理化定义与概率的性质

一、内容概要

1. 等可能概型

古典概型　满足(1)随机试验的样本空间只有有限个样本点；(2)每个样本点发生的可能性相等.事件 A 的概率为 $P(A)=\dfrac{A\text{ 中所含样本点的个数}}{\Omega\text{ 中所有样本点的个数}}=\dfrac{n_A}{n}$.

几何概型　满足(1)随机试验的样本空间 Ω 是某个区域（可以是一维区间、二维平面区域或三维空间区域）；(2)每个样本点等可能地出现，事件 A 的概率为

$$P(A)=\frac{m(A)}{m(\Omega)},$$

其中 $m(\Omega)$ 和 $m(A)$ 在一维区间下表示长度，在二维平面区域下表示面积，在三维空间区域下表示体积.

2. 事件发生的频率　在 n 次重复试验中事件 A 发生了n_A次，n_A称为事件 A 发生的频数.比值$\dfrac{n_A}{n}$称为这 n 次试验中事件 A 发生的频率，记为$f_n(A)=\dfrac{n_A}{n}$.

3. 概率的公理化定义　设 E 为随机试验，Ω 为相应的样本空间，若对任意事件 A，

有唯一实数 $P(A)$ 与之对应，且满足下面的条件，则称数 $P(A)$ 为事件 A 的概率：

(1)（**非负性**）对于任意事件 A，总有 $P(A)\geqslant 0$；

(2)（**规范性**）$P(\Omega)=1$；

(3)（**可列可加性**）若 $A_1,A_2,\cdots,A_n,\cdots$ 为两两互不相容的事件组，则有 $P\left(\bigcup_{i=1}^{\infty}A_i\right)=\sum_{i=1}^{\infty}P(A_i)$.

4. 概率的性质

性质 1　$P(\varnothing)=0$；

性质 2　**（有限可加性）**设 $A_1,A_2,\cdots,A_n$ 为两两互不相容的事件，则 $P\left(\bigcup_{i=1}^{n}A_i\right)=\sum_{i=1}^{n}P(A_i)$；

性质 3　对任意事件 A，有 $P(\overline{A})=1-P(A)$；

性质 4　**（减法公式）**设 A,B 为任意两个事件，则 $P(B-A)=P(B)-P(AB)$. 特别地，当 $A\subset B$ 时，$P(B-A)=P(B)-P(A)$；

性质 5　**（加法公式）**设 A,B 为任意两个事件，则 $P(A\cup B)=P(A)+P(B)-P(AB)$.

二、习题全解

1. 掷两颗骰子，求下列事件的概率：

(1) 点数一样；(2) 点数之和超过 6；(3) 点数之和为奇数.

解　掷两颗骰子，可能出现的点数组合共 $6\times6=36$ 种. 分别记(1)，(2)，(3)中的情况为事件 A,B,C.

(1) 当两次投掷的点均为 1,2,3,4,5 或 6 时，点数一样，因此 $P(A)=\dfrac{6}{36}=\dfrac{1}{6}$；

(2) $P(B)=\dfrac{1+2+3+4+5+6}{36}=\dfrac{7}{12}$；

(3) 当点数之和为奇数时，两次投掷的点数必须一次为奇数，一次为偶数，因此 $P(C)=\dfrac{2\times3\times3}{36}=\dfrac{1}{2}$.

2. 一班级推选出了一支 10 人团队参加年级乒乓球循环赛，其中 3 人是乒乓球特长生，3 人是乒乓球中等水平的爱好者，剩余 4 人是乒乓球初学者. 为了增加趣味性，每轮比赛将从团队的全部 10 位选手中任选 3 人参加与其他 3 个班级的比赛. 求：

(1) 第一轮抽到的 3 人都是乒乓球特长生的概率；

（2）第一轮和第二轮都没抽到乒乓球初学者的概率.

解　分别记(1),(2)中的情况为事件 A,B.

（1）$P(A)=\frac{\binom{3}{3}}{\binom{10}{3}}=\frac{1}{120}$;

（2）第一轮和第二轮都没抽到初学者,即两轮均在 3 名特长生和 3 名中等水平的爱好者中抽取,因此 $P(B)=\frac{\binom{6}{3}\binom{6}{3}}{\binom{10}{3}\binom{10}{3}}=\frac{1}{36}$.

3. 一个盒子中装有 6 个蓝色和 6 个红色的玻璃杯,现在作不放回抽样,接连取 2 次,每次随机地取 1 只,试求下列事件的概率:

（1）2 个杯子都是蓝色;

（2）1 个是蓝色 1 个是红色;

（3）至少有 1 个是蓝色.

解　分别记(1),(2),(3)中的情况为事件 A,B,C.

（1）$P(A)=\frac{6}{12}\times\frac{5}{11}=\frac{5}{22}$;

（2）$P(B)=\frac{6}{12}\times\frac{6}{11}+\frac{6}{12}\times\frac{6}{11}=\frac{6}{11}$;

（3）$P(C)=1-\frac{6}{12}\times\frac{5}{11}=\frac{17}{22}$.

4. 概率论与数理统计的复习提纲中包含 50 个知识点,喜多多同学只掌握了其中的 40 个,求期末考试考到的 30 个知识点恰好都是他已掌握了的概率.

解　记事件 A 为期末考试考到的 30 个知识点恰好都是他已掌握了的,则

$$P(A)=\frac{\binom{40}{30}}{\binom{50}{30}}=1.798\ 6\times10^{-5}.$$

5. 将 3 个完全相同的小球随机地放入 10 个盒子中,设每个盒子都足够大,可以容纳任意多个球.求:

（1）3 个球都在同一个盒子里的概率;

（2）3 个球都在不同的盒子里的概率;

（3）某指定的盒子中恰好有 2 个球的概率.

解　由于 3 个小球是完全相同的,所以,3 个球随机放入 10 个盒子可分解成 3 种情况:①3 个球都在同一个盒子里,不同的方法有 10 种;②3 个球分在两个盒子里,不同的方法有 $10\times9=90$ 种;③3 个球都在不同的盒子里,不同的方法有 $\binom{10}{3}=120$ 种,因此样本空间总样本点数为 $10+90+120=220$.

记(1),(2),(3)中的情况分别为事件 A,B,C.

(1) $P(A)=\dfrac{10}{220}=\dfrac{1}{22}$;

(2) $P(B)=\dfrac{120}{220}=\dfrac{6}{11}$;

(3) $P(C)=\dfrac{9}{220}$.

6. 5 个女生、5 个男生抽签组队,求某两个特定男生恰好组成一队的概率.

解　5 个女生、5 个男生共有 $\dfrac{\binom{10}{2}\binom{8}{2}\binom{6}{2}\binom{4}{2}\binom{2}{2}}{5!}$ 种组队方式,记某两个特定男生恰好组成一队的概率为事件 A,事件 A 的概率为

$$P(A)=\frac{\dfrac{\binom{8}{2}\binom{6}{2}\binom{4}{2}\binom{2}{2}}{4!}}{\dfrac{\binom{10}{2}\binom{8}{2}\binom{6}{2}\binom{4}{2}\binom{2}{2}}{5!}}=\frac{1}{9}.$$

7. 居委会大厅有一乒乓球台免费开放供附近居民锻炼身体,限定每次使用不超过 1 h.某两人随机来到居委会,发现有人正在使用乒乓球台,请问他们俩至少要等待 15 min的概率.

解　记 x(单位:min)为这两人随机抵达居委会后需要等待的时长,则 $\Omega=\{x:0\leqslant x\leqslant60\}$.记事件 $A=\{$他们俩至少要等待 15 min$\}$,则 $A=\{x:15\leqslant x\leqslant60\}$,由几何概率的计算公式,有

$$P(A)=\frac{m(A)}{m(\Omega)}=\frac{A\text{ 的长度}}{\Omega\text{ 的长度}}=\frac{45}{60}=\frac{3}{4}.$$

8. 某一仅取 0 和 1 的未知参数 θ,现对其进行预测.在$[0,1]$区间内任意产生一个随机数,若该随机数小于 0.6,则预测 θ 为 0,否则,预测 θ 为 1,求:

(1) 若未知参数 θ 真值为 0,则预测正确的概率;

(2) 若未知参数 θ 真值为 1,则预测错误的概率.

解　记(1),(2)中的情况分别为事件 A,B.

(1) 真值为 0 且预测正确,则 θ 的预测值为 0,那么 $P(A)=\dfrac{0.6-0}{1-0}=0.6$.

(2) 真值为 1 且预测错误,则 θ 的预测值为 0,那么 $P(B)=\dfrac{0.6-0}{1-0}=0.6$.

9. (π 的估计)在一边长为 1 的正方形内有一内切圆,随机向正方形内抛掷一个点,求该点落在圆内的概率.

解　记该点落在圆内为事件 A,事件 A 的概率等于半径为 0.5 的圆和边长为 1 的正方形的面积之比.因此 $P(A)=\dfrac{\pi\times0.5^2}{1\times1}=\dfrac{\pi}{4}$.

10. 射击运动的枪靶是由 10 个同心圆组成的,每两个相邻同心圆的半径之差等于中间最小圆的半径,从外向里各个圆环依次叫做 1 环、2 环、…、9 环,正中最小圆围成的区域叫做 10 环,求运动员打出 10 环的概率.

解　记运动员打出 10 环为事件 A,事件 A 的概率等于 10 环所对应小圆的面积和枪靶总面积之比,设最小圆的半径为 1.那么 $P(A)=\dfrac{\pi\times1^2}{\pi\times10^2}=0.01$.

11. 随机地向半圆 $0<y<\sqrt{2ax-x^2}$(a 为正常数)内抛掷一个质点,质点落在半圆内任何地方的概率与区域的面积成正比,求原点和该点的连线与 x 轴的夹角小于$\dfrac{\pi}{4}$的概率.

解　记该点落在半圆内为事件 A,事件 A 的概率等于阴影部分与半圆的面积比,如图 1.1 所示,

$$P(A)=\frac{\dfrac{\pi a^2}{4}+\dfrac{1}{2}a^2}{\dfrac{\pi a^2}{2}}=\frac{\pi+2}{2\pi}.$$

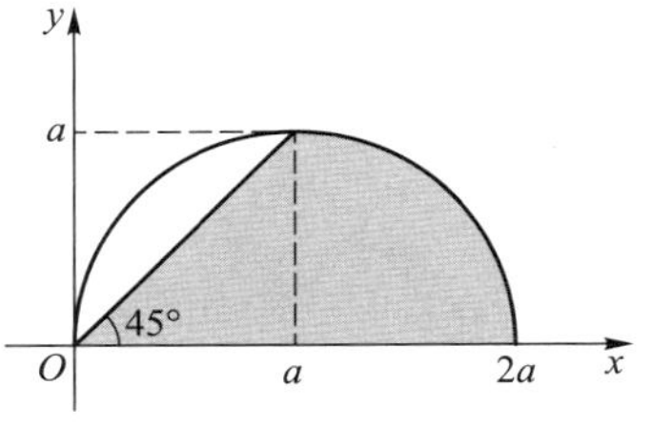

图 1.1

12. 已知 $P(A)=0.4,P(B)=0.6$,分别在下列三种情况下求 $P(\overline{A}),P(\overline{B}),P(\overline{A}\cap\overline{B}),P(AB),P(A-B),P(\overline{A}B),P(\overline{A}\cup B)$.

(1) 事件 A,B 存在包含关系;(2)事件 A,B 互斥;(3)$P(A\cap B)=0.2$.

解　(1) 由于 $P(A)=0.4<P(B)=0.6$ 且 A,B 存在包含关系,因此 $A\subset B,\overline{B}\subset\overline{A}$.

$$P(\overline{A})=1-P(A)=0.6,P(\overline{B})=1-P(B)=0.4.$$

$$P(\overline{A}\cap\overline{B})=P(\overline{B})=0.4,P(AB)=P(A)=0.4.$$

$$P(A-B)=P(\varnothing)=0,P(\overline{A}B)=P(B-A)=P(B)-P(A)=0.2.$$

$$P(\overline{A}\cup B)=P(\Omega)=1.$$

(2) 由于 $P(A)=0.4,P(B)=0.6$ 且 A,B 互斥.

$$P(\overline{A})=1-P(A)=0.6, P(\overline{B})=1-P(B)=0.4.$$
$$P(\overline{A}\cap\overline{B})=0, P(AB)=0, P(A-B)=P(A)=0.4.$$
$$P(\overline{A}B)=P(B)=0.6, P(\overline{A}\cup B)=0.6.$$

（3）由于 $P(A)=0.4, P(B)=0.6$ 且 $P(A\cap B)=0.2$，因此

$$P(\overline{A})=1-P(A)=0.6, P(\overline{B})=1-P(B)=0.4.$$
$$P(\overline{A}\cap\overline{B})=1-P(A)-P(B)+P(AB)=0.2.$$
$$P(AB)=0.2, P(A-B)=P(A)-P(AB)=0.2.$$
$$P(\overline{A}B)=P(B)-P(AB)=0.4,$$
$$P(\overline{A}\cup B)=P(\overline{A})+P(B)-P(\overline{A}B)=0.8.$$

13. 设 A,B,C 是任意三个事件，证明：

(1) $P(AB)\geqslant P(A)+P(B)-1$；

(2) $P(AB)+P(AC)+P(BC)\geqslant P(A)+P(B)+P(C)-1$；

(3) $P(AB)+P(AC)-P(BC)\leqslant P(A)$.

证明　(1) $1\geqslant P(A\cup B)=P(A)+P(B)-P(AB)$，因此

$$P(AB)\geqslant P(A)+P(B)-1.$$

(2) 由于

$$1\geqslant P(A\cup B\cup C)=P(A)+P(B)+P(C)-P(AB)-P(AC)-P(BC)+P(ABC),$$

移项得

$$P(AB)+P(AC)+P(BC)-P(A)-P(B)-P(C)+1\geqslant P(ABC)\geqslant 0,$$

因此

$$P(AB)+P(AC)+P(BC)\geqslant P(A)+P(B)+P(C)-1.$$

(3) 由于 $AB\cup AC\subseteq A$，因此 $P(AB\cup AC)\leqslant P(A)$. 另一方面 $P(AB\cup AC)=P(AB)+P(AC)-P(ABC)\geqslant P(AB)+P(AC)-P(BC)$. 因此 $P(AB)+P(AC)-P(BC)\leqslant P(A)$.

§1.3　条件概率与事件的独立性

一、内容概要

1. 条件概率　$P(B|A)=\dfrac{P(AB)}{P(A)}$为在事件 A 发生的条件下事件 B 发生的概率，记为 $P(B|A)$，其中 $P(A)>0$.

2. 概率的乘法定理　设 A,B 为随机试验 E 的两个事件，且 $P(A)>0$，则有 $P(AB)=P(A)P(B|A)$.

3. 事件的独立性　设 A,B 为随机试验 E 的两个事件，满足 $P(AB)=P(A)P(B)$，称事件 A 与事件 B **相互独立**.

4. 事件 A,B,C 两两独立　设 A,B,C 是随机试验 E 的三个事件，满足等式：$P(AB)=P(A)P(B)$，$P(AC)=P(A)P(C)$，$P(BC)=P(B)P(C)$.

5. 事件 A,B,C 相互独立　设 A,B,C 是随机试验 E 的三个事件，满足等式：$P(AB)=P(A)P(B)$，$P(AC)=P(A)P(C)$，$P(BC)=P(B)P(C)$，$P(ABC)=P(A)P(B)P(C)$.

二、习题全解

1. 社区对家养宠物进行调查，整理数据得知没有宠物的家庭有 150 户，有宠物的家庭有 50 户，其中饲养宠物狗的家庭有 40 户，饲养宠物猫的家庭有 20 户，已知某户家有宠物，请问该户饲养宠物狗的概率.

解　分别记有宠物、饲养宠物狗为事件 A,B，由题意得 $B\subset A$. 且

$$P(A)=\frac{50}{150+50}=\frac{1}{4},\quad P(B)=\frac{40}{150+50}=\frac{1}{5}.$$

因此已知某户家有宠物，该户饲养宠物狗的概率为

$$P(B\mid A)=\frac{P(AB)}{P(A)}=\frac{P(B)}{P(A)}=\frac{4}{5}.$$

2. 在游戏的某一环节中，玩家获取了 10 把造型一样的钥匙，只有一把能打开下一个房间的大门，求试了 3 次就把门打开的概率.

解　记第 i 次把门打开为事件 A_i，所求概率为 $P(\overline{A}_1\overline{A}_2A_3)$，由条件概率的公式

$$P(\overline{A}_1\overline{A}_2A_3)=P(\overline{A}_1)P(\overline{A}_2\mid\overline{A}_1)P(A_3\mid\overline{A}_1\overline{A}_2)=\frac{9}{10}\times\frac{8}{9}\times\frac{1}{8}=\frac{1}{10}.$$

3. 喜多多同学在犹豫下学期的二外选修课选修法语还是德语. 他预估法语难学，可是得优的概率高，为$\frac{2}{3}$；德语相对好学，可是得优的概率低，为$\frac{1}{2}$. 最后他通过抛硬币决定. 如果是正面，那么选修法语；如果是反面，那么选修德语. 求喜多多同学下学期德语得优的概率.

解　分别记喜多多同学下学期的二外选修课选修德语为事件 A，得优为事件 B，由题意得 $P(A)=\frac{1}{2}$，$P(B\mid A)=\frac{1}{2}$，因此德语得优的概率为

$$P(AB)=P(B\mid A)P(A)=\frac{1}{2}\times\frac{1}{2}=\frac{1}{4}.$$

4. 一副扑克牌去掉大小王剩 52 张牌，充分洗牌后随机地平均分成 4 堆，求 4 个 A 恰好在 4 堆的概率.

解　记 4 个 A 恰好在 4 堆为事件 A,那么

$$P(A)=\frac{\binom{48}{12}\binom{36}{12}\binom{24}{12}\binom{12}{12}}{\dfrac{\binom{52}{13}\binom{39}{13}\binom{26}{13}\binom{13}{13}}{4!}}=\frac{2\ 197}{20\ 825}=0.105\ 5.$$

5. 设事件 A,B 相互独立,$P(B)=0.5,P(A-B)=0.3$,求 $P(B-A)$.

解　由于事件 A,B 相互独立,因此 $P(A-B)=P(A\overline{B})=P(A)P(\overline{B})$,故

$$P(A-B)=P(A)(1-P(B))=0.3.$$

又由 $P(B)=0.5$, 解得 $P(A)=0.6$, 那么

$$P(B-A)=P(B\overline{A})=P(B)P(\overline{A})=P(B)(1-P(A))=0.2.$$

6. 设两两独立的事件 A,B 和 C 满足条件:$ABC=\varnothing,P(A)=P(B)=P(C)<\frac{1}{2}$,且已知 $P(A\cup B\cup C)=\frac{9}{16}$,求 $P(A)$.

解　事件 A,B 和 C 两两独立,因此

$$P(AB)=P(A)P(B),P(AC)=P(A)P(C),P(BC)=P(B)P(C).$$

又因为 $ABC=\varnothing$,有 $P(ABC)=0$. 那么

$$\begin{aligned}P(A\cup B\cup C)&=P(A)+P(B)+P(C)-P(AB)-P(AC)-P(BC)+P(ABC)\\&=3P(A)-P(A)P(B)-P(A)P(C)-P(B)P(C)+P(ABC)\\&=3P(A)-3P(A)^2=\frac{9}{16}.\end{aligned}$$

又由 $P(A)<\frac{1}{2}$,解得 $P(A)=\frac{1}{4}$.

7. 设 $P(A)=0.2,P(B)=0.3$,事件 A,B 相互独立.试求 $P(A-B),P(A|A\cup B)$.

解　由于事件 A,B 相互独立,因此 $P(AB)=P(A)P(B)=0.06$. 那么

$$P(A-B)=P(A)-P(AB)=P(A)-P(A)P(B)=0.14.$$

$$\begin{aligned}P(A|A\cup B)&=\frac{P(A\cap(A\cup B))}{P(A\cup B)}=\frac{P(A)}{P(A)+P(B)-P(AB)}\\&=\frac{0.2}{0.2+0.3-0.06}=\frac{5}{11}.\end{aligned}$$

8. 设事件 A 与 B 相互独立,且 $P(\overline{A}\overline{B})=\frac{1}{16},P(A\overline{B})=P(\overline{A}B)$、求 $P(A),P(B)$.

解　由于事件 A,B 相互独立,因此$\overline{A}$与$\overline{B}$独立,

$$P(\overline{A}\overline{B})=P(\overline{A})P(\overline{B})=[1-P(A)][1-P(B)]=\frac{1}{16}.$$

由于 $P(A\overline{B})=P(A)-P(AB)$，$P(\overline{A}B)=P(B)-P(AB)$，且 $P(A\overline{B})=P(\overline{A}B)$，因此

$$P(A)-P(AB)=P(B)-P(AB).$$

解得 $P(A)=P(B)=\dfrac{3}{4}$.

9. 设事件 A,B,C 相互独立，且 $P(A)=P(B)=P(C)=0.2$，求：(1) $P(A\cup B\cup C)$；(2) $P((B-C)\cap A)$.

解　事件 A,B 和 C 相互独立，因此

$$P(AB)=P(A)P(B),P(AC)=P(A)P(C),$$
$$P(BC)=P(B)P(C),P(ABC)=P(A)P(B)P(C).$$

(1) $$\begin{aligned}P(A\cup B\cup C)&=P(A)+P(B)+P(C)-P(AB)-P(AC)-P(BC)+P(ABC)\\&=3P(A)-P(A)P(B)-P(A)P(C)-P(B)P(C)+P(A)P(B)P(C)\\&=3\times0.2-3\times0.2^2+0.2^3=0.488.\end{aligned}$$

(2) $P((B-C)\cap A)=P(AB\overline{C})=P(A)P(B)(1-P(C))=0.032$.

10. 射击运动中，一次射击最多是 10 环.设某运动员在一次射击中击中 10 环的概率为 0.4，击中 9 环的概率为 0.3，击中 8 环的概率为 0.2，求该运动员在 5 次独立射击中不少于 48 环的概率.

解　不少于 48 环可分为三种情况：48 环，49 环，50 环.记 5 次独立射击中得到不少于 48 环为事件 A，那么

$$P(A)=\binom{5}{2}0.4^3\times0.3^2+\binom{5}{1}0.4^4\times0.2+\binom{5}{1}0.4^4\times0.3+0.4^5=0.131\ 84.$$

11. 假期里 3 人参加密室逃脱的游戏，这 3 人要组队依次从 4 个房间逃脱，每个人在房间里发现逃脱线索的概率都一致，但 4 个房间的逃脱难度不同，逃脱线索被发现的概率依次为 0.9，0.7，0.6，0.5.假定 3 个人在房间里能否发现逃脱线索是相互独立的.

(1) 求这 3 人最终能“顺利出逃”的概率；

(2) 至少要多少人一起玩，才能使“顺利出逃”的概率大于 95%？

解　(1) 记事件 A 为这 3 人最终能“顺利出逃”，那么

$$P(A)=[1-(1-0.9)^3][1-(1-0.7)^3][1-(1-0.6)^3][1-(1-0.5)^3]=0.796.$$

(2) 假设有 n 人一起玩，那么顺利出逃的概率为

$$P=[1-(1-0.9)^n][1-(1-0.7)^n][1-(1-0.6)^n][1-(1-0.5)^n]>0.95.$$

解得 $n\geqslant5$. 即至少要 5 人一起玩，才能使“顺利出逃”的概率大于 95%.

12. 设 A,B 是两个事件，且 $P(A)>0$，$P(B)>0$，事件 A 与 B 相互独立，证明事件 A 与 B 相容.

证明　由于事件 A 与 B 相互独立，所以

$$P(AB)=P(A)P(B)>0.$$

因此事件 A 与 B 相容.

13. 设事件 A 满足 $P(A)=0$,B 是任一事件,证明事件 A 与事件 B 相互独立.

解　由于事件 A 发生的概率为 0,因此 A 和 B 同时发生的概率也为 0,即 $P(AB)=0$. 因此 $P(A)P(B)=0=P(AB)$. 故事件 A 与事件 B 相互独立.

§1.4　全概率公式与贝叶斯公式

一、内容概要

1. 完备事件组　设 E 是随机试验,Ω 是相应的样本空间,$A_1,A_2,\cdots,A_n$ 为事件组,若 $A_1,A_2,\cdots,A_n$ 满足条件:①$A_i\cap A_j=\varnothing\ (i\neq j)$;②$A_1\cup A_2\cup\cdots\cup A_n=\Omega$,则称事件组 $A_1,A_2,\cdots,A_n$ 为样本空间 Ω 的一个完备事件组.

2. 全概率公式　设 $A_1,A_2,\cdots,A_n$ 为样本空间 Ω 的一个完备事件组,且 $P(A_i)>0(i=1,2,\cdots,n)$,B 为任一事件,则 $P(B)=\sum\limits_{i=1}^{n}P(A_i)P(B|A_i)$.

3. 贝叶斯公式　设 $A_1,A_2,\cdots,A_n$ 为样本空间 Ω 的一个完备事件组,$P(A_i)>0(i=1,2,\cdots,n)$,B 为任一事件且 $P(B)>0$,则 $P(A_i|B)=\dfrac{P(A_i)P(B|A_i)}{\sum\limits_{j=1}^{n}P(A_j)P(B|A_j)}$.

二、习题全解

1. 设某市由 A,B,C 三个地区组成,现在该市暴发了某种流行病,该病在 A,B,C 三个地区的户籍人口中的发病率分别为$\dfrac{1}{6},\dfrac{1}{4},\dfrac{1}{3}$.已知 A,B,C 三个地区的户籍人口数之比为 1∶2∶3,现从该市户籍人口中任意抽取一人.

(1) 求抽到的人感染这种流行病的概率;

(2) 如果已知抽到的人感染这种流行病,求此人来自 A 地区的概率.

解　分别记抽到的人来自地区 A,B,C 为事件 A_1,A_2,A_3,感染这种流行病为事件 B.由题意得

$$P(A_1)=\frac{1}{6},\quad P(A_2)=\frac{1}{3},\quad P(A_3)=\frac{1}{2},$$

$$P(B|A_1)=\frac{1}{6},\quad P(B|A_2)=\frac{1}{4},\quad P(B|A_3)=\frac{1}{3}.$$

（1）由全概率公式

$$\begin{aligned}P(B)&=P(B|A_1)P(A_1)+P(B|A_2)P(A_2)+P(B|A_3)P(A_3)\\&=\frac{1}{6}\times\frac{1}{6}+\frac{1}{3}\times\frac{1}{4}+\frac{1}{2}\times\frac{1}{3}=\frac{5}{18},\end{aligned}$$

即抽到的人感染这种流行病的概率为$\frac{5}{18}$.

（2）由题意即求

$$P(A_1|B)=\frac{P(B|A_1)P(A_1)}{P(B)}=\frac{\frac{1}{6}\times\frac{1}{6}}{\frac{5}{18}}=\frac{1}{10}.$$

即如果已知抽到的人感染这种流行病，那么此人来自 A 地区的概率为$\frac{1}{10}$.

2. 在自动驾驶路况识别的图形识别模型中经常需要识别行人和树木.假设在一次模拟实验过程中，个体中有 50%是行人，另外 50%是树木. 由于个体形状具有相似性，当前方个体是行人时，模型分别以概率 0.9 和 0.1 识别为行人和树，当前方个体是树时，模型分别以概率 0.95 和 0.05 识别为树和行人.求：(1) 模型识别为树的概率；(2) 模型识别为树，却是行人的概率.

解　分别记前方个体是行人、树为事件 A_1,A_2，模型识别为行人、树为事件B_1，B_2. 由题意得 $P(A_1)=P(A_2)=0.5$.

$$P(B_1|A_1)=0.9,P(B_2|A_1)=0.1,P(B_1|A_2)=0.05,P(B_2|A_2)=0.95.$$

（1）由全概率公式得

$$P(B_2)=P(B_2|A_1)P(A_1)+P(B_2|A_2)P(A_2)=0.5\times0.1+0.5\times0.95=0.525.$$

（2）由贝叶斯公式

$$P(A_1|B_2)=\frac{P(B_2|A_1)P(A_1)}{P(B_2)}=\frac{0.1\times0.5}{0.525}=\frac{2}{21}.$$

3. 设同一项目并行运行的 A，B，C 三个核心模块分别由甲、乙、丙三个人负责编写代码，设 A，B，C 三个模块在整个项目中的占比分别为 0.5，0.25，0.25.甲、乙、丙编写的代码出错的概率分别为 0.5，0.25，0.25.(1) 求项目运行报错的概率；(2) 如果项目运行报错，求是因为甲编写的代码出错的概率.

解　分别记 A，B，C 三模块在项目中出现为事件 A_1,A_2,A_3，项目运行报错为事件 B.由题意得

$$P(A_1)=0.5,\quad P(A_2)=0.25,\quad P(A_3)=0.25,$$
$$P(B|A_1)=0.5,P(B|A_2)=0.25,P(B|A_3)=0.25.$$

（1）由全概率公式

$$P(B)=P(B|A_1)P(A_1)+P(B|A_2)P(A_2)+P(B|A_3)P(A_3)$$
$$=0.5\times0.5+0.25\times0.25+0.25\times0.25=0.375,$$

即项目运行报错的概率为 0.375.

(2) 由贝叶斯公式

$$P(A_1|B)=\frac{P(B|A_1)P(A_1)}{P(B)}=\frac{0.5\times0.5}{0.375}=\frac{2}{3}.$$

即如果项目运行报错,那么是因为甲编写的代码出错的概率为$\frac{2}{3}$.

4. 以往数据分析结果表明,某区域内三家企业每天产生的废水占比为 5 : 3 : 2. 由于污水是造成环境污染的重要原因之一,因此排放的废水中污染物的浓度有严格要求.假设经评估,这三家企业的废水中污染物浓度超标的概率分别为 0.2,0.3,0.4.如果某次常规例行下游水质监测中发现污染物浓度超标,请问最有可能是哪家企业排放的?(仅考虑有一家企业超标)

解　分别记废水来源于第一、二、三家企业的排放为事件 A_1,A_2,A_3,检测中污染物浓度超标为事件 B.由题意得

$$P(A_1)=0.5,P(A_2)=0.3,P(A_3)=0.2,$$
$$P(B|A_1)=0.2,P(B|A_2)=0.3,P(B|A_3)=0.4.$$

由全概率公式

$$P(B)=P(B|A_1)P(A_1)+P(B|A_2)P(A_2)+P(B|A_3)P(A_3)$$
$$=0.5\times0.2+0.3\times0.3+0.2\times0.4=0.27.$$

由贝叶斯公式

$$P(A_1|B)=\frac{P(B|A_1)P(A_1)}{P(B)}=\frac{0.5\times0.2}{0.27}=\frac{10}{27},$$
$$P(A_2|B)=\frac{P(B|A_2)P(A_2)}{P(B)}=\frac{0.3\times0.3}{0.27}=\frac{9}{27},$$
$$P(A_3|B)=\frac{P(B|A_3)P(A_3)}{P(B)}=\frac{0.2\times0.4}{0.27}=\frac{8}{27}.$$

由于 $P(A_1|B)>P(A_2|B)>P(A_3|B)$,因此如果某次常规例行下游水质监测中发现污染物浓度超标,最有可能是第一家企业排放的.

5. 期末考试时,乐多多的线性代数课程得优的概率为 0.7,他的概率论与数理统计课程得优的概率为 0.7.我们知道学生考试成绩常常受到情绪的影响.乐多多在线性代数先考并得到优的条件下,他的概率论与数理统计得优的概率为 0.8.在线性代数先考的情况下,试求:(1) 乐多多这两门课程都得优的概率;(2) 乐多多在线性代数考试没得优的条件下,概率论与数理统计得优的概率;(3) 乐多多在这两门课程中至少有

一门得优的概率.

解 记乐多多线性代数课程得优为事件 A,概率论与数理统计课程得优为事件 B,由题意得 $P(A)=0.7,P(B)=0.7,P(B|A)=0.8$.

(1) 由条件概率的公式

$$P(AB)=P(A)P(B|A)=0.56.$$

即在线性代数先考的情况下,乐多多这两门课程都得优的概率为 0.56.

(2)

$$P(B|\overline{A})=\frac{P(\overline{A}B)}{P(\overline{A})}=\frac{P(B)-P(AB)}{1-P(A)}=\frac{0.7-0.56}{0.3}=\frac{7}{15}.$$

即乐多多在线性代数考试没得优的条件下,概率论与数理统计得优的概率为$\frac{7}{15}$.

(3) $P(\overline{B}|\overline{A})=1-P(B|\overline{A})=\frac{8}{15},P(\overline{A}\overline{B})=P(\overline{A})P(\overline{B}|\overline{A})=0.3\times\frac{8}{15}=0.16,$

因此乐多多在这两门课程中至少有一门得优的概率为

$$1-P(\overline{A}\overline{B})=0.84.$$

6. 某购物中心各门店的年终大促活动采用三类营销方式,它们是“满 300 送 200 购物券”“买二赠一”和“促销 7 折”,该购物中心的全部门店分别采用这三种大促活动的占比为 0.6,0.3 和 0.1.根据历史统计数据可知,采用“满 300 送 200 购物券”方式毛利润率超 10%的概率为 0.7,采用“买二赠一”方式毛利润率超 10%的概率为 0.4,采用“促销 7 折”方式毛利润率超 10%的概率为 0.2.(1)求某门店毛利润率超 10%的概率;(2)若某门店毛利润率超 10%,求该门店采用“满 300 送 200 购物券”方式的概率.

解 分别记某门店采用“满 300 送 200 购物券”“买二赠一”和“促销 7 折”的营销方式为事件 A_1,A_2,A_3,某门店毛利润率超 10%为事件 B.由题意得

$$P(A_1)=0.6,\quad P(A_2)=0.3,\quad P(A_3)=0.1,$$
$$P(B|A_1)=0.7,\quad P(B|A_2)=0.4,\quad P(B|A_3)=0.2.$$

(1) 由全概率公式

$$\begin{aligned}P(B)&=P(B|A_1)P(A_1)+P(B|A_2)P(A_2)+P(B|A_3)P(A_3)\\&=0.6\times0.7+0.3\times0.4+0.1\times0.2=0.56.\end{aligned}$$

即某门店毛利润率超 10%的概率为 0.56.

(2) 由贝叶斯公式

$$P(A_1|B)=\frac{P(B|A_1)P(A_1)}{P(B)}=\frac{0.6\times0.7}{0.56}=0.75.$$

即若某门店毛利润率超 10%,则该门店采用“满 300 送 200 购物券”的概率为 0.75.

7. 有甲乙两个口袋,甲口袋中有 9 个黑球和 1 个白球,乙口袋中有 10 个白球.每次从两个口袋中各任取一球,并将取出的球交换放入甲乙口袋.求:

(1) 1 次交换后,全部黑球还在甲袋中的概率;

(2) 2 次交换后,全部黑球还在甲袋中的概率.

解　记事件 A_i 为第 i 次从甲袋中取出黑球,记 B_i 为第 i 次从乙袋取出黑球.

(1) 所求概率为 $P(\overline{A}_1\overline{B}_1)$,用乘法公式得

$$P(\overline{A}_1\overline{B}_1)=\frac{1}{10}\times\frac{10}{10}=\frac{1}{10}.$$

(2) 所求概率为 $P(\overline{A}_2\overline{B}_2\overline{A}_1\overline{B}_1)+P(\overline{A}_2B_2A_1\overline{B}_1)$,用条件概率公式可得

$$\begin{aligned}&P(\overline{A}_2\overline{B}_2\overline{A}_1\overline{B}_1)+P(\overline{A}_2B_2A_1\overline{B}_1)\\&=P(\overline{A}_2\overline{B}_2\mid\overline{A}_1\overline{B}_1)P(\overline{A}_1\overline{B}_1)+P(\overline{A}_2B_2\mid A_1\overline{B}_1)P(A_1\overline{B}_1)\\&=\frac{1}{10}\times\frac{10}{10}\times\frac{1}{10}\times\frac{10}{10}+\frac{2}{10}\times\frac{1}{10}\times\frac{9}{10}\times\frac{10}{10}\\&=0.028.\end{aligned}$$

第二章

离散型随机变量

§2.1 随 机 变 量

一、内容概要

1. 随机变量 定义在样本空间 Ω 上的实值单值函数 $X=X(\omega)$ 称为**随机变量**.

2. 伯努利(Bernoulli)试验 若在一次试验中,只关心某个事件 A 是否发生,则称这个试验为**伯努利(Bernoulli)试验**.

3. n 重伯努利试验 若将伯努利试验独立重复地进行 n 次,这里的独立是指各次试验结果互不影响,重复是指每次试验中事件 A 发生的概率 $P(A)=p$ 始终保持不变,则将这 n 次独立重复试验称为 **n 重伯努利试验**. 若记随机变量 X 为 n 重伯努利试验中事件 A 发生的次数,则事件 A 恰好发生 k 次的概率为

$$P(X=k)=\binom{n}{k}p^k(1-p)^{n-k},\quad k=0,1,2,\cdots,n.$$

二、习题全解

1. 在以下随机试验中,试引入随机变量来表示相应随机事件:

(1) 观察某公园从 6:00 开园到 17:00 闭园的游客入园情况,试表示随机事件{入园人数超过 500};

(2) 观察明天的天气情况,只考察下雨与否,试表示随机事件{明天不下雨};

(3) 某人进货 1 000 件品牌服装进行售卖,每件衣服进价为 80 元,售出价格为 200 元,未卖出的服装不能退回,试表示随机事件{该人售卖这些品牌服装赔钱}.

解　(1) 记随机变量 X 为某公园从 6:00 开园到 17:00 闭园的游客入园人数,值域 $\Omega_X=\{0,1,2,\cdots\}$.令事件 A 为{入园人数超过 500},它可以表示成 $\{X>500\}$,事件 A 发生的概率 $P(A)$ 可表示成 $P(X>500)$.

(2) 记随机变量 X 为明天是否下雨,约定“明天下雨”对应数字 1,“明天不下雨”对应数字 0,值域 $\Omega_X=\{0,1\}$.令事件 A 为{明天不下雨},它可以表示成 $\{X=0\}$,事件 A 发生的概率 $P(A)$ 可表示成 $P(X=0)$.

(3) 记随机变量 X 为品牌服装售卖的件数,值域 $\Omega_X=\{0,1,2,\cdots,1\ 000\}$. 若令事件 A 为{该人售卖这些品牌服装赔钱},它可以表示成 $\{200X-80\times1\ 000<0\}$,即 $\{X<400\}$,事件 A 发生的概率 $P(A)$ 可表示成 $P(X<400)$.

2. 分别求解下列随机变量的值域:

(1) 从 100 个献血者中随机抽取 15 个人,随机变量 X 为抽取的人中血型为 A 型的数量;

(2) 将一颗均匀的骰子连续抛掷两次,随机变量 X 为连续两次抛掷后的点数之和;

(3) 观察某河流流域历年的洪水情况,随机变量 X 为十年间该流域发生洪水的次数;

(4) 加工某型号螺丝,随机变量 X 为该型号螺丝直径的测量值;

(5) 一名职工每天乘公交车上班,随机变量 X 为他每天上班途中的等车时间.

解　(1) 随机抽取的 15 个人的血型均有可能是 A 型或不是 A 型,随机变量 X 的值域为 $\Omega_X=\{0,1,\cdots,15\}$.

(2) 将一颗均匀的骰子连续抛掷两次,样本空间为 $\Omega=\{(i,j):i,j=1,2,\cdots,6\}$,随机变量 X 的值域为 $\Omega_X=\{2,3,\cdots,12\}$.

(3) 十年间该流域发生洪水的次数可能为任意自然数,因此随机变量 X 的值域为 $\Omega_X=\{0,1,2,\cdots\}$.

(4) 螺丝直径的测量值可能为任意正数,因此随机变量 X 的值域为 $\Omega_X=(0,+\infty)$.

(5) 该职工每天上班途中的等车时间可能为任意非负数,因此随机变量 X 的值域为 $\Omega_X=[0,+\infty)$.

§2.2　一维离散型随机变量

一、内容概要

离散型随机变量的分布律　设离散型随机变量 X 所有可能取值为 $x_i(i=1,2,\cdots,$

$n,\cdots)$,则称 X 取值 x_i 的概率

$$P(X=x_i)\widehat{=}p_i,i=1,2,\cdots,n,\cdots$$

为离散型随机变量 X 的**分布律**.分布律也可用列表法表示:

X	x_1	x_2	$\cdots$	x_n	$\cdots$
P	p_1	p_2	$\cdots$	p_n	$\cdots$

分布律p_i 具有如下两条基本性质:

(1) $p_i\geqslant 0,i=1,2,\cdots,n,\cdots$;　(2) $\sum\limits_{i=1}^{\infty}p_i=1.$

对任意一个实数轴上的集合 D,有

$$P(X\in D)=\sum_{i:x_i\in D}P(X=x_i)=\sum_{i:x_i\in D}p_i.$$

二、习题全解

1. 确定常数 c,使得下列数列为某个离散型随机变量的分布律:

(1) $P(X=k)=ck,\quad k=1,2,3,4,5,6$;

(2) $P(X=k)=c\left(\dfrac{1}{3}\right)^k,\quad k=1,2,\cdots.$

解　(1) 根据概率的定义和性质,

$$\sum_{k=1}^{6}P(X=k)=c+2c+\cdots+6c=21c=1,$$

则 $c=\dfrac{1}{21}$.

(2) 根据概率的定义和性质,

$$\sum_{k=1}^{\infty}P(X=k)=c\sum_{k=1}^{\infty}\left(\frac{1}{3}\right)^k=\frac{c}{2}=1,$$

则 $c=2$.

2. 假设随机变量 X 可能取值为 1,2,3,4,5.已知 $P(X<3)=0.4$ 且 $P(X>3)=0.5$,试求概率值 $P(X=3)$ 和 $P(X<4)$.

解　$P(X=3)=1-P(X<3)-P(X>3)=0.1.$

$P(X<4)=P(X=1)+P(X=2)+P(X=3)=1-P(X>3)=0.5.$

3. 某保险代理人有两位客户,每位客户都投了一份人寿保险保单,承诺死亡后赔付 20 万元.假设两个客户未来一年内的死亡概率分别为 0.05 和 0.08,且两位客户是否死亡相互独立.以随机变量 X 表示将于未来一年内支付给客户的受益人的赔付金额,试求 X 的分布律.

解　随机变量 X 的值域为 $\Omega_X=\{0,20,40\}$，单位为万元，取值概率分别为

$$P(X=0)=(1-0.05)\times(1-0.08)=0.874,$$
$$P(X=40)=0.05\times0.08=0.004,$$
$$P(X=20)=1-P(X=0)-P(X=40)=0.122.$$

因此 X 的分布律可列表如下：

X	0	20	40
P	0.874	0.122	0.004

4. 在某个公开招聘职位的 12 个应聘者中有 7 个女性和 5 个男性，假设在这些应聘者中随机选取 3 个人，以随机变量 X 表示其中女性的数量，试求 X 的分布律.

解　在 12 个应聘者中随机选取 3 个人，样本空间为

$$\Omega=\{\text{三女},\text{两女一男},\text{两男一女},\text{三男}\}.$$

随机变量 X 的值域为 $\Omega_X=\{0,1,2,3\}$，取值概率分别为

$$P(X=0)=\frac{\binom{7}{0}\binom{5}{3}}{\binom{12}{3}}=\frac{1}{22},\quad P(X=1)=\frac{\binom{7}{1}\binom{5}{2}}{\binom{12}{3}}=\frac{7}{22},$$

$$P(X=2)=\frac{\binom{7}{2}\binom{5}{1}}{\binom{12}{3}}=\frac{21}{44},\quad P(X=3)=\frac{\binom{7}{3}\binom{5}{0}}{\binom{12}{3}}=\frac{7}{44}.$$

由此 X 的分布律可列表如下：

X	0	1	2	3
P	$\frac{1}{22}$	$\frac{7}{22}$	$\frac{21}{44}$	$\frac{7}{44}$

5. 独立投掷一颗均匀的骰子两次，令随机变量 X 为两次投掷结果的点数之差的绝对值，试求 X 的分布律.

解　将一颗均匀的骰子连续抛掷两次，样本空间为 $\Omega=\{(i,j):i,j=1,2,\cdots,6\}$，随机变量 X 的值域为 $\Omega_X=\{0,1,2,\cdots,5\}$.取值概率分别为

$$P(X=0)=P(\{(1,1),(2,2),(3,3),(4,4),(5,5),(6,6)\})=\frac{1}{6},$$

$$\begin{aligned}P(X=1)&=P(\{(1,2),(2,3),(3,4),(4,5),(5,6),(2,1),(3,2),(4,3),\\&\quad(5,4),(6,5)\})\\&=\frac{5}{18},\end{aligned}$$

$$P(X=2)=P(\{(1,3),(2,4),(3,5),(4,6),(3,1),(4,2),(5,3),(6,4)\})=\frac{2}{9},$$

$$P(X=3)=P(\{(1,4),(2,5),(3,6),(4,1),(5,2),(6,3)\})=\frac{1}{6},$$

$$P(X=4)=P(\{(1,5),(2,6),(5,1),(6,2)\})=\frac{1}{9},$$

$$P(X=5)=P(\{(1,6),(6,1)\})=\frac{1}{18}.$$

由此 X 的分布律可列表如下：

X	0	1	2	3	4	5
P	$\frac{1}{6}$	$\frac{5}{18}$	$\frac{2}{9}$	$\frac{1}{6}$	$\frac{1}{9}$	$\frac{1}{18}$

6. 某篮球运动员投中篮圈的概率为0.9,求他两次独立投篮后投中篮圈次数 X 的分布律以及他至少投中1次的概率.

解　随机变量 X 的值域为 $\Omega_X=\{0,1,2\}$,取值概率分别为

$$P(X=0)=(1-0.9)^2=0.01,\quad P(X=2)=0.9^2=0.81,$$

$$P(X=1)=1-P(X=0)-P(X=2)=0.18.$$

因此 X 的分布律可列表如下：

X	0	1	2
P	0.01	0.18	0.81

他至少投中1次的概率为 $P(X\geqslant 1)=1-P(X=0)=0.99$.

7. 现在一台计算机中放置5块微芯片,其中2块有缺陷.在组装计算机之前,随机地在这5块芯片中挑选2块进行检查.以随机变量 X 表示在检查的2块芯片当中发现有缺陷的芯片数量,求 X 的分布律,并由此计算2块被检查芯片中不超过1块有缺陷的概率.

解　随机变量 X 的值域为 $\Omega_X=\{0,1,2\}$,取值概率分别为

$$P(X=0)=\frac{\binom{3}{2}\binom{2}{0}}{\binom{5}{2}}=0.3,\quad P(X=1)=\frac{\binom{3}{1}\binom{2}{1}}{\binom{5}{2}}=0.6,$$

$$P(X=2)=\frac{\binom{3}{0}\binom{2}{2}}{\binom{5}{2}}=0.1.$$

因此 X 的分布律可列表如下：

X	0	1	2
P	0.3	0.6	0.1

2 块被检查芯片中不超过 1 块有缺陷的概率为 $P(X\leqslant 1)=1-P(X=2)=0.9$.

8. 设 100 个某种型号的灯泡中的次品数 X 为一个随机变量，已知 X 的分布律为

X	0	1	2
P	0.5	0.4	0.1

现从这 100 个灯泡中随机取出 10 个.

（1）求取出的这 10 个灯泡中只有一个次品的概率；

（2）若已知取出的 10 个灯泡中只有一个次品的情况下，求原来的 100 个灯泡中恰好有 2 个次品的概率.

解　（1）令事件 $A_i=\{100\text{ 个该型号灯泡中有 } i \text{ 个次品}\}(i=0,1,2)$.

记“随机取出的 10 个灯泡中只有一个次品”为事件 B.由全概率公式

$$P(B)=\sum_{i=0}^{2}P(A_i)P(B\mid A_i),$$

其中 $P(A_i)=P(X=i)(i=0,1,2)$，且

$$P(B\mid A_0)=0,\quad P(B\mid A_1)=\frac{\binom{99}{9}\binom{1}{1}}{\binom{100}{10}},\quad P(B\mid A_2)=\frac{\binom{98}{9}\binom{2}{1}}{\binom{100}{10}}.$$

代入公式可得

$$P(B)=0.4\times\frac{\binom{99}{9}\binom{1}{1}}{\binom{100}{10}}+0.1\times\frac{\binom{98}{9}\binom{2}{1}}{\binom{100}{10}}=0.058\ 2.$$

（2）由贝叶斯公式，所求概率即为

$$P(A_2\mid B)=\frac{P(A_2)P(B\mid A_2)}{P(B)}=\frac{5}{16}.$$

§2.3 离散型随机变量的数学期望与方差

一、内容概要

1. 数学期望 设离散型随机变量 X 的分布律为 $P(X=x_i)=p_i, i=1,2,\cdots, n,\cdots$. 若$\sum\limits_{i=1}^{\infty}|x_i|p_i$ 收敛,则称

$$E(X)=\sum_{i=1}^{\infty}x_i p_i$$

为随机变量 X 的**数学期望**,简称为**期望**或**均值**.若级数$\sum\limits_{i=1}^{\infty}|x_i|p_i$ 不收敛,则称随机变量 X 的数学期望不存在.

2. 数学期望的性质 假定以下所涉及的数学期望均存在.

(1) X 的某一函数 $g(X)$ 的数学期望为

$$E[g(X)]=\sum_{i=1}^{\infty}g(x_i)p_i.$$

(2) 若 c 为常数,则有 $E(c)=c$.

(3) 对任意常数 k,c,有 $E(kX+c)=kE(X)+c$.

(4) $E(X^2)=0$ 的充要条件是 $P(X=0)=1$.

3. 方差 随机变量 X 对其期望 $E(X)$ 的偏差平方的数学期望(设其存在)

$$\mathrm{Var}(X)=E\left(X-E(X)\right)^2$$

称为 X 的**方差**,方差的正平方根 $\sigma(X)=\sqrt{\mathrm{Var}(X)}$ 称为 X 的**标准差.**

方差是分布的散布特征,方差越大,分布越分散;方差越小,分布越集中.标准差与方差功能相似,只是量纲不同.

4. 方差的性质 假定以下所涉及的方差均存在.

(1) $\mathrm{Var}(X)=E(X^2)-[E(X)]^2$.

(2) 若 c 为常数,则有 $\mathrm{Var}(c)=0$.反之若 $\mathrm{Var}(X)=0$,则 $P(X=E(X))=1$.

(3) 对任意常数 k,c,则有 $\mathrm{Var}(kX+c)=k^2\mathrm{Var}(X)$.

5. 中心化随机变量 对于随机变量 X,若 X 的数学期望和方差存在,则称

$$\widetilde{X}=X-E(X)$$

为 X 的**中心化随机变量**,此时有 $E(\widetilde{X})=0$, $\mathrm{Var}(\widetilde{X})=\mathrm{Var}(X)$.

6. 标准化随机变量 对于随机变量 X,若 X 的数学期望和方差存在,则称

$$X^* = \frac{X-E(X)}{\sqrt{\mathrm{Var}(X)}}$$

为 X 的**标准化随机变量**，此时有 $E(X^*)=0,\mathrm{Var}(X^*)=1$.

二、习题全解

1. 已知某个离散型随机变量 X 的分布律为

$$P(X=2^k)=\frac{1}{2^k},\quad k=1,2,\cdots.$$

试判断 X 的数学期望 $E(X)$ 是否存在？

解　由于级数

$$\sum_{i=1}^{\infty}|x_i|p_i=\sum_{k=1}^{\infty}2^k\frac{1}{2^k}=\sum_{k=1}^{\infty}1=+\infty$$

不收敛，因此 X 的数学期望 $E(X)$ 不存在.

2. 根据某汽车销售点日销售记录得知，每天的汽车销量 X(单位：台)的分布律为

X	0	1	2	3
P	0.5	0.3	0.15	0.05

试求该汽车销售点每天的平均汽车销量.

解　该汽车销售点每天的平均汽车销量即为随机变量 X 的期望，由于

$$E(X)=0\times0.5+1\times0.3+2\times0.15+3\times0.05=0.75,$$

因此该汽车销售点每天的平均汽车销量为 0.75 台.

3. 若离散型随机变量 X 的分布律为

$$P(X=k)=\frac{1}{n},\quad k=1,2,\cdots,n,$$

则称 X 服从**离散型均匀分布**，试求 X 的数学期望 $E(X)$.

解　随机变量 X 的数学期望为

$$E(X)=\sum_{k=1}^{n}k\cdot\frac{1}{n}=\frac{n+1}{2}.$$

4. 假设随机变量 X 可能取值为 1 和 2，且已知 $E(X)=1.6$，试求概率值 $P(X=1)$.

解　随机变量 X 的数学期望为

$$E(X)=1\times P(X=1)+2\times P(X=2)=1.6.$$

依据概率的定义和性质，

$$P(X=1)+P(X=2)=1.$$

因此解得

$$P(X=1)=0.4.$$

5. 设 10 件产品中恰有 2 件次品,现进行不放回抽取,每次取 1 件,以 X 表示直到第二次取到正品为止的抽取次数. 试求 X 的分布律并求其数学期望 $E(X)$.

解 样本空间为 $\Omega=\{$(正,正),(次,正,正),(正,次,正),(正,次,次,正),(次,正,次,正),(次,次,正,正)$\}$,随机变量 X 的值域为 $\Omega_X=\{2,3,4\}$,取值概率分别为

$$P(X=2)=\frac{8}{10}\times\frac{7}{9}=\frac{28}{45},\quad P(X=3)=\frac{2}{10}\times\frac{8}{9}\times\frac{7}{8}+\frac{8}{10}\times\frac{2}{9}\times\frac{7}{8}=\frac{14}{45},$$

$$P(X=4)=\frac{8}{10}\times\frac{2}{9}\times\frac{1}{8}\times\frac{7}{7}+\frac{2}{10}\times\frac{8}{9}\times\frac{1}{8}\times\frac{7}{7}+\frac{2}{10}\times\frac{1}{9}\times\frac{8}{8}\times\frac{7}{7}=\frac{1}{15}.$$

由此 X 的分布律可列表如下:

X	2	3	4
P	$\frac{28}{45}$	$\frac{14}{45}$	$\frac{1}{15}$

随机变量 X 的数学期望为

$$E(X)=2\times\frac{28}{45}+3\times\frac{14}{45}+4\times\frac{1}{15}=\frac{22}{9}.$$

6. 设离散型随机变量 X 的分布律为

X	-2	-1	0	1	2
P	$\frac{1}{4}$	$\frac{1}{3}$	$\frac{1}{6}$	$\frac{1}{12}$	$\frac{1}{6}$

试求 $E(|X|)$,$E(2X^2+1)$.

解 按照随机变量函数的分布律计算方法,可得

$$E(|X|)=|-2|\times\frac{1}{4}+|-1|\times\frac{1}{3}+0\times\frac{1}{6}+1\times\frac{1}{12}+2\times\frac{1}{6}=\frac{5}{4}.$$

同理可得

$$\begin{aligned}E(2X^2+1)=&[2\times(-2)^2+1]\times\frac{1}{4}+[2\times(-1)^2+1]\times\frac{1}{3}+\\&(2\times0^2+1)\times\frac{1}{6}+(2\times1^2+1)\times\frac{1}{12}+\\&(2\times2^2+1)\times\frac{1}{6}=\frac{31}{6}.\end{aligned}$$

7. 从某生产线上下来的玻璃瓶中,大约有 10%的玻璃瓶在外观上有严重缺陷.现随机抽取 3 个玻璃瓶进行检验,以 X 表示被检玻璃瓶中外观上有严重缺陷的玻璃瓶的

数量，试求 X 的数学期望与方差.

解　由题意，随机变量 X 的值域为 $\Omega_X=\{0,1,2,3\}$，且

$$P(X=0)=\binom{3}{0}(0.1)^0(1-0.1)^3=0.729,$$

$$P(X=1)=\binom{3}{1}(0.1)^1(1-0.1)^2=0.243,$$

$$P(X=2)=\binom{3}{2}(0.1)^2(1-0.1)^1=0.027,$$

$$P(X=3)=\binom{3}{3}(0.1)^3(1-0.1)^0=0.001.$$

则随机变量 X 的分布律为

X	0	1	2	3
P	0.729	0.243	0.027	0.001

因此随机变量 X 的数学期望为

$$E(X)=0\times0.729+1\times0.243+2\times0.027+3\times0.001=0.3.$$

而随机变量 X^2 的数学期望为

$$E(X^2)=0^2\times0.729+1^2\times0.243+2^2\times0.027+3^2\times0.001=0.36.$$

利用方差计算公式可得

$$\mathrm{Var}(X)=E(X^2)-[E(X)]^2=0.27.$$

8. 设一台设备由两大部件构成，在设备运转中这两大部件需要调整的概率分别为 0.1，0.2，假设各部件是否需要调整相互独立，以 X 表示同时需要调整的部件数，试求 X 的数学期望与标准差.

解　随机变量 X 的值域 $\Omega_X=\{0,1,2\}$，且

$$P(X=0)=(1-0.1)\times(1-0.2)=0.72,$$

$$P(X=2)=0.1\times0.2=0.02,$$

$$P(X=1)=(1-0.1)\times0.2+0.1\times(1-0.2)=0.26.$$

随机变量 X 的分布律为

X	0	1	2
P	0.72	0.26	0.02

则随机变量 X 的数学期望为

$$E(X)=0\times0.72+1\times0.26+2\times0.02=0.3.$$

而随机变量 X^2 的数学期望为

$$E(X^2)=0^2\times0.72+1^2\times0.26+2^2\times0.02=0.34.$$

利用方差计算公式可得

$$\mathrm{Var}(X)=E(X^2)-[E(X)]^2=0.25.$$

标准差为

$$\sigma(X)=\sqrt{\mathrm{Var}(X)}=0.5.$$

9. 设随机变量 X 满足 $E(X)=\mathrm{Var}(X)=\lambda$，且 $E[(X-4)(X-1)]=0$，试求 λ 的值.

解　根据方差的计算公式以及期望和方差的性质有

$$E[(X-4)(X-1)]=E(X^2-5X+4)=\mathrm{Var}(X)+[E(X)]^2-5E(X)+4=0.$$

由于随机变量 X 满足 $E(X)=\mathrm{Var}(X)=\lambda$，那么

$$\lambda^2-4\lambda+4=0.$$

解方程可得

$$\lambda=2.$$

10. 设离散型随机变量 X 的分布律为

X	-2	0	1	3
P	0.2	0.4	0.1	0.3

试求 $E(2X-3)$ 和 $\mathrm{Var}(2X-3)$.

解　我们可以先计算随机变量 X 的数学期望

$$E(X)=-2\times0.2+0\times0.4+1\times0.1+3\times0.3=0.6.$$

而随机变量 $Y=X^2$ 的数学期望为

$$E(X^2)=(-2)^2\times0.2+0^2\times0.4+1^2\times0.1+3^2\times0.3=3.6.$$

利用方差计算公式可得

$$\mathrm{Var}(X)=E(X^2)-[E(X)]^2=3.24.$$

根据数学期望和方差的性质有

$$E(2X-3)=2E(X)-3=-1.8.$$

相应的方差为

$$\mathrm{Var}(2X-3)=2^2\mathrm{Var}(X)=12.96.$$

11. 某个快餐店的全年总收入是一个随机变量，其平均值为 40 万元，标准差为 8 万元.而该快餐店的合伙人之一获得的酬金为全年总收入的 15%，试求该合伙人获得酬金的期望值和标准差.

解　记随机变量 X 为该快餐店的全年总收入，则有

$$E(X)=40,\quad \mathrm{Var}(X)=8^2=64.$$

记随机变量 Y 为快餐店的合伙人之一获得的酬金，则有 $Y=0.15X$.利用数学期望和方差的性质可知

$$E(Y)=E(0.15X)=0.15E(X)=6,$$

$$\mathrm{Var}(Y)=\mathrm{Var}(0.15X)=0.15^2\mathrm{Var}(X)=1.44,$$

该合伙人获得酬金的标准差为

$$\sigma(Y)=\sqrt{\mathrm{Var}(Y)}=\sqrt{1.44}=1.2.$$

所以该合伙人获得酬金的期望值为 6 万元，标准差为 1.2 万元.

12. 设随机变量 X 满足 $\mathrm{Var}(3X+2)=27$，求 X 的标准差.

解　利用方差的性质可知

$$\mathrm{Var}(3X+2)=3^2\mathrm{Var}(X)=27.$$

解得 $\mathrm{Var}(X)=3$，因此 X 的标准差

$$\sigma(X)=\sqrt{\mathrm{Var}(X)}=\sqrt{3}.$$

§2.4　常用离散型随机变量及其分布

一、内容概要

1. 二项分布

（1）若随机变量 X 的分布律为

$$P(X=k)=\binom{n}{k}p^k(1-p)^{n-k},\quad k=0,1,2,\cdots,n,$$

则称 X 服从**二项分布**，记为 $X\sim B(n,p)$，其中 $0<p<1$.

（2）背景：若记随机变量 X 为 n 重伯努利试验中事件 A 发生的次数，则 X 服从二项分布 $B(n,p)$，其中 $p=P(A)$.

（3）$n=1$ 时的二项分布称为 **0-1 分布**，当随机变量 $X\sim B(1,p)$，X 可表示一次伯努利试验中事件 A 发生的次数，取值 0 或 1.

（4）二项分布 $B(n,p)$ 的数学期望和方差分别为

$$E(X)=np,\quad \mathrm{Var}(X)=np(1-p).$$

2. 泊松分布

（1）若随机变量 X 的分布律为

$$P(X=k)=\frac{\lambda^k}{k!}\mathrm{e}^{-\lambda},\quad k=0,1,2,\cdots,$$

则称 X 服从**泊松分布**,记为 $X\sim P(\lambda)$, 其中 $\lambda>0$.

(2) 背景:单位时间(或空间)上某稀有事件(即不经常发生的事件)发生的次数通常服从泊松分布.

(3) 泊松分布 $P(\lambda)$ 的数学期望和方差分别为

$$E(X)=\lambda,\quad \mathrm{Var}(X)=\lambda.$$

(4) **二项分布的泊松近似(泊松定理)**

设 $\lambda>0$ 为一个常数,n 为任意正整数.令 $\lambda=n\,p_n$,则对任意一个固定的非负整数 k 有

$$\lim_{n\to\infty}\binom{n}{k}p_n^k(1-p_n)^{n-k}=\frac{\lambda^k}{k!}\mathrm{e}^{-\lambda}.$$

3. 几何分布

(1) 若随机变量 X 的分布律为

$$P(X=k)=(1-p)^{k-1}p,\quad k=1,2,\cdots,$$

则称 X 服从**几何分布**,记为 $X\sim Ge(p)$,其中 $0<p<1$.

(2) 背景:令随机变量 X 为伯努利试验中事件 A 首次发生时试验的次数,则 X 服从几何分布 $Ge(p)$,其中 p 为每次试验中事件 A 发生的概率.

(3) 几何分布 $Ge(p)$ 的数学期望和方差分别为

$$E(X)=\frac{1}{p},\quad \mathrm{var}(X)=\frac{1-p}{p^2}.$$

(4) 几何分布的**无记忆性**:若 $X\sim Ge(p)$,则对任意的正整数 m 和 n 有

$$P(X>m+n\mid X>m)=P(X>n).$$

4. 超几何分布

(1) 若随机变量 X 的分布律为

$$P(X=k)=\frac{\binom{M}{k}\binom{N-M}{n-k}}{\binom{N}{n}},\quad k=0,1,\cdots,m,$$

则称 X 服从**超几何分布**,记为 $X\sim h(N,M,n)$,其中 $m=\min\{M,n\}$,且 $M\leqslant N,n\leqslant N.n$, N,M 均为正整数.

(2) 背景:假设现有 N 件产品,其中 M 件不合格品($M\leqslant N$).若从中不放回地随机抽取 n 件($n\leqslant N$),令随机变量 X 为抽取的 n 件产品中不合格品的数量,则 X 服从超几何分布 $h(N,M,n)$.

(3) 超几何分布 $h(N,M,n)$ 的数学期望和方差分别为

$$E(X)=n\frac{M}{N},\qquad \operatorname{var}(X)=\frac{nM(N-M)(N-n)}{N^2(N-1)}.$$

(4) 超几何分布的二项近似

若 $n\ll N$,此时超几何分布可用二项分布近似,即

$$\frac{\binom{M}{k}\binom{N-M}{n-k}}{\binom{N}{n}}\approx\binom{n}{k}p^k(1-p)^{n-k},\text{其中 } p=\frac{M}{N}.$$

二、习题全解

1. 设随机变量 X 的分布律为 $P(X=-1)=P(X=1)=P(X=2)=\frac{1}{3}$,记事件 $A=\{X\leqslant 1.5\}$,以随机变量 Y 表示在三次独立重复试验中事件 A 发生的次数,试求 Y 的分布律.

解　事件 $A=\{X\leqslant 1.5\}$ 发生的概率为 $P(A)=P(X=-1)+P(X=1)=\frac{2}{3}$.因此随机变量 Y 服从二项分布,即 $Y\sim B\left(3,\frac{2}{3}\right)$,故

$$P(Y=0)=\binom{3}{0}\left(\frac{2}{3}\right)^0\left(1-\frac{2}{3}\right)^3=\frac{1}{27},$$

$$P(Y=1)=\binom{3}{1}\left(\frac{2}{3}\right)^1\left(1-\frac{2}{3}\right)^2=\frac{2}{9},$$

$$P(Y=2)=\binom{3}{2}\left(\frac{2}{3}\right)^2\left(1-\frac{2}{3}\right)^1=\frac{4}{9},$$

$$P(Y=3)=\binom{3}{3}\left(\frac{2}{3}\right)^3\left(1-\frac{2}{3}\right)^0=\frac{8}{27}.$$

因此随机变量 Y 的分布律为

Y	0	1	2	3
P	$\frac{1}{27}$	$\frac{2}{9}$	$\frac{4}{9}$	$\frac{8}{27}$

2. 在一项关于笔记本电脑电池使用时间的研究中,研究人员发现电池使用时间 X 不少于 5 h 的概率是 0.12.试求在独立使用的三个笔记本电脑电池中,发现其中只有一个电池可使用 5 h 或更长时间的概率.

解　由题意得,$P(X\geqslant 5)=0.12$.令随机变量 Y 表示这 3 个电池使用时间不少于

5 h 的数量，则 $Y \sim B(3,0.12)$.记事件 A 为"只有一个电池可使用 5 h 或更长时间"，那么

$$P(A)=P(Y=1)=\binom{3}{1}(0.12)^{1}(1-0.12)^{2}=0.278\,8.$$

因此发现只有一个电池可使用 5 h 或更长时间的概率为 0.278 8.

3. 设在某医疗卫生机构献血的人群中，有 85% 的人的血型是 Rh 阳性.试问该机构至少需要多少名献血者才能保证采集到至少 6 份 Rh 阳性血液的概率超过 95%？

解　令随机变量 X 为 n 名献血者中血型为 Rh 阳性的人数，则 $X \sim B(n,0.85)$.由题意，要满足

$$P(X \geqslant 6)=1-\sum_{i=0}^{5} P(X=i)=1-\sum_{i=0}^{5}\binom{n}{i} 0.85^{i}(1-0.85)^{n-i} \geqslant 0.95,$$

即要求

$$\sum_{i=0}^{5}\binom{n}{i} 0.85^{i}(1-0.85)^{n-i} \leqslant 0.05.$$

所以 n 至少为 9 时，才能保证采集到至少 6 份 Rh 阳性血液的概率超过 95%.

4. 设某手机一天收到 8 条短信，每条短信是垃圾短信的概率为 0.2，用 X 表示这天该手机收到的垃圾短信总数，试求：

（1）收到的 8 条短信中至少包含 2 条垃圾短信的概率.

（2）X 的数学期望 $E(X)$ 与方差 $\operatorname{Var}(X)$.

解　（1）由题意得 $X \sim B(8,0.2)$.那么

$$\begin{aligned}P(X \geqslant 2)&=1-P(X=0)-P(X=1)\\&=1-\binom{8}{0}(0.2)^{0}(1-0.2)^{8}-\binom{8}{1}(0.2)^{1}(1-0.2)^{7}\\&=0.496\,7.\end{aligned}$$

即收到的 8 条短信中至少包含 2 条垃圾短信的概率为 0.496 7.

（2）根据二项分布数学期望和方差的公式

$$E(X)=8\times 0.2=1.6,\operatorname{Var}(X)=8\times 0.2\times(1-0.2)=1.28.$$

5. 设 X 表示 5 次独立重复射击命中目标的次数，每次命中目标的概率为 0.2，试求 X^2 的数学期望 $E(X^2)$.

解　由题意得 $X \sim B(5,0.2)$.根据二项分布数学期望和方差的公式有

$$E(X)=5\times 0.2=1,\quad \operatorname{Var}(X)=5\times 0.2\times(1-0.2)=0.8.$$

利用方差计算公式可得

$$E(X^{2})=\operatorname{Var}(X)+[E(X)]^{2}=1.8.$$

6. 设随机变量 X 服从参数为 1 的泊松分布.令随机事件 $A=\{X \geqslant 2\}$，$B=\{X<1\}$.试

求 $P(A),P(B),P(A\cup B),P(B|\overline{A})$.

解　由题意得 $X\sim P(1)$.那么

$$P(A)=P(X\geqslant 2)=1-P(X=0)-P(X=1)=1-\frac{1^0}{0!}e^{-1}-\frac{1^1}{1!}e^{-1}=1-2e^{-1},$$

$$P(B)=P(X<1)=P(X=0)=\frac{1^0}{0!}e^{-1}=e^{-1}.$$

由于事件 A 和事件 B 不相容,那么

$$P(A\cup B)=P(A)+P(B)=1-e^{-1}.$$

又因为

$$P(B\cap\overline{A})=P(X<1)=e^{-1},$$

所以有

$$P(B|\overline{A})=\frac{P(B\cap\overline{A})}{P(\overline{A})}=\frac{P(B\cap\overline{A})}{1-P(A)}=\frac{1}{2}.$$

7. 经调查,某酒店预订中心平均每分钟接到 3 个电话.试求:

(1) 在给定的 1 min 内没有接到电话的概率.

(2) 在给定的 1 min 内至少接到两个电话的概率.

解　(1) 设随机变量 X 为给定的 1 min 内接到的电话次数,由题意知 $X\sim P(3)$.即 X 服从参数为 3 的泊松分布,则在给定的 1 min 内没有接到电话的概率为

$$P(X=0)=\frac{3^0}{0!}e^{-3}=e^{-3}.$$

(2) 在给定的 1 min 内至少接到两个电话的概率为

$$P(X\geqslant 2)=1-P(X=0)-P(X=1)=1-\frac{3^0}{0!}e^{-3}-\frac{3^1}{1!}e^{-3}=1-4e^{-3}.$$

8. 设随机变量 X 服从参数为 2 的泊松分布.试求 $E[X(X-1)]$.

解　由题意得 $X\sim P(2)$.那么根据泊松分布的数学期望和方差的计算公式

$$E(X)=\mathrm{Var}(X)=\lambda=2.$$

因此

$$E[X(X-1)]=E(X^2)-E(X)=\mathrm{Var}(X)+[E(X)]^2-E(X)=4.$$

9. 设随机变量 X 服从参数为 λ 的泊松分布,且 $P(X=2)=P(X=3)$,试求 X 的数学期望 $E(X)$.

解　由题意得 $X\sim P(\lambda)$.因此

$$P(X=2)=\frac{\lambda^2}{2!}e^{-\lambda}=\frac{\lambda^2}{2e^{\lambda}},\quad P(X=3)=\frac{\lambda^3}{3!}e^{-\lambda}=\frac{\lambda^3}{6e^{\lambda}}.$$

由 $P(X=2)=P(X=3)$ 解得 $\lambda=3$. 由泊松分布的数学期望计算公式可知

$$E(X)=\lambda=3.$$

10. 某产品的废品率为 0.005,任取 1 000 件这种产品,试利用泊松定理,求其中废品数不多于 5 件的概率.

解 令随机变量 X 为这 1 000 件产品中的废品数,由题意

$$X \sim B(1\ 000, 0.005),$$

即 X 近似服从参数为 5 的泊松分布,则

$$P(X \leqslant 5) = \sum_{k=0}^{5} P(X=k) \approx \sum_{k=0}^{5} \frac{5^k}{k!} e^{-5} = 0.616.$$

因此任取 1 000 件这种产品,其中废品数不多于 5 件的概率为 0.616.

11. 设某保险公司开办了某类重大疾病保险项目,共有 2 000 人参加了这个项目,每人交保险费 500 元,一旦身患此类重大疾病可获 10 万元的赔付,假设每人患病与否相互独立.且每个人患此类重大疾病的概率为 0.002.若不计营销和管理费用,试

(1) 求该保险公司在这个项目上产生亏损的概率;

(2) 利用泊松定理,求该保险公司在这个项目上的盈利不少于 20 万元的概率.

解 令随机变量 X 为这 2 000 人中身患此类重大疾病的人数,由题意

$$X \sim B(2\ 000, 0.002).$$

即 X 近似服从参数为 4 的泊松分布.

(1) 若该保险公司在这个项目上产生亏损,则

$$2\ 000 \times 500 - 100\ 000 X < 0.$$

解得 $X > 10$. 因此在这 2 000 人中若超过 10 人身患此类重病,保险公司在这个项目上就会产生亏损,概率值为

$$P(X > 10) = 1 - \sum_{k=0}^{10} P(X=k) \approx 1 - \sum_{k=0}^{10} \frac{4^k}{k!} e^{-4} = 0.002\ 8.$$

(2) 若该保险公司在这个项目上的盈利不少于 20 万元,则

$$2\ 000 \times 500 - 100\ 000 X \geqslant 200\ 000.$$

解得 $X \leqslant 8$. 因此在这 2 000 人中若身患此类重病的人数不多于 8 人,该保险公司在这个险种上的盈利不少于 20 万元,概率值为

$$P(X \leqslant 8) = \sum_{k=0}^{8} P(X=k) \approx \sum_{k=0}^{8} \frac{4^k}{k!} e^{-4} = 0.978\ 6.$$

12. 设某人射击直到中靶为止,已知每次射击中靶的概率为 0.75.记 X 为此人的射击次数,试求概率值 $P(X=2)$ 以及 X 的数学期望 $E(X)$.

解 由题意得 $X \sim Ge(0.75)$,即 X 服从参数为 0.75 的几何分布.根据几何分布的分布律和数学期望的计算公式有

$$P(X=2) = (1-0.75)^{2-1} 0.75 = 0.187\ 5, \quad E(X) = \frac{1}{0.75} = \frac{4}{3}.$$

13. 一家外贸公司招聘时发现，某个销售职位的申请者中有 20%的人会说流利的法语.假设应聘者是从申请人中随机挑选出来的，

（1）试求在找到第一位会说流利法语的应聘者之前，已经面试了 5 名应聘者的概率.

（2）假设已经面试的 10 名应聘者中没有发现会说流利法语的人，试求在接下来面试的 5 名应聘者中能找到第一位能说流利法语的应聘者的概率.

解　（1）令随机变量 X 为找到第一位会说流利法语的应聘者时一共面试的人数，由题意

$$X \sim Ge(0.2),$$

即 X 服从参数为 0.2 的几何分布.想求"在找到第一位会说流利法语的应聘者之前已经面试了 5 名应聘者"的概率，即求

$$P(X=6)=(1-0.2)^{6-1}0.2=0.065\ 5.$$

因此在找到第一位会说流利法语的应聘者之前，已经面试了 5 名应聘者的概率为 0.065 5.

（2）由几何分布的无记忆性

$$\begin{aligned}
&P(X\leqslant 10+5 \mid X>10)=1-P(X>10+5 \mid X>10)\\
&=1-P(X>5)=P(X=1)+P(X=2)+P(X=3)+P(X=4)+P(X=5)\\
&=(1-0.2)^{1-1}0.2+(1-0.2)^{2-1}0.2+(1-0.2)^{3-1}0.2+(1-0.2)^{4-1}0.2+\\
&\quad (1-0.2)^{5-1}0.2=0.672\ 3.
\end{aligned}$$

因此已经面试的 10 名应聘者中没有发现会说流利法语的人，在接下来面试的 5 名应聘者中能找到第一位能说流利法语的应聘者的概率为 0.672 3.

14. 现有 15 张即开型奖券，其中 5 张写有"奖"字.从中任意取 3 张奖券，以随机变量 X 为所抽取的奖券中含有"奖"字的张数，求 X 的分布律以及 $E(X)$.

解　由题意 $X\sim h(15,5,3)$.即随机变量 X 服从参数为(15,5,3)的超几何分布. 随机变量 X 的值域 $\Omega_X=\{0,1,2,3\}$，对应的概率分别为

$$P(X=0)=\frac{\binom{10}{3}\binom{5}{0}}{\binom{15}{3}}=\frac{24}{91},\quad P(X=1)=\frac{\binom{10}{2}\binom{5}{1}}{\binom{15}{3}}=\frac{45}{91},$$

$$P(X=2)=\frac{\binom{10}{1}\binom{5}{2}}{\binom{15}{3}}=\frac{20}{91},\quad P(X=3)=\frac{\binom{10}{0}\binom{5}{3}}{\binom{15}{3}}=\frac{2}{91}.$$

因此随机变量 X 的分布律为

X	0	1	2	3
P	$\frac{24}{91}$	$\frac{45}{91}$	$\frac{20}{91}$	$\frac{2}{91}$

随机变量 X 的数学期望为

$$E(X)=0\times\frac{24}{91}+1\times\frac{45}{91}+2\times\frac{20}{91}+3\times\frac{2}{91}=1.$$

§2.5　离散型随机变量函数的分布律

一、内容概要

离散型随机变量函数的分布律

(1) 设离散型随机变量 X 的分布律为 $P(X=x_i)=p_i, i=1,2,\cdots$，则随机变量 $Y=g(X)$ 的分布律为

Y	$g(x_1)$	$g(x_2)$	$\cdots$	$g(x_i)$	$\cdots$
P	p_1	p_2	$\cdots$	p_i	$\cdots$

其中 $g(x_i)(i=1,2,\cdots)$ 互不相等.

(2) 若随机变量 X 服从二项分布 $B(n,p)$，则随机变量 $Y=n-X$ 服从二项分布 $B(n,1-p)$.

二、习题全解

1. 设随机变量 X 的分布律为

X	-1	0	1	2
P	$\frac{1}{8}$	$\frac{1}{4}$	$\frac{1}{2}$	$\frac{1}{8}$

试求随机变量 $Y=X-2$ 的分布律.

解　随机变量 Y 的值域 $\Omega_Y=\{-3,-2,-1,0\}$，且

$$P(Y=-3)=P(X=-1)=\frac{1}{8},\quad P(Y=-2)=P(X=0)=\frac{1}{4},$$

$$P(Y=-1)=P(X=1)=\frac{1}{2},\quad P(Y=0)=P(X=2)=\frac{1}{8}.$$

因此 $Y=X-2$ 的分布律为

Y	-3	-2	-1	0
P	$\frac{1}{8}$	$\frac{1}{4}$	$\frac{1}{2}$	$\frac{1}{8}$

2. 设随机变量 X 的分布律为

$$P\left(X=k\frac{\pi}{2}\right)=\left(\frac{1}{2}\right)^{k+1},\quad k=0,1,2,\cdots.$$

试求随机变量 $Y=\sin X$ 的分布律.

解　随机变量 Y 的值域 $\Omega_Y=\{-1,0,1\}$,且

$$P(Y=-1)=P\left(X=\frac{3\pi}{2}\right)+P\left(X=\frac{7\pi}{2}\right)+P\left(X=\frac{11\pi}{2}\right)+\cdots=\sum_{m=1}^{\infty}\left(\frac{1}{2}\right)^{4m}=\frac{1}{15},$$

$$P(Y=0)=P(X=0)+P(X=\pi)+P(X=2\pi)+\cdots=\sum_{m=1}^{\infty}\left(\frac{1}{2}\right)^{2m-1}=\frac{2}{3},$$

$$P(Y=1)=P\left(X=\frac{\pi}{2}\right)+P\left(X=\frac{5\pi}{2}\right)+P\left(X=\frac{9\pi}{2}\right)+\cdots=\sum_{m=1}^{\infty}\left(\frac{1}{2}\right)^{4m-2}=\frac{4}{15}.$$

因此 $Y=\sin X$ 的分布律为

Y	-1	0	1
P	$\frac{1}{15}$	$\frac{2}{3}$	$\frac{4}{15}$

3. 设随机变量 X 的分布律为

X	-2	-1	0	1	3
P	$\frac{1}{5}$	$\frac{1}{5}$	$\frac{1}{5}$	$\frac{1}{15}$	$\frac{1}{3}$

试求:

(1) X^2+X 的分布律;

(2) $E(X^2)$ 和 $\mathrm{Var}(X)$;

(3) 概率 $P(-1<X^2+X<8)$.

解　(1) 令 $Y=X^2+X$,随机变量 Y 的值域 $\Omega_Y=\{0,2,12\}$,且

$$P(Y=0)=P(X=-1)+P(X=0)=\frac{1}{5}+\frac{1}{5}=\frac{2}{5},$$

$$P(Y=2)=P(X=-2)+P(X=1)=\frac{1}{5}+\frac{1}{15}=\frac{4}{15},$$

$$P(Y=12)=P(X=3)=\frac{1}{3}.$$

因此 $Y=X^2+X$ 的分布律为

Y	0	2	12
P	$\frac{2}{5}$	$\frac{4}{15}$	$\frac{1}{3}$

（2）先求出随机变量 X 的数学期望为

$$E(X)=-2\times\frac{1}{5}-1\times\frac{1}{5}+0\times\frac{1}{5}+1\times\frac{1}{15}+3\times\frac{1}{3}=\frac{7}{15}.$$

而随机变量 X^2 的数学期望为

$$E(X^2)=(-2)^2\times\frac{1}{5}+(-1)^2\times\frac{1}{5}+0^2\times\frac{1}{5}+1^2\times\frac{1}{15}+3^2\times\frac{1}{3}=\frac{61}{15}.$$

利用方差计算公式,可得

$$\mathrm{Var}(X)=E(X^2)-[E(X)]^2=\frac{61}{15}-\left(\frac{7}{15}\right)^2=\frac{866}{225}.$$

（3）要求 $P(-1<X^2+X<8)$,即求

$$P(-1<X^2+X<8)=P(Y=0)+P(Y=2)=\frac{2}{5}+\frac{4}{15}=\frac{2}{3}.$$

4. 某商店售卖苹果,假设大量苹果中有 10%受损,现有 4 个苹果随机地从该批次中取样.若苹果受损,则顾客会投诉.为了使顾客满意,商店有更换受损苹果的政策,并给顾客一张用于未来购买的优惠券.令随机变量 X 为购买的 4 个苹果中受损的数量,随着时间的推移,发现这个政策的成本为 $Y=0.5X^2$(单位:元),

（1）试求 Y 的分布律;

（2）若顾客从这批苹果中随机挑选 4 个苹果,试求该更换受损苹果政策的预期成本.

解　（1）由题意得,$X\sim B(4,0.1)$,所以

$$P(X=0)=\binom{4}{0}(0.1)^0(1-0.1)^4=0.656\ 1,$$

$$P(X=1)=\binom{4}{1}(0.1)^1(1-0.1)^3=0.291\ 6,$$

$$P(X=2)=\binom{4}{2}(0.1)^2(1-0.1)^2=0.048\ 6,$$

$$P(X=3)=\binom{4}{3}(0.1)^3(1-0.1)^1=0.003\ 6,$$

$$P(X=4)=\binom{4}{4}(0.1)^4(1-0.1)^0=0.000\ 1,$$

则 $Y=0.5X^2$ 的概率取值为

$$P(Y=0)=P(X=0)=0.656\ 1,\quad P(Y=0.5)=P(X=1)=0.291\ 6,$$

$$P(Y=2)=P(X=2)=0.048\ 6,\quad P(Y=4.5)=P(X=3)=0.003\ 6,$$

$$P(Y=8)=P(X=4)=0.000\ 1,$$

因此 $Y=0.5X^2$ 的分布律为

Y	0	0.5	2	4.5	8
P	0.656 1	0.291 6	0.048 6	0.003 6	0.000 1

（2）该更换受损苹果政策的预期成本即为随机变量 Y 的数学期望，故

$$\begin{aligned}E(Y)&=0\times0.656\ 1+0.5\times0.291\ 6+2\times0.048\ 6+4.5\times0.003\ 6+8\times0.000\ 1\\&=0.26(\text{元}).\end{aligned}$$

因此该更换受损苹果政策的预期成本为 0.26 元.

第三章

连续型随机变量

§3.1 随机变量的分布函数

一、内容概要

1.分布函数 设 X 为随机变量，对任意的 $x\in\mathbf{R}$,称

$$F(x)=P(X\leqslant x)$$

为随机变量 X 的累积分布函数,简称为**分布函数.** X 的分布函数也可记为 $F_X(x)$. 分布函数的定义域为$(-\infty,+\infty)$.

离散型随机变量的分布律和分布函数都刻画了随机变量的分布规律,两者是等价的,但是用分布律更直观.

2. 离散型随机变量分布函数和分布律的关系

(1) 设离散型随机变量 X 的分布律为 $P(X=x_k)=p_k,k=1,2,\cdots$, 则对任意 $-\infty<x<+\infty$,$F_X(x)=\sum\limits_{k:x_k\leqslant x}p_k$.

(2) 设离散型随机变量 X 的分布函数为 $F(x)$,若 $x_k,k=1,2,\cdots$为 $F(x)$的不连续点,则 X 的取值范围为 $\Omega_X=\{x_1,x_2,\cdots\}$,且 X 的分布律为

$$P(X=x_k)=p_k=F(x_k)-F(x_k-0),\quad k=1,2,\cdots.$$

3. 分布函数的性质 设任意随机变量 X 的分布函数为 $F(x)$,则

(1) $0\leqslant F(x)\leqslant 1(-\infty<x<+\infty)$,即 $F(x)$的图形在带状区域直线 $y=1$ 和 $y=0$ 之间;

(2) $F(x)$是单调不减的;

(3) $\lim\limits_{x\to-\infty}F(x)=0,\lim\limits_{x\to+\infty}F(x)=1$;

(4) $F(x)$是右连续的.

注　分布函数的这 4 点性质是其特征性质.

任意事件的概率都可由分布函数表示.

若随机变量的分布函数 $F(x)$ 在 a 处连续,则 $P(X=a)=F(a)-F(a-0)=0$.

二、习题全解

1. 投掷一枚均匀的硬币 2 次,设 X 为正面朝上的次数,求 X 的分布函数 $F(x)$,并作出 $F(x)$ 的图形.

解　由已知得 X 可能的取值为 0,1,2,且

$$P(X=0)=\frac{1}{2}\times\frac{1}{2}=\frac{1}{4},\quad P(X=1)=\frac{1}{2}\times\frac{1}{2}+\frac{1}{2}\times\frac{1}{2}=\frac{1}{2},\quad P(X=2)=\frac{1}{2}\times\frac{1}{2}=\frac{1}{4}.$$

所以 X 的分布函数为

$$F(x)=P(X\leqslant x)=\begin{cases}0, & x<0,\\ \frac{1}{4}, & 0\leqslant x<1,\\ \frac{3}{4}, & 1\leqslant x<2,\\ 1, & x\geqslant 2.\end{cases}$$

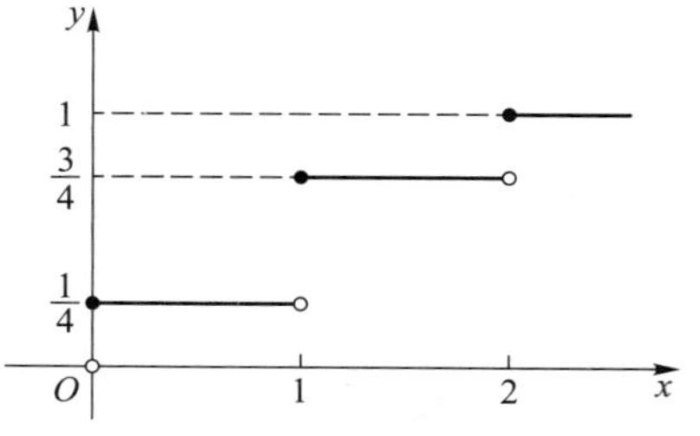

图 3.1

$F(x)$ 的图形如图 3.1 所示.

2. 设离散型随机变量 X 的分布函数为

$$F(x)=\begin{cases}0, & x<0,\\ \frac{1}{8}, & 0\leqslant x<1,\\ \frac{1}{2}, & 1\leqslant x<2,\\ 1, & x\geqslant 2.\end{cases}$$

(1) 求 X 的分布律;(2) 求概率 $P(X<1)$,$P(X\leqslant 1)$,$P\left(\frac{1}{2}<X<2\right)$,$P(1<X<2)$.

解　(1) 由分布函数可得

$$P(X=0)=F(0)-F(0-0)=\frac{1}{8}-0=\frac{1}{8},$$

$$P(X=1)=F(1)-F(1-0)=\frac{1}{2}-\frac{1}{8}=\frac{3}{8},$$

$$P(X=2)=F(2)-F(2-0)=1-\frac{1}{2}=\frac{1}{2},$$

则 X 的分布律为

X	0	1	2
P	$\frac{1}{8}$	$\frac{3}{8}$	$\frac{1}{2}$

(2) X 的可能取值为 0,1,2,即 $\Omega_X=\{0,1,2\}$. 因此

$$P(X<1)=P(X=0)=\frac{1}{8},\quad P(X\leqslant 1)=P(X=0)+P(X=1)=F(1)=\frac{1}{2}.$$

$$P\left(\frac{1}{2}<X<2\right)=P(X=1)=\frac{1}{2}-\frac{1}{8}=\frac{3}{8},\quad P(1<X<2)=0.$$

3. 向一个半径为 1 的圆靶投掷飞镖,投中圆靶上任意一同心圆盘的概率与该圆盘的面积成正比,设无脱靶. 若飞镖投中点到圆心的距离是随机变量 X,求:

(1) X 的分布函数 $F(x)$;

(2) 概率 $P(X\geqslant 0.9)$, $P(0.8\leqslant X<0.9)$, $P(0.7\leqslant X<0.8)$, $P(X<0.6)$.

解 (1) 当 $x<0$ 时,显然有 $F(x)=P(X\leqslant x)=0$.

当 $x\geqslant 1$ 时,由于圆靶的半径是 1,所以 $\{X\leqslant x\}$ 是必然事件,即

$$F(x)=P(X\leqslant x)=1.$$

当 $0\leqslant x<1$ 时,

$$F(x)=P(X\leqslant x)=P(X<0)+P(0\leqslant X\leqslant x)=P(0\leqslant X\leqslant x).$$

事件 $\{0\leqslant X\leqslant x\}$ 表示飞镖落入以半径为 x,圆心为靶心的圆内,根据题意其概率与圆盘的面积成正比,即与半径的平方成正比,所以 $P(0\leqslant X\leqslant x)=kx^2$.

又 $F(1)=P(X\leqslant 1)=k=1$,所以 X 的分布函数为

$$F(x)=\begin{cases}0, & x<0,\\ x^2, & 0\leqslant x<1,\\ 1, & x\geqslant 1.\end{cases}$$

(2) 由 X 的分布函数 $F(x)$ 可得,

$$P(X\geqslant 0.9)=1-F(0.9-0)=1-0.9^2=0.19,$$

$$P(0.8\leqslant X<0.9)=F(0.9-0)-F(0.8-0)=0.9^2-0.8^2=0.17.$$

$$P(0.7\leqslant X<0.8)=F(0.8-0)-F(0.7-0)=0.15,\quad P(X<0.6)=F(0.6-0)=0.36.$$

4. 已知某品牌洗衣机的寿命为随机变量 X(单位:年),寿命超过 x 年的概率为 $\mathrm{e}^{-0.1x}$. 求随机变量 X 的分布函数 $F(x)$.

解 由已知得 $\Omega_X=[0,+\infty)$.

当 $x\geqslant 0$ 时,$F(x)=P(X\leqslant x)=1-\mathrm{e}^{-0.1x}$;

当 $x<0$ 时,$F(x)=P(X\leqslant x)=P(\varnothing)=0$,

则随机变量 X 的分布函数为

$$F(x)=\begin{cases}1-\mathrm{e}^{-0.1x}, & x\geqslant 0,\\ 0, & x<0.\end{cases}$$

5. 已知随机变量 X 的分布函数为

$$F(x)=a+\frac{x}{b\sqrt{1+x^2}},\quad -\infty<x<+\infty,$$

求 a,b.

解　由分布函数的性质,

$$F(+\infty)=\lim_{x\to+\infty}\left(a+\frac{x}{b\sqrt{1+x^2}}\right)=\lim_{x\to+\infty}\left(a+\frac{1}{b}\right)=a+\frac{1}{b}=1,$$

$$F(-\infty)=\lim_{x\to-\infty}\left(a+\frac{x}{b\sqrt{1+x^2}}\right)=\lim_{x\to-\infty}\left(a-\frac{1}{b}\right)=a-\frac{1}{b}=0,$$

解得 $a=\dfrac{1}{2},b=2$.

6. 已知随机变量 X 的分布函数为 $F(x)=\begin{cases}0, & x<-1,\\ a+b\arcsin x, & -1\leqslant x<1,\\ 1, & x\geqslant 1.\end{cases}$

(1) 问当 a,b 取何值时, $F(x)$ 为连续函数?

(2) 当 $F(x)$ 连续时,试求概率 $P\left(|X|<\dfrac{1}{2}\right)$.

解　(1) 当 $\lim\limits_{x\to-1^-}F(x)=\lim\limits_{x\to-1^+}F(x)=F(-1)$, $\lim\limits_{x\to1^-}F(x)=\lim\limits_{x\to1^+}F(x)=F(1)$ 时, $F(x)$ 为连续函数. 此时 $a+b\arcsin(-1)=0$ 且 $a+b\arcsin 1=1$. 解得 $a=\dfrac{1}{2},b=\dfrac{1}{\pi}$.

(2) 当 $F(x)$ 连续时,由(1)得

$$F(x)=\begin{cases}0, & x<-1,\\ \dfrac{1}{2}+\dfrac{1}{\pi}\arcsin x, & -1\leqslant x<1,\\ 1, & x\geqslant 1.\end{cases}$$

则 $P\left(|X|<\dfrac{1}{2}\right)=P\left(-\dfrac{1}{2}<X<\dfrac{1}{2}\right)$

$$=P\left(X<\frac{1}{2}\right)-P\left(X\leqslant-\frac{1}{2}\right)$$

$$=F\left(\frac{1}{2}-0\right)-F\left(-\frac{1}{2}\right)$$

$$=\left(\frac{1}{2}+\frac{1}{\pi}\arcsin\frac{1}{2}\right)-\left(\frac{1}{2}+\frac{1}{\pi}\arcsin\left(-\frac{1}{2}\right)\right)=\frac{1}{3}.$$

7. 问下列几种情形下，$F(x)$可以作为某一个随机变量的分布函数吗？

(1) $F(x)=1-\dfrac{x^2}{1+x^2}, x\in\mathbf{R}$;

(2) $F(x)=\mathrm{e}^{-x}, x\in\mathbf{R}$;

(3) $F(x)=\mathrm{e}^{-|x|}, x\in\mathbf{R}$;

(4) $F(x)=\int_{-\infty}^{x} f(t)\,\mathrm{d}t$，其中 $f(t)\geqslant 0, x\in\mathbf{R}$.

解 (1) 因为

$$F(x)=1-\frac{x^2}{1+x^2}=\frac{1}{1+x^2}.$$

$\lim\limits_{x\to+\infty} F(x)=0\neq 1$，所以 $F(x)$ 不是分布函数.

(2) 分布函数是单调非减的函数，而 $F(x)$ 是单调递减函数，不满足分布函数的性质，所以 $F(x)$ 不是分布函数.

(3) 分布函数是单调非减的函数，而 $F(x)$ 不是单调函数，不满足分布函数的单调性，所以 $F(x)$ 不是分布函数.

(4) 当$f(t)$满足 $\int_{-\infty}^{+\infty} f(t)\,\mathrm{d}t=1$ 时，$F(x)$是分布函数，否则不是.

8. 设随机变量 X 的分布函数为 $F(x)=\begin{cases}0, & x<0,\\ \dfrac{1}{2}, & 0\leqslant x<1,\\ 1-\mathrm{e}^{-x}, & x\geqslant 1.\end{cases}$

(1) 计算概率 $P(X=0)$，$P(X=1)$，$P(X>1)$，$P(0.5<X\leqslant 2)$；

(2) 画出 $F(x)$的图形.

解 (1)

$$P(X=0)=P(X\leqslant 0)-P(X<0)=F(0)-F(0-0)=\frac{1}{2},$$

$$P(X=1)=P(X\leqslant 1)-P(X<1)=F(1)-F(1-0)$$

$$=1-\mathrm{e}^{-1}-\frac{1}{2}=\frac{1}{2}-\mathrm{e}^{-1},$$

$$P(X>1)=1-P(X\leqslant 1)=1-F(1)$$

$$=1-(1-\mathrm{e}^{-1})=\mathrm{e}^{-1},$$

$$P(0.5<X\leqslant 2)=F(2)-F(0.5)$$

$$=1-\mathrm{e}^{-2}-\frac{1}{2}=\frac{1}{2}-\mathrm{e}^{-2}.$$

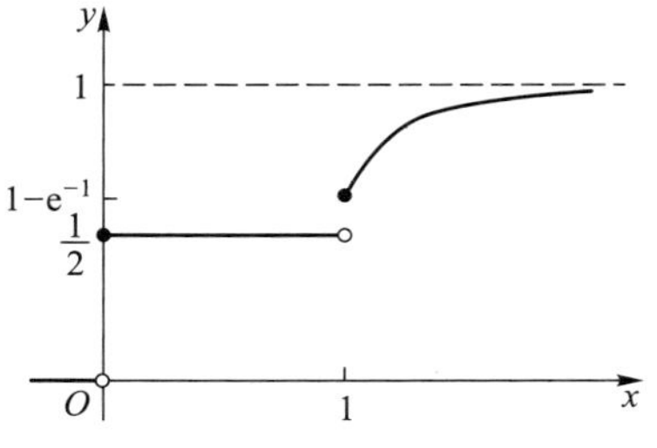

图 3.2

(2) $F(x)$的图形如图 3.2 所示.

9. 已知随机变量 X 的分布函数为 $F(x)=\begin{cases}0, & x<1,\\ \ln x, & 1\leqslant x<\mathrm{e},\\ 1, & x\geqslant \mathrm{e}.\end{cases}$ 试求:(1) $P\left(|X|<\dfrac{1}{2}\right)$; (2) $P(0<X\leqslant 2)$; (3) $P(1\leqslant X<3)$.

解　由已知可得

(1) $P\left(|X|<\dfrac{1}{2}\right)=P\left(-\dfrac{1}{2}<X<\dfrac{1}{2}\right)=F\left(\dfrac{1}{2}-0\right)-F\left(-\dfrac{1}{2}\right)=0.$

(2) $P(0<X\leqslant 2)=F(2)-F(0)=\ln 2.$

(3) $P(1\leqslant X<3)=F(3-0)-F(1-0)=1.$

10. 已知 $F_X(x)$ 和 $F_Y(y)$ 分别为随机变量 X 和 Y 的分布函数.证明对于任意的 $0\leqslant c\leqslant 1$, $cF_X(x)+(1-c)F_Y(x)$ 仍是分布函数.

证明　由于 $F_X(x)$ 和 $F_Y(y)$ 分别为随机变量 X 和 Y 的分布函数,那么 $F_X(x)$ 和 $F_Y(y)$ 满足以下四条性质:

(1) $0\leqslant F_X(x), F_Y(y)\leqslant 1(-\infty<x,y<+\infty)$;

(2) $F_X(x), F_Y(y)$ 单调不减,即对于 $x_1<x_2$,有

$$F_X(x_1)\leqslant F_X(x_2), F_Y(x_1)\leqslant F_Y(x_2);$$

(3) $\lim\limits_{x\to-\infty}F_X(x)=0$, $\lim\limits_{x\to+\infty}F_X(x)=1$, $\lim\limits_{y\to-\infty}F_Y(y)=0$, $\lim\limits_{y\to+\infty}F_Y(y)=1$;

(4) $F_X(x), F_Y(y)$ 是右连续的,即 $F_X(x+0)=F_X(x), F_Y(y+0)=F_Y(y)$.

因此对于任意的 $0\leqslant c\leqslant 1$,有

(1) $0\leqslant cF_X(x)+(1-c)F_Y(x)\leqslant 1$;

(2) 当 $0\leqslant c\leqslant 1$ 时,有 $0\leqslant 1-c\leqslant 1$.当 $x_1<x_2$ 时,

$$cF_X(x_1)+(1-c)F_Y(x_1)\leqslant cF_X(x_2)+(1-c)F_Y(x_2),$$

即 $cF_X(x)+(1-c)F_Y(x)$ 单调不减;

(3)
$$\lim_{x\to-\infty}(cF_X(x)+(1-c)F_Y(x))=c\times 0+(1-c)\times 0=0,$$
$$\lim_{x\to+\infty}(cF_X(x)+(1-c)F_Y(x))=c+1-c=1;$$

(4)
$$cF_X(x+0)+(1-c)F_Y(x+0)=cF_X(x)+(1-c)F_Y(x),$$

则 $cF_X(x)+(1-c)F_Y(x)$ 也是右连续的.

综上所述, $cF_X(x)+(1-c)F_Y(x)$ 仍是分布函数.

§ 3.2　连续型随机变量及其密度函数

一、内容概要

1. 连续型随机变量及其密度函数　若存在非负可积函数 $f(x)$,使得对任意实数

x,随机变量 X 的分布函数都有

$$F(x)=\int_{-\infty}^{x} f(t)\,\mathrm{d}t,$$

则称随机变量 X 为**连续型随机变量**,称 $f(x)$ 为连续型随机变量 X 的**概率密度函数**,简称为**密度函数**.

2. 密度函数的含义

(1) **密度函数的几何含义**:$y=f(x)$ 的图形、两条直线 $x=a$、$x=b$ 与 x 轴所围成的曲边梯形的面积为随机变量 X 在区间 $[a,b]$ 取值的概率 $P(a\leqslant X\leqslant b)$,如图 3.3 所示.

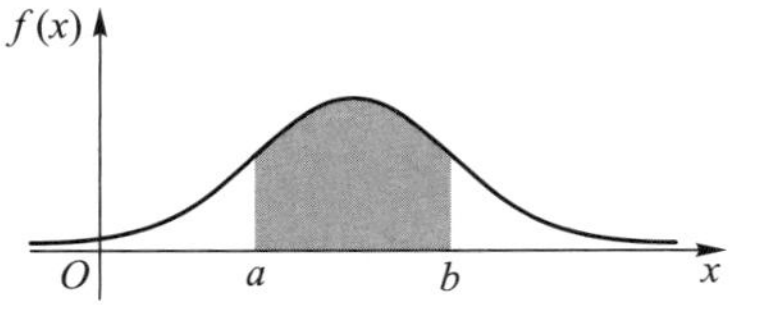

图 3.3

(2) **密度函数的物理含义**:x 轴上单位质量的细棒的线密度函数,细棒在区间 $[a,b]$ 上的质量为 $\int_a^b f(x)\,\mathrm{d}x$.

3. 连续型随机变量的性质 对连续型随机变量 X 有

(1) $P(a<X\leqslant b)=F(b)-F(a)=\int_a^b f(x)\,\mathrm{d}x$.

(2) X 的分布函数 $F(x)$ 处处连续,对任意实数 x 都有 $P(X=x)=0$.

(3) $P(X\in D)=\int_D f(x)\,\mathrm{d}x$,

$$P(a<X\leqslant b)=P(a<X<b)=P(a\leqslant X\leqslant b)=P(a\leqslant X<b)=\int_a^b f(x)\,\mathrm{d}x.$$

连续型随机变量的密度函数和离散型随机变量的分布律作用类似.

连续型随机变量 X 的密度函数是和分布函数等价的工具.因为密度函数有很强的直观含义,所以在计算连续型随机变量的概率时,通常使用密度函数.

4. 密度函数和分布函数的关系

(1) $F(x)=\int_{-\infty}^{x} f(t)\,\mathrm{d}t$,在 $f(x)$ 的连续点处有 $f(x)=\dfrac{\mathrm{d}F(x)}{\mathrm{d}x}$.

(2) $f(x)$ 的数值反映了随机变量在 x 附近取值的概率大小.

5. 密度函数的性质 设连续型随机变量 X 的密度函数为 $f(x)$,则 $f(x)$ 满足

(1) (非负性)对任意实数 x, $f(x)\geqslant 0$;

(2) (规范性) $\int_{-\infty}^{+\infty} f(x)\,\mathrm{d}x=1$.

6. 非离散型、非连续型随机变量 有的随机变量既不是离散型随机变量,又不是连续型随机变量. 例如,随机变量 X 的分布函数为

$$F(x)=\begin{cases}0 & x<0,\\ \dfrac{x+2}{4}, & 0\leqslant x<2,\\ 1, & x\geqslant 2.\end{cases}$$

X 既不是离散型随机变量，又不是连续型随机变量.

二、习题全解

1. 已知 $f(x)$ 是某个连续型随机变量的密度函数，问下面哪个函数可以作为某一连续型随机变量的密度函数？

(1) $f(2x)$；(2) $f^2(x)$；(3) $2xf(x^2)$；(4) $3x^2f(x^3)$.

解　已知 $f(x)$ 是某个连续型随机变量的密度函数，那么 $f(x)\geqslant 0$ 且 $\int_{-\infty}^{+\infty} f(x)\,\mathrm{d}x=1$.

(1) $\int_{-\infty}^{+\infty} f(2x)\,\mathrm{d}x=\frac{1}{2}\int_{-\infty}^{+\infty} f(2x)\,\mathrm{d}(2x)=\frac{1}{2}\neq 1$.

(2) 反例：$f(x)=\begin{cases}\frac{1}{2}, & 0<x<2,\\ 0, & \text{其他},\end{cases}$ 那么 $f^2(x)=\begin{cases}\frac{1}{4}, & 0<x<2,\\ 0, & \text{其他},\end{cases}$

$$\int_{-\infty}^{+\infty} f^2(x)\,\mathrm{d}x=\int_0^2 \frac{1}{4}\,\mathrm{d}x=\frac{1}{2}\neq 1.$$

(3) 若 $x\in(-\infty,0)$，则 $2xf(x^2)\geqslant 0$ 不恒成立.

(4) $3x^2f(x^3)\geqslant 0$ 恒成立，且 $\int_{-\infty}^{+\infty} 3x^2f(x^3)\,\mathrm{d}x=\int_{-\infty}^{+\infty} f(x^3)\,\mathrm{d}x^3=1$.

综上所述，(4) 可以作为某一连续型随机变量的密度函数.

2. 已知随机变量 X 的密度函数为

$$f(x)=\begin{cases}cx^2, & 1<x<3,\\ 0, & \text{其他}.\end{cases}$$

(1) 求常数 c；(2) 求随机变量 X 的分布函数 $F(x)$；

(3) 作出密度函数 $f(x)$ 和分布函数 $F(x)$ 的图形；

(4) 求概率 $P(1.5<X\leqslant 2.5)$，$P(X\geqslant 2)$；

(5) 验证 $F(x)$ 满足分布函数的性质.

解　(1) 由密度函数的性质得

$$1=\int_{-\infty}^{+\infty} f(x)\,\mathrm{d}x=\int_1^3 cx^2\,\mathrm{d}x=\frac{26c}{3}\Rightarrow c=\frac{3}{26}.$$

(2) 由已知得 $\Omega_X=(1,3)$，当 $1\leqslant x<3$ 时，

$$F(x)=\int_{-\infty}^{x} f(t)\,\mathrm{d}t=\int_1^x \frac{3}{26}t^2\,\mathrm{d}t=\frac{1}{26}(x^3-1),$$

因此

$$F(x)=\begin{cases}0, & x<1,\\ \dfrac{1}{26}(x^3-1), & 1\leqslant x<3,\\ 1, & x\geqslant 3.\end{cases}$$

（3）如图 3.4 所示.

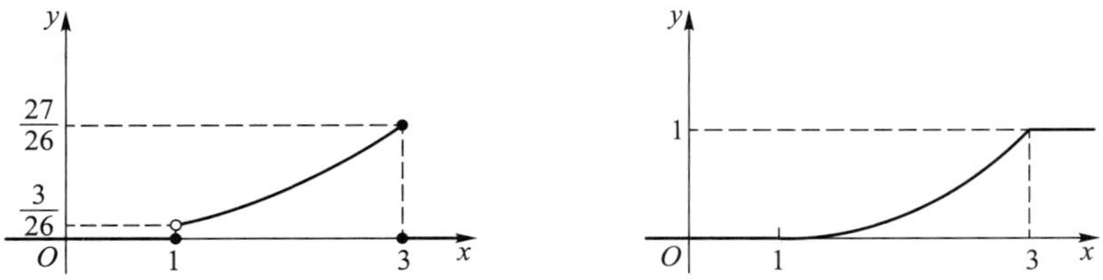

(a) 密度函数$f(x)$的图形　(b) 分布函数$F(x)$的图形

图 3.4

（4）$P(1.5<X\leqslant 2.5)=F(2.5)-F(1.5)=\dfrac{9}{16}-\dfrac{19}{208}=\dfrac{49}{104}$.

$$P(X\geqslant 2)=1-P(X<2)=1-F(2-0)=\frac{19}{26}.$$

（5）验证 $F(x)$ 满足分布函数的 4 个性质，

（ⅰ）对于 $-\infty<x<+\infty$，$0\leqslant F(x)\leqslant 1$；

（ⅱ）由于 $f(x)=F'(x)\geqslant 0$，因此 $F(x)$ 是单调不减的；

（ⅲ）$\lim\limits_{x\to-\infty}F(x)=0$，$\lim\limits_{x\to+\infty}F(x)=1$；

（ⅳ）显然 $F(x)$ 在区间 $(-\infty,1)\cup(1,3)\cup(3,+\infty)$ 内连续，且有

$$\lim_{x\to1^+}F(x)=0=F(1),\ \lim_{x\to3^+}F(x)=1=F(3),$$

因此 $F(x)$ 是右连续的.综上所述，$F(x)$ 满足分布函数的性质.

3. 已知随机变量 X 的分布函数为

$$F(x)=\begin{cases}0, & x<0,\\ \dfrac{1}{11}(-10x^3+9x^2+12x), & 0\leqslant x<1,\\ 1, & x\geqslant 1.\end{cases}$$

（1）求 X 的密度函数 $f(x)$；（2）计算概率 $P(0.5<X\leqslant 1.5)$.

解　（1）在分布函数 $F(x)$ 可导处，$f(x)=\dfrac{\mathrm{d}F(x)}{\mathrm{d}x}$；在分布函数 $F(x)$ 不可导处，可定义 $f(x)=0$，因此

$$f(x)=\begin{cases}\dfrac{6}{11}(-5x^2+3x+2), & 0<x<1,\\ 0, & \text{其他}.\end{cases}$$

（2）$P(0.5<X\leqslant 1.5)=F(1.5)-F(0.5)=1-\dfrac{7}{11}=\dfrac{4}{11}$.

4. 已知随机变量 X 的分布函数为

$$F(x)=a+b\arctan x,-\infty<x<+\infty .$$

（1）求常数 a,b;（2）计算概率 $P(-1\leqslant X\leqslant 1)$;（3）求 X 的密度函数 $f(x)$.

解　（1）由分布函数的性质，$\lim\limits_{x\to-\infty}F(x)=0$，$\lim\limits_{x\to+\infty}F(x)=1$，即 $a-\dfrac{b\pi}{2}=0$ 且 $a+\dfrac{b\pi}{2}=1$. 解得 $a=\dfrac{1}{2}$，$b=\dfrac{1}{\pi}$.

（2）由已知得 $P(-1\leqslant X\leqslant 1)=F(1)-F(-1-0)=\left(\dfrac{1}{2}+\dfrac{1}{4}\right)-\left(\dfrac{1}{2}-\dfrac{1}{4}\right)=\dfrac{1}{2}$.

（3）X 的密度函数为

$$f(x)=F'(x)=\frac{1}{\pi(1+x^2)},-\infty<x<+\infty .$$

5. 已知随机变量 X 的密度函数为

$$f(x)=\begin{cases}cx\mathrm{e}^{-x^2}, & x>0,\\ 0, & \text{其他}.\end{cases}$$

（1）求常数 c;（2）求随机变量 X 的分布函数 $F(x)$;（3）求 X 大于 10 的概率 $P(X>10)$.

解　（1）$1=\displaystyle\int_{-\infty}^{+\infty}f(t)\,\mathrm{d}t=\int_0^{+\infty}ct\mathrm{e}^{-t^2}\mathrm{d}t=\frac{c}{2}\int_0^{+\infty}\mathrm{e}^{-t^2}\mathrm{d}\,t^2=\frac{c}{2}\Rightarrow c=2$.

（2）由密度函数表达式知 $\Omega_X=(0,+\infty)$，则当 $x\geqslant 0$ 时，$F(x)=\displaystyle\int_{-\infty}^{x}f(t)\,\mathrm{d}t=\int_0^x 2t\mathrm{e}^{-t^2}\mathrm{d}t=1-\mathrm{e}^{-x^2}$，因此

$$F(x)=\begin{cases}1-\mathrm{e}^{-x^2} & x\geqslant 0,\\ 0 & \text{其他}.\end{cases}$$

（3）$P(X>10)=1-P(X\leqslant 10)=1-F(10)=\mathrm{e}^{-100}$.

6. 设某种电子元器件的寿命 X（单位：h）的密度函数为

$$f(x)=\begin{cases}100x^{-2}, & x>100,\\ 0, & \text{其他}.\end{cases}$$

（1）求 X 的分布函数 $F(x)$；

（2）作出密度函数 $f(x)$ 和分布函数 $F(x)$ 的图形；

（3）试求该种电子元器件寿命小于 200 h 的概率；

(4) 某设备装有 5 个该种电子元器件,每个电子元器件独立工作. 试求该设备工作 200 h 后至少还有 3 个电子元器件正常工作的概率;

(5) 若某设备中仅有 5 个该种电子元器件串联工作,每个电子元器件独立工作.试求工作 200 h 后该设备仍正常工作的概率;

(6) 若某设备中仅有 5 个该种电子元器件并联工作,每个电子元器件独立工作.试求工作 200 h 后该设备仍正常工作的概率.

解 (1) 由已知得 $\Omega_X=(0,+\infty)$,则当 $x\geqslant 100$ 时,$F(x)=\int_{-\infty}^{x} f(t)\,\mathrm{d}t=\int_{100}^{x} f(t)\,\mathrm{d}t=1-\dfrac{100}{x}$,因此

$$F(x)=\begin{cases}1-\dfrac{100}{x}, & x\geqslant 100,\\ 0, & \text{其他}.\end{cases}$$

(2) 密度函数 $f(x)$ 和分布函数 $F(x)$ 的图形如图 3.5 所示.

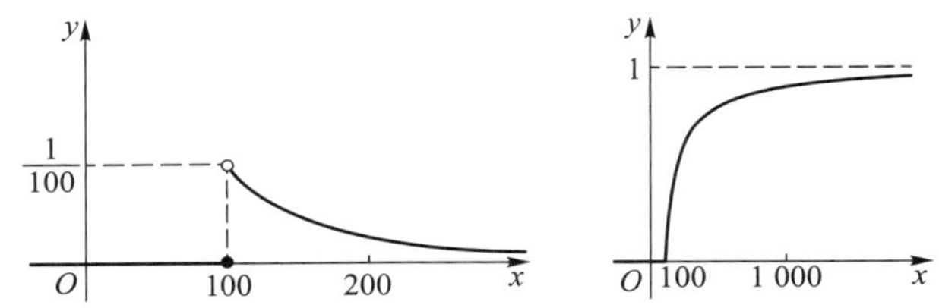

(a) 密度函数$f(x)$的图形　　(b) 分布函数$F(x)$的图形

图 3.5

(3) $P(X<200)=\int_{100}^{200} 100x^{-2}\,\mathrm{d}x=\dfrac{1}{2}$.

(4) 记事件 A 为连续工作 200 h 后电子元器件仍正常工作,那么

$$P(A)=P(X>200)=\int_{200}^{+\infty} 100x^{-2}\,\mathrm{d}x=\frac{1}{2}.$$

记随机变量 Y 为 5 个电子元器件中 200 h 后仍正常工作的个数,因为每个电子元器件独立工作,所以 200 h 后至少还有 3 个电子元器件正常工作的概率

$$\begin{aligned}P(Y\geqslant 3)&=1-P(Y=0)-P(Y=1)-P(Y=2)\\&=1-\binom{5}{0}\left(\frac{1}{2}\right)^0\left(\frac{1}{2}\right)^5-\binom{5}{1}\left(\frac{1}{2}\right)^1\left(\frac{1}{2}\right)^4-\binom{5}{2}\left(\frac{1}{2}\right)^2\left(\frac{1}{2}\right)^3\\&=\frac{1}{2}.\end{aligned}$$

(5) 若元器件串联,工作 200 h 后该设备仍正常工作,即 5 个电子元器件都正常工作,其概率为

$$P(Y=5)=\binom{5}{5}\left(\frac{1}{2}\right)^5\left(\frac{1}{2}\right)^0=\left(\frac{1}{2}\right)^5=\frac{1}{32}.$$

(6) 若元器件并联,工作 200 h 后该设备仍正常工作的概率为

$$P(Y\geqslant 1)=1-P(Y=0)=1-\binom{5}{0}\left(\frac{1}{2}\right)^0\left(\frac{1}{2}\right)^5=\frac{31}{32}.$$

7. 已知某人员居住密集的楼宇发生火灾后可用疏散时间 T(单位:s)的密度函数为

$$f(t)=\begin{cases}\dfrac{t-200}{2\ 500}, & 200<t<250,\\ \dfrac{300-t}{2\ 500}, & 250<t<300,\\ 0, & \text{其他}.\end{cases}$$

求:(1) 分布函数 $F(t)$;(2) 疏散时间小于 240 s 的概率.

解　(1) 当 $t\leqslant 200$ 时,$F(t)=P(T\leqslant t)=0$;

当 $t>300$ 时,$F(t)=P(T\leqslant t)=1$;

当 $200<t\leqslant 250$ 时,

$$F(t)=\int_{-\infty}^{t}f(x)\,\mathrm{d}x=\int_{200}^{t}\frac{x-200}{2\ 500}\mathrm{d}x=\frac{(t-200)^2}{5\ 000};$$

当 $250<t\leqslant 300$ 时,

$$F(t)=\int_{-\infty}^{t}f(x)\,\mathrm{d}x=\int_{250}^{t}\frac{300-x}{2\ 500}\mathrm{d}x+\int_{200}^{250}\frac{x-200}{2\ 500}\mathrm{d}x=1-\frac{(300-t)^2}{5\ 000},$$

所以分布函数为

$$F(t)=\begin{cases}0, & t<200,\\ \dfrac{(t-200)^2}{5\ 000}, & 200\leqslant t<250,\\ 1-\dfrac{(300-t)^2}{5\ 000}, & 250\leqslant t<300,\\ 1, & t\geqslant 300.\end{cases}$$

(2) $P(T\leqslant 240)=F(240)=0.32$. 疏散时间小于 240 s 的概率为 0.32.

8. 钢铁工业是国家的基础工业部门,是发展国民经济与国防建设的物质基础. 冶金工业的水平也是衡量一个国家工业化的标志,金属材料的化学成分是决定其性能和质量的主要因素. 已知 25MnSi 钢含硅量 X 的分布函数为

$$F(x)=\frac{1}{\pi}\left[\arctan(22\ 573x^3-54\ 176x^2+243\ 359x-11\ 572)+\frac{\pi}{2}\right],x\in\mathbf{R}.$$

(1) 验证 $F(x)$ 满足分布函数的性质;

(2) 求 X 的密度函数 $f(x)$.

解 (1) (i) 对于 $-\infty<x<+\infty$, $22\,573x^3-54\,176x^2+243\,359x-11\,572\in\mathbf{R}$, 那么 $\arctan(22\,573x^3-54\,176x^2+243\,359x-11\,572)\in\left(-\dfrac{\pi}{2},\dfrac{\pi}{2}\right)$, 因此 $F(x)$ 满足 $0<F(x)<1$;

(ii) 记 $g(x)=22\,573x^3-54\,176x^2+243\,359x-11\,572$, 则

$$g'(x)=67\,719x^2-108\,352x+243\,359,$$

$$\Delta=(-108\,352)^2-4\times67\,719\times243\,359<0,$$

即 $g'(x)>0$ 恒成立, $g(x)$ 单调不减, $\arctan x$ 单调不减. 由复合函数的性质, $F(x)=\dfrac{1}{\pi}\left(\arctan g(x)+\dfrac{\pi}{2}\right)$ 是单调不减的;

(iii) $\lim\limits_{x\to-\infty}F(x)=\dfrac{1}{\pi}\left(-\dfrac{\pi}{2}+\dfrac{\pi}{2}\right)=0$, $\lim\limits_{x\to+\infty}F(x)=\dfrac{1}{\pi}\left(\dfrac{\pi}{2}+\dfrac{\pi}{2}\right)=1$;

(iv) 显然 $g(x)$ 和 $\arctan x$ 均为连续函数, 因此 $F(x)$ 是连续函数, 满足右连续.

综上所述, $F(x)$ 满足分布函数的性质.

(2) 在分布函数 $F(x)$ 可导处, $f(x)=\dfrac{\mathrm{d}F(x)}{\mathrm{d}x}$, 所以, X 的密度函数 $f(x)$ 为

$$f(x)=\frac{67\,719x^2-108\,352x+243\,359}{\pi[1+(22\,573x^3-54\,176x^2+243\,359x-11\,572)^2]},-\infty<x<+\infty.$$

9. 设随机变量 X 的密度函数为 $f(x)=\begin{cases}c\sin x, & 0<x<\pi,\\ 0, & \text{其他}.\end{cases}$

(1) 求常数 c; (2) 求分布函数 $F(x)$; (3) 计算概率 $P\left(0<X\leqslant\dfrac{\pi}{6}\right)$.

解 (1) $1=\int_{-\infty}^{+\infty}f(t)\mathrm{d}t=\int_0^{\pi}c\sin t\mathrm{d}t=2c\Rightarrow c=\dfrac{1}{2}$.

(2) 由已知得 $\Omega_X=(0,\pi)$, 则

当 $0\leqslant x<\pi$ 时, $F(x)=\int_{-\infty}^{x}f(t)\mathrm{d}t=\int_0^x\dfrac{1}{2}\sin t\mathrm{d}t=\dfrac{1}{2}(1-\cos x)$.

所以

$$F(x)=\begin{cases}0, & x<0,\\ \dfrac{1}{2}(1-\cos x), & 0\leqslant x<\pi,\\ 1, & x\geqslant\pi.\end{cases}$$

(3) $P\left(0<X\leqslant\dfrac{\pi}{6}\right)=F\left(\dfrac{\pi}{6}\right)-F(0)=\dfrac{2-\sqrt{3}}{4}$.

10. 设随机变量 X 的密度函数为

$$f(x)=ce^{-\frac{1}{2}|x|}.$$

(1) 求常数 c;(2)求分布函数 $F(x)$;(3)计算概率 $P(|X|>1)$.

解　(1) $1=\int_{-\infty}^{+\infty}f(t)\,dt=2c\int_{0}^{+\infty}e^{-\frac{1}{2}t}dt=4c\Rightarrow c=\frac{1}{4}.$

(2) 当 $x\leqslant 0$ 时,$F(x)=\int_{-\infty}^{x}f(t)\,dt=\int_{-\infty}^{x}\frac{1}{4}e^{\frac{1}{2}t}dt=\frac{1}{2}e^{\frac{1}{2}x}.$

当 $x>0$ 时,$F(x)=\int_{-\infty}^{x}f(t)\,dt=\int_{-\infty}^{0}\frac{1}{4}e^{\frac{1}{2}t}dt+\int_{0}^{x}\frac{1}{4}e^{-\frac{1}{2}t}dt=1-\frac{1}{2}e^{-\frac{1}{2}x}.$

因此,

$$F(x)=\begin{cases}\frac{1}{2}e^{\frac{1}{2}x}, & x<0,\\ 1-\frac{1}{2}e^{-\frac{1}{2}x}, & x\geqslant 0.\end{cases}$$

(3) $$\begin{aligned}P(|X|>1)&=1-P(|X|\leqslant 1)=1-F(1)+F(-1)\\&=1-\left(1-\frac{1}{2}e^{-\frac{1}{2}}\right)+\frac{1}{2}e^{-\frac{1}{2}}=e^{-\frac{1}{2}}.\end{aligned}$$

§3.3　连续型随机变量的数学期望与方差

一、内容概要

1. 连续型随机变量的数学期望　设连续型随机变量 X 的密度函数为 $f(x)$.若 $\int_{-\infty}^{+\infty}|x|f(x)\,dx$ 存在,则称

$$E(X)=\int_{-\infty}^{+\infty}xf(x)\,dx$$

为随机变量 X 的数学期望,或称为**随机变量 X 所服从分布的数学期望**,简称期望或均值.若 $\int_{-\infty}^{+\infty}|x|f(x)\,dx$ 不存在,则称随机变量 X 的数学期望不存在.随机变量的数学期望反映了随机变量的平均取值.

2. 连续型随机变量函数的期望　设连续型随机变量 X 的密度函数为 $f(x)$,$g(x)$ 为 $\mathbf{R}$ 上的连续函数,若 $\int_{-\infty}^{+\infty}|g(x)|f(x)\,dx$ 存在,则 $g(X)$ 的数学期望为

$$E[g(X)]=\int_{-\infty}^{+\infty}g(x)f(x)\,dx.$$

3. 连续型随机变量的方差　设连续型随机变量 X 的密度函数为 $f(x)$.若

$\int_{-\infty}^{+\infty} x^2 f(x)\,\mathrm{d}x$ 存在,则称

$$\operatorname{Var}(X)=\int_{-\infty}^{+\infty}[x-E(X)]^2 f(x)\,\mathrm{d}x$$

为随机变量 X 的**方差**,称$\sqrt{\operatorname{Var}(X)}$为 X 的**标准差**,记为 $\sigma(X)$.方差描述了随机变量取值偏离其中心位置 $E(X)$的程度.

方差的量纲是随机变量量纲的平方,而标准差的量纲和随机变量量纲相同,实际问题中更多使用标准差.

4. 方差的计算公式 $\operatorname{Var}(X)=E(X^2)-[E(X)]^2$.

5. 连续型随机变量数学期望和方差的性质 设连续型随机变量 X 的数学期望为 $E(X)$,方差为 $\operatorname{Var}(X)$,a,b,c 为常数,则有

(1) $E(c)=c,\operatorname{Var}(c)=0$;

(2) $E(aX+b)=aE(X)+b,\operatorname{Var}(aX+b)=a^2\operatorname{Var}(X)$;

(3) $\operatorname{Var}(X)=0$ 的充要条件是 $P(X=E(X))=1$.

二、习题全解

1. 设随机变量 X 的密度函数为

$$f(x)=\begin{cases}\dfrac{6}{5}(1+3x-5x^2), & 0<x<1,\\ 0, & \text{其他}.\end{cases}$$

试求:(1)$E(X)$,$E(X^2)$,$E\left(\dfrac{1}{X^2}\right)$以及 $\operatorname{Var}(X)$;(2)$E(2X-3)$和 $\operatorname{Var}(2X-3)$.

解 (1) 由期望的定义及随机变量函数的期望公式得

$$E(X)=\int_{-\infty}^{+\infty} xf(x)\,\mathrm{d}x=\int_0^1 \frac{6x}{5}(1+3x-5x^2)\,\mathrm{d}x=\frac{3}{10},$$

$$E(X^2)=\int_{-\infty}^{+\infty} x^2f(x)\,\mathrm{d}x=\int_0^1 \frac{6x^2}{5}(1+3x-5x^2)\,\mathrm{d}x=\frac{1}{10},$$

$$E\left(\frac{1}{X^2}\right)=\int_{-\infty}^{+\infty} \frac{1}{x^2}f(x)\,\mathrm{d}x=\int_0^1 \frac{6}{5x^2}(1+3x-5x^2)\,\mathrm{d}x=+\infty,$$

即$\dfrac{1}{X^2}$的数学期望不存在.由方差的计算公式得

$$\operatorname{Var}(X)=E(X^2)-[E(X)]^2=\frac{1}{100}.$$

(2) 由期望和方差的性质得

$$E(2X-3)=2E(X)-3=-\frac{12}{5},\quad \operatorname{Var}(2X-3)=4\operatorname{Var}(X)=\frac{1}{25}.$$

2. 设随机变量 X 的密度函数为

$$f(x)=\begin{cases}\dfrac{3}{8}x^2, & 0<x<2,\\ 0, & 其他.\end{cases}$$

试求:(1)$E(X)$,$E(X^2)$,$E\left(\dfrac{1}{X^2}\right)$以及 $\mathrm{Var}(X)$;

(2) 对 X 独立地观察 10 次,用 Y 表示观察值大于 1 的次数,求 $E(Y)$,$\mathrm{Var}(Y)$.

解　(1) 由期望的定义及随机变量函数的期望公式得

$$E(X)=\int_{-\infty}^{+\infty}xf(x)\,\mathrm{d}x=\int_0^2\frac{3}{8}x^3\,\mathrm{d}x=\frac{3}{2},$$

$$E(X^2)=\int_{-\infty}^{+\infty}x^2f(x)\,\mathrm{d}x=\int_0^2\frac{3}{8}x^4\,\mathrm{d}x=\frac{12}{5},$$

$$E\left(\frac{1}{X^2}\right)=\int_{-\infty}^{+\infty}\frac{1}{x^2}f(x)\,\mathrm{d}x=\int_0^2\frac{3}{8}\mathrm{d}x=\frac{3}{4}.$$

由方差的计算公式得

$$\mathrm{Var}(X)=E(X^2)-[E(X)]^2=\frac{12}{5}-\left(\frac{3}{2}\right)^2=\frac{3}{20}.$$

(2) $P(X>1)=\int_1^{+\infty}f(x)\,\mathrm{d}x=\int_1^2\frac{3}{8}x^2\,\mathrm{d}x=\frac{7}{8}$. 因此 $Y\sim B\left(10,\frac{7}{8}\right)$,故有

$$E(Y)=10\times\frac{7}{8}=\frac{35}{4},\quad \mathrm{Var}(Y)=10\times\frac{7}{8}\times\frac{1}{8}=\frac{35}{32}.$$

3. 设随机变量 X 的密度函数为

$$f(x)=\begin{cases}1-|x|, & 0<|x|<1,\\ 0, & 其他.\end{cases}$$

(1) 验证 $f(x)$ 满足规范性 $\int_{-\infty}^{+\infty}f(x)\,\mathrm{d}x=1$;(2) 试求 $E(X)$,$E(X^2)$以及 $\mathrm{Var}(X)$;(3)试求 $E(-2X+3)$和 $\mathrm{Var}(-2X+3)$.

解　(1) $\int_{-\infty}^{+\infty}f(x)\,\mathrm{d}x=\int_{-1}^{0}(1+x)\,\mathrm{d}x+\int_0^1(1-x)\,\mathrm{d}x=1.$

(2) 由期望的定义及随机变量函数的期望公式得

$$E(X)=\int_{-\infty}^{+\infty}xf(x)\,\mathrm{d}x=\int_{-1}^{1}x(1-|x|)\,\mathrm{d}x=0,$$

$$E(X^2)=\int_{-\infty}^{+\infty}x^2f(x)\,\mathrm{d}x=\int_{-1}^{1}x^2(1-|x|)\,\mathrm{d}x$$

$$=2\int_0^1x^2(1-x)\,\mathrm{d}x=\frac{1}{6},$$

则由方差的计算公式得

$$\mathrm{Var}(X)=E(X^2)-[E(X)]^2=\frac{1}{6}.$$

(3) 由期望和方差的性质得

$$E(-2X+3)=-2E(X)+3=3,\quad \mathrm{Var}(-2X+3)=4\mathrm{Var}(X)=\frac{2}{3}.$$

4. 设随机变量 X 的密度函数为

$$f(x)=\begin{cases}\dfrac{2a^2}{x^3}, & x>a,\\ 0, & \text{其他},\end{cases}$$

其中 $a>0$ 是常数.

(1) 验证 $f(x)$ 满足规范性 $\int_{-\infty}^{+\infty} f(x)\,\mathrm{d}x=1$;

(2) 试问 X 的期望 $E(X)$ 和方差 $\mathrm{Var}(X)$ 是否存在.

解 (1) $\int_{-\infty}^{+\infty} f(x)\,\mathrm{d}x=\int_{a}^{+\infty}\frac{2a^2}{x^3}\mathrm{d}x=1.$

(2) 由期望的定义及随机变量函数的期望公式得

$$E(X)=\int_{-\infty}^{+\infty} xf(x)\,\mathrm{d}x=\int_{a}^{+\infty}\frac{2a^2}{x^2}\mathrm{d}x=2a,$$

$$E(X^2)=\int_{-\infty}^{+\infty} x^2f(x)\,\mathrm{d}x=\int_{a}^{+\infty}\frac{2a^2}{x}\mathrm{d}x=+\infty,$$

而 $\mathrm{Var}(X)=E(X^2)-[E(X)]^2$,因此 X 的期望 $E(X)$ 存在,方差 $\mathrm{Var}(X)$ 不存在.

5. 已知随机变量 X 的均值和方差 $E(X)=\mathrm{Var}(X)=5$.

(1) 计算 $E[(X-3)(X+1)]$;(2) 计算 $\mathrm{Var}(-3X+1)$.

解 (1) 由期望的性质得

$$\begin{aligned}E[(X-3)(X+1)]&=E(X^2)-2E(X)-3\\&=\mathrm{Var}(X)+[E(X)]^2-2E(X)-3=17.\end{aligned}$$

(2) 由方差的性质得

$$\mathrm{Var}(-3X+1)=9\mathrm{Var}(X)=45.$$

6. 已知随机变量 X 的分布函数为

$$F(x)=\begin{cases}1-\mathrm{e}^{-2x^2}, & x\geqslant 0,\\ 0, & \text{其他}.\end{cases}$$

求 X 的期望 $E(X)$ 和方差 $\mathrm{Var}(X)$.

解 在分布函数 $F(x)$ 可导处, $f(x)=\dfrac{\mathrm{d}F(x)}{\mathrm{d}x}$,所以

$$f(x)=\begin{cases}4xe^{-2x^2}, & x\geqslant 0,\\ 0, & \text{其他}.\end{cases}$$

由期望的定义及随机变量函数的期望公式得

$$\begin{aligned}E(X)&=\int_{-\infty}^{+\infty}xf(x)\mathrm{d}x=\int_0^{+\infty}4x^2e^{-2x^2}\mathrm{d}x\\&=-\int_0^{+\infty}x\mathrm{d}e^{-2x^2}=-[xe^{-2x^2}]_0^{+\infty}+\int_0^{+\infty}e^{-2x^2}\mathrm{d}x\\&=0+\frac{1}{2}\left(\sqrt{2\pi}\times\frac{1}{2}\right)\int_{-\infty}^{+\infty}\frac{1}{\sqrt{2\pi}\times\frac{1}{2}}e^{-\frac{x^2}{2\times\frac{1}{4}}}\mathrm{d}x=\frac{\sqrt{2\pi}}{4},\end{aligned}$$

$$\begin{aligned}E(X^2)&=\int_{-\infty}^{+\infty}x^2f(x)\mathrm{d}x=\int_0^{+\infty}4x^3e^{-2x^2}\mathrm{d}x\\&=-\int_0^{+\infty}x^2\mathrm{d}e^{-2x^2}=-[x^2e^{-2x^2}]_0^{+\infty}+\int_0^{+\infty}e^{-2x^2}\mathrm{d}x^2\\&=0+\left[-\frac{1}{2}e^{-2x^2}\right]_0^{+\infty}=\frac{1}{2},\end{aligned}$$

由方差的计算公式得

$$\mathrm{Var}(X)=E(X^2)-[E(X)]^2=\frac{4-\pi}{8}.$$

7. 证明当且仅当 $c=E(X)$ 时，$E[(X-c)^2]$ 有最小值 $\mathrm{Var}(X)$.

证明　由期望的性质及方差的计算公式得

$$\begin{aligned}E[(X-c)^2]&=E[X^2-2cX+c^2]\\&=\mathrm{Var}(X)+[E(X)]^2-2cE(X)+c^2=[E(X)-c]^2+\mathrm{Var}(X).\end{aligned}$$

因此，当且仅当 $c=E(X)$ 时，$E[(X-c)^2]$ 有最小值 $\mathrm{Var}(X)$.

§3.4　常用连续型随机变量及其分布

一、内容概要

1. 均匀分布

(1) **均匀分布的定义**　若随机变量 X 的密度函数为

$$f(x)=\begin{cases}\dfrac{1}{b-a}, & a<x<b,\\ 0, & \text{其他},\end{cases}$$

其中 $a<b$，则称 X 服从区间 (a,b) 上的均匀分布，记作 $X\sim U(a,b)$. X 的密度函数图形

如图 3.6 所示.

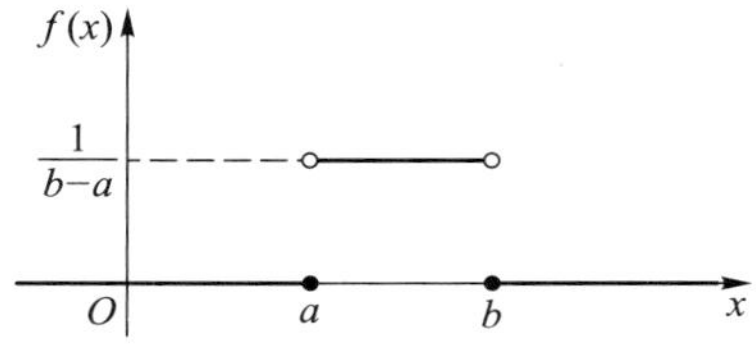

图 3.6

注 若 $X\sim U(a,b)$,则 X 的值域 Ω_X 可以是 (a,b),$[a,b)$,$(a,b]$或$[a,b]$,视具体情况而定.

(2) **均匀分布的分布函数**

$$F(x)=\begin{cases}0, & x<a,\\ \dfrac{x-a}{b-a}, & a\leqslant x<b,\\ 1, & x\geqslant b.\end{cases}$$

(3) **均匀分布的数学期望和方差**

$$E(X)=\frac{a+b}{2},\quad \operatorname{Var}(X)=\frac{(b-a)^2}{12}.$$

2. 正态分布

(1) **正态分布的定义** 若随机变量 X 的密度函数为

$$f(x)=\frac{1}{\sqrt{2\pi}\,\sigma}\mathrm{e}^{-\frac{(x-\mu)^2}{2\sigma^2}},\quad -\infty<x<+\infty,$$

其中 $-\infty<\mu<+\infty$,$\sigma>0$,则称 X **服从参数为 μ,σ^2 的正态分布**,记作 $X\sim N(\mu,\sigma^2)$,称 X 为正态随机变量.

(2) **正态分布的分布函数**

$$F(x)=\int_{-\infty}^{x}\frac{1}{\sqrt{2\pi}\,\sigma}\mathrm{e}^{-\frac{(t-\mu)^2}{2\sigma^2}}\mathrm{d}t,-\infty<x<+\infty.$$

(3) **正态分布密度函数 $f(x)$ 的性质**

(ⅰ) $f'(x)$,$f''(x)$在各区间上的符号如表 3.1 所示,$f(x)$的图形关于 $x=\mu$ 对称,如图 3.7 所示.

表 3.1 $f'(x)$,$f''(x)$在各区间上的符号

x	$(-\infty,\mu-\sigma)$	$\mu-\sigma$	$(\mu-\sigma,\mu)$	μ	$(\mu,\mu+\sigma)$	$\mu+\sigma$	$(\mu+\sigma,+\infty)$
$f'(x)$	+	+	+	0	−	−	−
$f''(x)$	+	0	−	−	−	0	+
$f(x)$	单增、上凹	拐点	单增、上凸	最大值	单减、上凸	拐点	单减、上凹

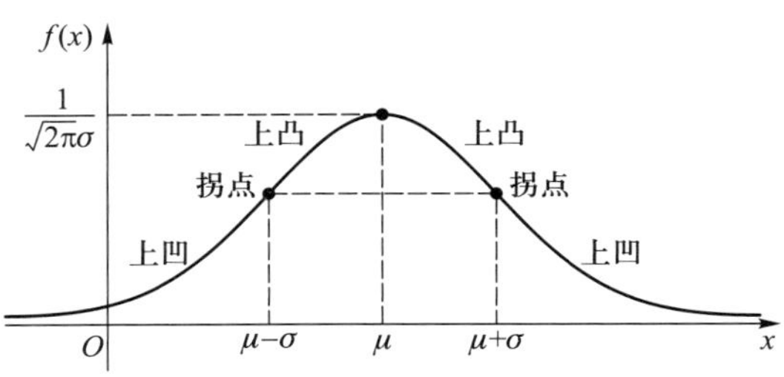

图 3.7

（ⅱ）$\lim\limits_{x\to\pm\infty} f(x)=0$.

（ⅲ）当 μ 改变，σ^2 不变时，密度函数图形发生平移，但形状不变，如图 3.8(a) 所示；

当 μ 不变，σ^2 改变时，密度函数图形的对称轴不变，但形状发生改变，如图 3.8(b) 所示.称 μ 为位置参数.称 σ^2 为形状参数，它描述了随机变量取值的离散程度.

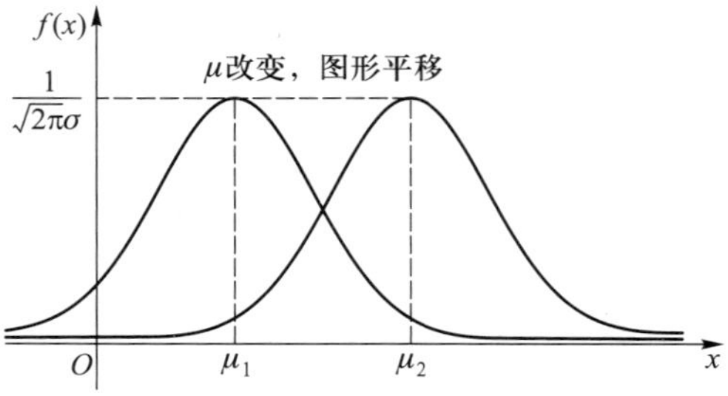

(a) σ^2相同，μ不同，图形平移

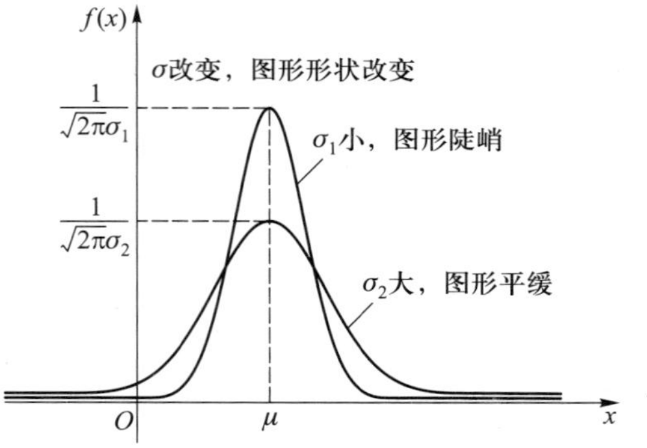

(b) μ相同，σ^2不同，图形形状改变

图 3.8

（4）**标准正态分布**

（ⅰ）**标准正态分布**　当 $\mu=0$，$\sigma=1$ 时，称 $X\sim N(0,1)$ 服从标准正态分布，X 为标准正态随机变量，记 X 的密度函数为 $\varphi(x)$，$\varphi(x)=\dfrac{1}{\sqrt{2\pi}}e^{-\frac{x^2}{2}}$，$-\infty<x<+\infty$.

（ⅱ）**分布函数**　$\Phi(x)=\int_{-\infty}^{x}\dfrac{1}{\sqrt{2\pi}}e^{-\frac{t^2}{2}}dt$，$-\infty<x<+\infty$.标准正态分布的密度函数和分布函数的图形如图 3.9 所示.

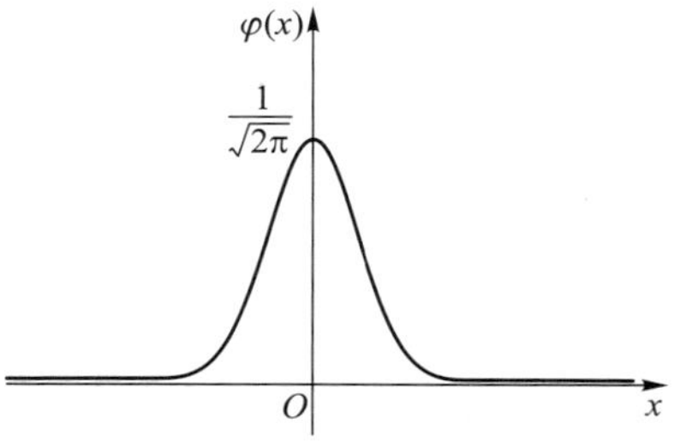

(a) 密度函数$\varphi(x)$的图形

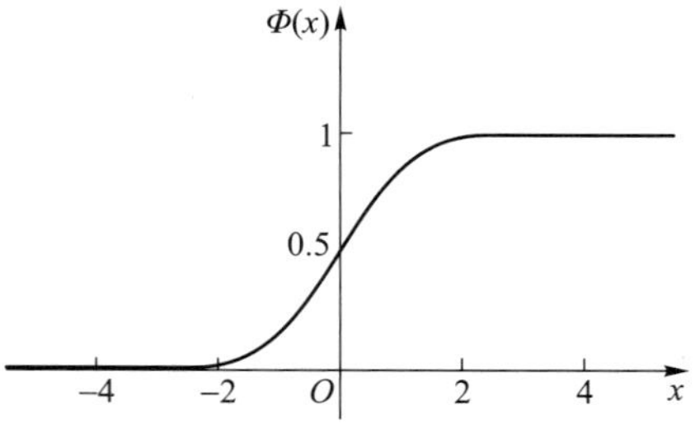

(b) 分布函数$\Phi(x)$的图形

图 3.9

（ⅲ）$\Phi(0)=0.5$，$\Phi(-x)=1-\Phi(x)$，故 $\Phi(x)+\Phi(-x)=1$.

（5）**正态分布 $N(\mu,\sigma^2)$ 的数学期望和方差**

$$E(X)=\mu,\mathrm{Var}(X)=\sigma^2.$$

(6) **正态分布 $N(\mu,\sigma^2)$ 的概率计算公式**

$$P(a<X<b)=\Phi\left(\frac{b-\mu}{\sigma}\right)-\Phi\left(\frac{a-\mu}{\sigma}\right).$$

(7) **正态分布的 3σ 准则**

当 $X\sim N(\mu,\sigma^2)$ 且 $k>0$ 时,有 $P(|X-\mu|<k\sigma)=2\Phi(k)-1$.

当 $k=3$ 时,$P(|X-\mu|<3\sigma)=0.997\ 3$.$X$ 在 $\mu\pm3\sigma$ 以外取值的概率小于 3‰,这称为**正态分布的 3σ 准则**,如图 3.10 所示.

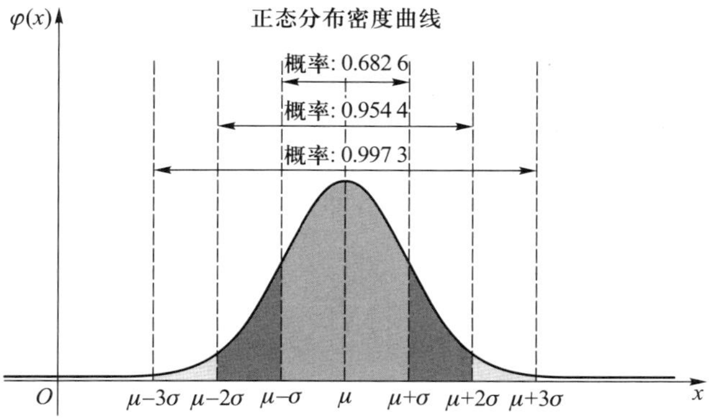

图 3.10

(8) **标准正态分布的分位数** 设随机变量 $X\sim N(0,1)$,若

$$P(X\leqslant u_p)=\Phi(u_p)=p,$$

称 u_p 为**标准正态分布的 p 分位数**,又称为**标准正态分布的下(尾)p 分位数**. 有 $u_{1-p}=-u_p$,如图 3.11 所示.

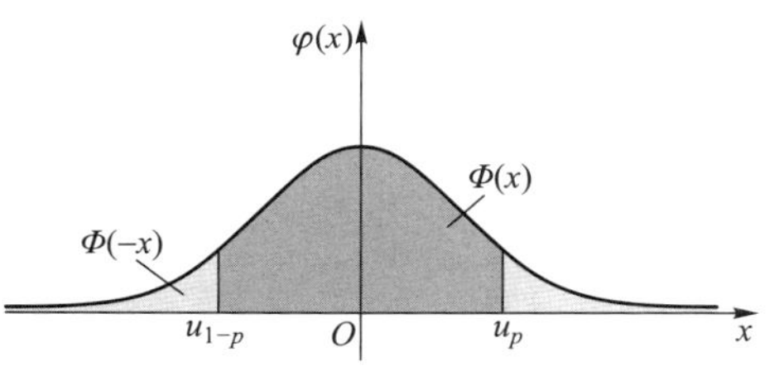

图 3.11

3. 指数分布

(1) **指数分布的定义** 若随机变量 X 的密度函数为

$$f(x)=\begin{cases}\lambda \mathrm{e}^{-\lambda x}, & x>0,\\ 0, & \text{其他},\end{cases}$$

其中 $\lambda>0$,则称 X **服从参数为 λ 的指数分布**,记作 $X\sim E(\lambda)$.

(2) **指数分布的分布函数**

$$F(x)=\begin{cases}1-\mathrm{e}^{-\lambda x}, & x\geqslant 0,\\ 0, & x<0.\end{cases}$$

图 3.12 给出了当参数 λ 不同时,X 的密度函数图形和分布函数图形.

指数分布一般用来刻画产品的寿命、动物的寿命以及随机服务系统的等待时间等.

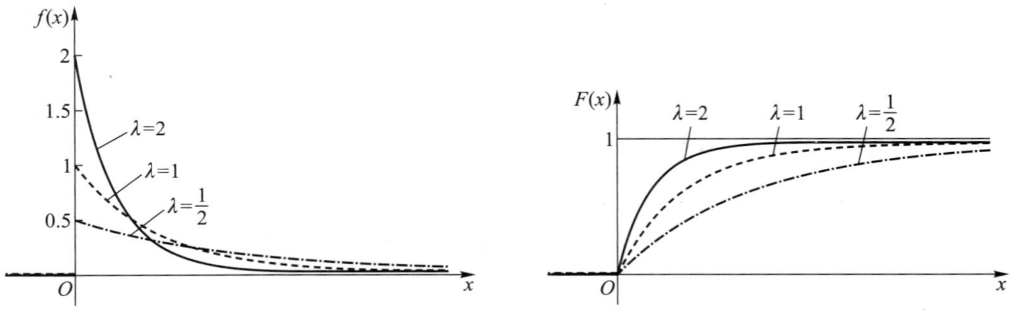

(a) $X\sim E(\lambda)$的密度函数图形　　(b) $X\sim E(\lambda)$的分布函数图形

图 3.12

（3）**指数分布的数学期望和方差**

$$E(X)=\frac{1}{\lambda},\quad \operatorname{Var}(X)=\frac{1}{\lambda^2}.$$

（4）**指数分布的无记忆性**

若 $X\sim E(\lambda)$，则对任意的 $s,t>0$，有 $P(X>s+t\mid X>s)=P(X>t)$.

***4. 对数正态分布**

（1）**对数正态分布的定义**　若随机变量 X 的密度函数为

$$f(x)=\begin{cases}\dfrac{1}{\sqrt{2\pi}\sigma x}\mathrm{e}^{-\frac{(\ln x-\mu)^2}{2\sigma^2}}, & x>0,\\ 0, & \text{其他},\end{cases}$$

其中 $-\infty<\mu<+\infty$，$\sigma>0$，则称 X **服从参数为** μ,σ^2 **的对数正态分布**，记作 $X\sim LN(\mu,\sigma^2)$. X 的密度函数图形如图 3.13 所示.

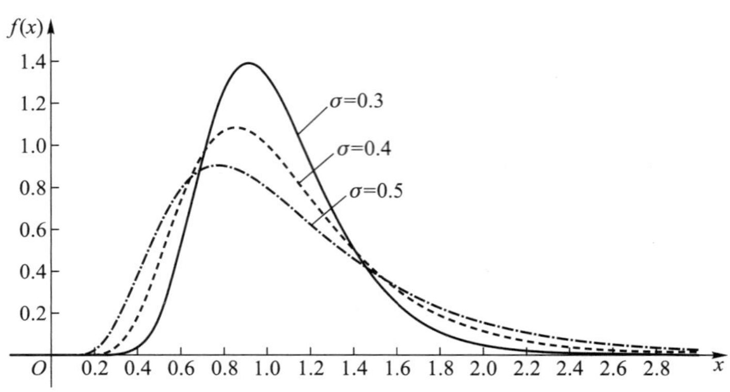

图 3.13

（2）**对数正态分布的分布函数**

$$F(x)=\begin{cases}\int_{-\infty}^{\frac{\ln x-\mu}{\sigma}}\frac{1}{\sqrt{2\pi}}e^{-\frac{t^2}{2}}dt, & x>0,\\ 0, & \text{其他},\end{cases}\quad \text{即 } F(x)=\begin{cases}\Phi\left(\frac{\ln x-\mu}{\sigma}\right), & x>0,\\ 0, & \text{其他}.\end{cases}$$

（3）对数正态分布与正态分布的关系

设 $X\sim N(\mu,\sigma^2)$，则 $Y=e^X\sim LN(\mu,\sigma^2)$.

（4）对数正态分布的数学期望和方差

$$E(X)=e^{\mu+\frac{\sigma^2}{2}},\quad \mathrm{Var}(X)=e^{2\mu+\sigma^2}(e^{\sigma^2}-1).$$

二、习题全解

1. 一种新型高分子导电包装膜，包括两层，第一层为基础聚乙烯膜，第二层为高分子聚噻吩导电涂层，已知其厚度 X（单位：μm）服从区间 $(1,5)$ 上的均匀分布. 在低湿度环境下该材料仍有导电功能，且其成本较其他导电聚乙烯膜大幅下降，可用于高端电子产品的包装.

（1）写出 X 的密度函数；（2）计算 X 的分布函数；（3）求 X 的期望和方差.

解 由于 X 服从区间 $(1,5)$ 上的均匀分布，那么

（1）$f(x)=\begin{cases}\frac{1}{4}, & 1<x<5,\\ 0, & \text{其他}.\end{cases}$

（2）$F(x)=\begin{cases}0, & x<1,\\ \frac{x-1}{4}, & 1\leqslant x<5,\\ 1, & x\geqslant 5.\end{cases}$

（3）$E(X)=\frac{1+5}{2}=3$，$\mathrm{Var}(X)=\frac{(5-1)^2}{12}=\frac{4}{3}$.

2. 利用极坐标变换验证下列二重积分的值

$$I=\int_{-\infty}^{+\infty}\int_{-\infty}^{+\infty}e^{-\frac{x^2+y^2}{2}}dxdy=2\pi,$$

并由此验证正态分布 $N(\mu,\sigma^2)$ 的密度函数 $f(x)$ 的规范性.

证明 令 $\begin{cases}x=r\cos\theta,\\ y=r\sin\theta,\end{cases}$ $r>0,0<\theta<2\pi$，那么

$$\int_{-\infty}^{+\infty}\int_{-\infty}^{+\infty}e^{-\frac{x^2+y^2}{2}}dxdy=\int_0^{2\pi}\int_0^{+\infty}re^{-\frac{r^2}{2}}drd\theta=\int_0^{2\pi}1d\theta=2\pi.$$

正态分布 $N(\mu,\sigma^2)$ 的密度函数为

$$f(x)=\frac{1}{\sqrt{2\pi}\sigma}e^{-\frac{(x-\mu)^2}{2\sigma^2}},\quad -\infty<x<+\infty,$$

下面证明 $\int_{-\infty}^{+\infty} f(x)\,\mathrm{d}x=1$.

$$\left(\int_{-\infty}^{+\infty} \frac{1}{\sqrt{2\pi}\,\sigma}\mathrm{e}^{-\frac{(x-\mu)^2}{2\sigma^2}}\mathrm{d}x\right)^2=\int_{-\infty}^{+\infty} \frac{1}{\sqrt{2\pi}\,\sigma}\mathrm{e}^{-\frac{(x-\mu)^2}{2\sigma^2}}\mathrm{d}x\cdot\int_{-\infty}^{+\infty} \frac{1}{\sqrt{2\pi}\,\sigma}\mathrm{e}^{-\frac{(x-\mu)^2}{2\sigma^2}}\mathrm{d}x$$

$$=\int_{-\infty}^{+\infty} \frac{1}{\sqrt{2\pi}\,\sigma}\mathrm{e}^{-\frac{(x-\mu)^2}{2\sigma^2}}\mathrm{d}x\cdot\int_{-\infty}^{+\infty} \frac{1}{\sqrt{2\pi}\,\sigma}\mathrm{e}^{-\frac{(y-\mu)^2}{2\sigma^2}}\mathrm{d}y$$

$$=\frac{1}{2\pi\sigma^2}\int_{-\infty}^{+\infty}\int_{-\infty}^{+\infty}\mathrm{e}^{-\frac{(x-\mu)^2+(y-\mu)^2}{2\sigma^2}}\mathrm{d}x\mathrm{d}y,$$

令 $\begin{cases}\dfrac{x-\mu}{\sigma}=r\cos\theta,\\ \dfrac{y-\mu}{\sigma}=r\sin\theta,\end{cases}$ $r>0,0<\theta<2\pi$，那么

$$\frac{1}{2\pi\sigma^2}\int_{-\infty}^{+\infty}\int_{-\infty}^{+\infty}\mathrm{e}^{-\frac{(x-\mu)^2+(y-\mu)^2}{2\sigma^2}}\mathrm{d}x\mathrm{d}y=\frac{1}{2\pi}\int_0^{2\pi}\int_0^{+\infty} r\mathrm{e}^{-\frac{r^2}{2}}\mathrm{d}r\mathrm{d}\theta=1.$$

因此

$$\left(\int_{-\infty}^{+\infty} \frac{1}{\sqrt{2\pi}\,\sigma}\mathrm{e}^{-\frac{(x-\mu)^2}{2\sigma^2}}\mathrm{d}x\right)^2=1.$$

那么 $\int_{-\infty}^{+\infty} f(x)\,\mathrm{d}x=1$，即正态分布 $N(\mu,\sigma^2)$ 的密度函数具有规范性.

3. 设 $X\sim N(0,\sigma^2)$，试求 $E(|X|)$ 与 $\mathrm{Var}(|X|)$.

解　X 的密度函数为

$$f(x)=\frac{1}{\sqrt{2\pi}\,\sigma}\mathrm{e}^{-\frac{x^2}{2\sigma^2}},-\infty<x<+\infty,$$

所以

$$E(|X|)=\int_{-\infty}^{+\infty}|x|f(x)\,\mathrm{d}x=2\frac{\sigma}{\sqrt{2\pi}}\int_{-\infty}^{+\infty}\left|\frac{x}{\sqrt{2}\,\sigma}\right|\mathrm{e}^{-\left(\frac{x}{\sqrt{2}\sigma}\right)^2}\mathrm{d}\left(\frac{x}{\sqrt{2}\,\sigma}\right)$$

$$=2\frac{\sigma}{\sqrt{2\pi}}\cdot 2\int_0^{+\infty}\frac{x}{\sqrt{2}\,\sigma}\mathrm{e}^{-\left(\frac{x}{\sqrt{2}\sigma}\right)^2}\mathrm{d}\left(\frac{x}{\sqrt{2}\,\sigma}\right)$$

$$\xlongequal{t=\frac{x}{\sqrt{2}\sigma}}2\frac{\sigma}{\sqrt{2\pi}}\cdot\int_0^{+\infty}\mathrm{e}^{-t^2}\mathrm{d}\,t^2=2\frac{\sigma}{\sqrt{2\pi}}\cdot 1=\sqrt{\frac{2}{\pi}}\sigma,$$

$$E(|X|^2)=E(X^2)=\mathrm{Var}(X)+[E(X)]^2=\sigma^2,$$

$$\mathrm{Var}(|X|)=E(|X|^2)-[E(|X|)]^2=\frac{\pi-2}{\pi}\sigma^2.$$

4. 求下列正态分布的期望和方差：

(1) $f(x)=\sqrt{\frac{2}{\pi}}\mathrm{e}^{-2x^2+4x-2}$；(2) $f(x)=\frac{1}{\sqrt{\pi}}\mathrm{e}^{-x^2+4x-4}$.

解 (1) 通过变形可知

$$f(x)=\sqrt{\frac{2}{\pi}}\mathrm{e}^{-2x^2+4x-2}=\frac{1}{\sqrt{2\pi}\times\frac{1}{2}}\mathrm{e}^{-\frac{(x-1)^2}{2\times\left(\frac{1}{2}\right)^2}},$$

因此随机变量 $X\sim N\left(1,\frac{1}{4}\right)$,即均值为 1,方差为$\frac{1}{4}$.

(2) 通过变形可知

$$f(x)=\frac{1}{\sqrt{\pi}}\mathrm{e}^{-x^2+4x-4}=\frac{1}{\sqrt{2\pi}\times\frac{1}{\sqrt{2}}}\mathrm{e}^{-\frac{(x-2)^2}{2\times\left(\frac{1}{\sqrt{2}}\right)^2}},$$

因此随机变量 $X\sim N\left(2,\frac{1}{2}\right)$,即均值为 2,方差为$\frac{1}{2}$.

5. 设 $X\sim N(0,1)$,在下列各情形求常数 c,并把它用分位数记号表示:

(1) $P(X>c)=0.95$;(2) $P(|x|>c)=0.95$;(3) $P(X<c)=0.95$;(4) $P(|X|\leqslant c)=0.95$.

解 (1) $P(X>c)=0.95$,则

$$P(X\leqslant c)=0.05,c=u_{0.05}=-u_{0.95}=-1.645.$$

(2) $P(|X|>c)=0.95,P(|X|\leqslant c)=0.05$,则

$$2P(X\leqslant c)-1=0.05,P(X\leqslant c)=0.525,c=u_{0.525}=0.062\ 75.$$

(3) $P(X<c)=0.95$,则

$$c=u_{0.95}=1.645.$$

(4) $P(|X|\leqslant c)=0.95$,则

$$2P(X\leqslant c)-1=0.95,P(X\leqslant c)=0.975,c=u_{0.975}=1.96.$$

6. 已知$X_1\sim N(-2,9)$,其密度函数为$f_1(x)$,$X_2\sim U(-2,4)$,其密度函数为$f_2(x)$. 若

$$f(x)=\begin{cases}af_1(x), & x\leqslant 2,\\ bf_2(x), & x>2\end{cases}\quad(a,b>0)$$

是某一连续型随机变量的密度函数,求常数 a,b 应满足的关系.

解 由题意得

$$f_1(x)=\frac{1}{3\sqrt{2\pi}}\mathrm{e}^{-\frac{(x+2)^2}{2\times 9}},\qquad f_2(x)=\begin{cases}\frac{1}{6}, & -2\leqslant x\leqslant 4,\\ 0, & 其他.\end{cases}$$

若 $f(x)$ 是某一连续型随机变量的密度函数,则

$$1=\int_{-\infty}^{+\infty} f(x)\,\mathrm{d}x=a\int_{-\infty}^{2}\frac{1}{3\sqrt{2\pi}}\mathrm{e}^{-\frac{(x+2)^2}{2\times 9}}\mathrm{d}x+b\int_{2}^{4}\frac{1}{6}\mathrm{d}x=a\Phi\left(\frac{4}{3}\right)+\frac{b}{3}.$$

即常数 a,b 应满足 $a\Phi\left(\frac{4}{3}\right)+\frac{b}{3}=1.$

7. 一台机床加工零件的长度服从正态分布 $N(6,4\times10^{-4})$，当零件长度分别在 6 ± 0.02，6 ± 0.04 或 6 ± 0.06 范围内时，它被认定为一等品、二等品或三等品，剩余的为不合格品. 问该机床加工的零件中一等品、二等品、三等品以及不合格品的概率是多少.

解　记机床加工零件的长度为随机变量 X，即 $X\sim N(6,4\times10^{-4})$，那么

$$P(6-0.02\leqslant X\leqslant 6+0.02)=P(|X-\mu|<\sigma)=2\Phi(1)-1=0.682\ 6,$$

$$P(6-0.04\leqslant X\leqslant 6+0.04)=P(|X-\mu|<2\sigma)=2\Phi(2)-1=0.954\ 4,$$

$$P(6-0.06\leqslant X\leqslant 6+0.06)=P(|X-\mu|<3\sigma)=2\Phi(3)-1=0.997\ 3,$$

$$P(|X-6|>0.06)=1-P(|X-6|\leqslant 0.06)=0.002\ 7.$$

因此该机床加工的零件中一等品的概率是 0.682 6，二等品的概率是 0.954 4，三等品的概率是 0.997 3，不合格品的概率是 0.002 7.

8. 随着工农业生产的发展，某湖区地表径流和入湖河流携带的面源污染和工业废弃物排入湖体，其水质已开始出现富营养化的趋势，这会对该湖流域社会和经济发展产生深远影响. 富营养化的研究已成为当务之急，其中尼梅罗指数法可对湖区水体富营养化分布特点及变化规律给出全面评价（参见文献[20]）. 已知该湖流域尼梅罗指数 X 服从正态分布 $N(25.572,16.673^2)$，根据该指数可将水体营养状况进行分级：

当该指数不大于 2.191 871 时，称水体是极贫营养的；

当该指数大于 2.191 871 且不大于 5.846 311 时，称水体是贫营养的；

当该指数大于 5.846 311 且不大于 14.607 93 时，称水体是贫—中营养的；

当该指数大于 14.607 93 且不大于 29.207 04 时，称水体是中营养的；

当该指数大于 29.207 04 且不大于 58.396 39 时，称水体是中—富营养的；

当该指数大于 58.396 39 且不大于 145.925 2 时，称水体是富营养的；

当该指数大于 145.925 2 时，称水体是极富营养的.

计算该湖流域营养状况各个分级的概率.

解　水体是极贫营养的概率为

$$\begin{aligned}P(X\leqslant 2.191\ 871)&=P\left(\frac{X-25.572}{16.673}\leqslant\frac{2.191\ 871-25.572}{16.673}\right)=\Phi(-1.40)\\&=1-\Phi(1.40)=1-0.919\ 2=0.080\ 8.\end{aligned}$$

水体是贫营养的概率为

$$P(2.191\ 871<X\leqslant 5.846\ 311)$$

$$=P\left(\frac{2.191\ 871-25.572}{16.673}<\frac{X-25.572}{16.673}\leqslant\frac{5.846\ 311-25.572}{16.673}\right)$$

$$=\Phi(-1.18)-\Phi(-1.40)=0.919\ 2-0.881\ 0=0.038\ 2.$$

水体是贫—中营养的概率为

$$P(5.846\ 311<X\leqslant 14.607\ 93)$$

$$=P\left(\frac{5.846\ 311-25.572}{16.673}<\frac{X-25.572}{16.673}\leqslant\frac{14.607\ 93-25.572}{16.673}\right)$$

$$=\Phi(-0.66)-\Phi(-1.18)=0.881\ 0-0.745\ 4=0.135\ 6.$$

水体是中营养的概率为

$$P(14.607\ 93<X\leqslant 29.207\ 04)$$

$$=P\left(\frac{14.607\ 93-25.572}{16.673}<\frac{X-25.572}{16.673}\leqslant\frac{29.207\ 04-25.572}{16.673}\right)$$

$$=\Phi(0.22)-\Phi(-0.66)=0.587\ 1-(1-0.745\ 4)=0.332\ 5.$$

水体是中—富营养的概率为

$$P(29.207\ 04<X\leqslant 58.396\ 39)$$

$$=P\left(\frac{29.207\ 04-25.572}{16.673}<\frac{X-25.572}{16.673}\leqslant\frac{58.396\ 39-25.572}{16.673}\right)$$

$$=\Phi(1.97)-\Phi(0.22)=0.975\ 6-0.587\ 1=0.388\ 5.$$

水体是富营养的概率为

$$P(58.396\ 39<X\leqslant 145.925\ 2)$$

$$=P\left(\frac{58.396\ 39-25.572}{16.673}<\frac{X-25.572}{16.673}\leqslant\frac{145.925\ 2-25.572}{16.673}\right)$$

$$=\Phi(7.22)-\Phi(1.97)=1-0.975\ 6=0.024\ 4.$$

水体是极富营养的概率为

$$P(X>145.925\ 2)=P\left(\frac{X-25.572}{16.673}>\frac{145.925\ 2-25.572}{16.673}\right)$$

$$=1-\Phi(7.22)=0.$$

9. 在胎盘动物中大熊猫幼仔体重与母体体重之比是最小的.大熊猫自然保护区的研究人员统计得到新出生的大熊猫幼仔的体重 X（单位：g）服从正态分布 $N(145,34^2)$.

（1）问新生大熊猫幼仔体重不到 50 g 的概率；（2）求 c 使得 $P(X>c)=0.9$.

解　（1）$P(X<50)=P\left(\frac{X-145}{34}<\frac{50-145}{34}\right)=\Phi(-2.79)$

$$=1-\Phi(2.79)=0.002\ 6.$$

新生大熊猫幼仔体重不到 50 g 的概率为 0.002 6.

（2）$P(X>c)=1-P(X\leqslant c)=1-P\left(\frac{X-145}{34}\leqslant\frac{c-145}{34}\right)=1-\Phi\left(\frac{c-145}{34}\right)=0.9$，即 $\Phi\left(\frac{c-145}{34}\right)=0.1$.查表知 $\frac{c-145}{34}=-1.281\ 7$，解得 $c=101.422\ 2$.

10. 保持胆固醇处于正常范围之内，可以有效保证肝脏对脂肪的代谢率，同时也有助于维持血管弹性，预防心血管疾病. 胆固醇升高会导致高密度脂蛋白含量增加，外周血液中的脂肪无法正常转移到肝脏进行代谢，引起肝脏代谢能力降低，导致肝炎、肝硬化或者其他疾病，因此要定期检查血清总胆固醇等相关指标. 已知某市 45～55 岁男性居民的血清总胆固醇 X（单位：mmol/L）服从正态分布 $N(4.84,0.96^2)$.

（1）血清总胆固醇无论过低或过高均属异常，试给出该市 45～55 岁男性居民的血清总胆固醇超出 95%的临界值，即找到 a，使其满足 $P(|X-4.84|\leqslant a)>0.95$；

（2）给出该市 45～55 岁男性居民中，血清总胆固醇低于 3.80 mmol/L 的概率.

解　（1）$P(|X-4.84|\leqslant a)=P\left(\frac{|X-4.84|}{0.96}\leqslant\frac{a}{0.96}\right)=2\Phi\left(\frac{a}{0.96}\right)-1=0.95$. 即 $\Phi\left(\frac{a}{0.96}\right)=0.975$，查表知 $\frac{a}{0.96}=1.96$，解得 $a=1.881\ 6$.

（2）$P(X\leqslant 3.80)=P\left(\frac{X-4.84}{0.96}\leqslant\frac{3.80-4.84}{0.96}\right)=\Phi(-1.08)=1-0.859\ 9=0.140\ 1$.该市 45～55 岁男性居民中，血清总胆固醇低于 3.80 mmol/L 的概率为 0.140 1.

11. 已知某高校概率论与数理统计课程成绩 X 服从均值为 70 的正态分布，且成绩达到 95 的概率为 3%. (1)求 $\mathrm{Var}(X)$；(2)计算该校概率论与数理统计课程的不及格率.

解　（1）由题意 $P(X\geqslant 95)=P\left(\frac{X-70}{\sigma}\geqslant\frac{95-70}{\sigma}\right)=1-\Phi\left(\frac{25}{\sigma}\right)=0.03$，$\Phi\left(\frac{25}{\sigma}\right)=0.97$，查表知 $\frac{25}{\sigma}=1.881\ 4$，解得 $\sigma=13.288\ 0$，因此 $\mathrm{Var}(X)=\sigma^2=176.570\ 9$.

（2）因为

$$P(X<60)=P\left(\frac{X-70}{13.288\ 0}<\frac{60-70}{13.288\ 0}\right)=\Phi(-0.75)=1-0.773\ 4$$
$$=0.226\ 6,$$

所以该校概率论与数理统计课程的不及格率为 0.226 6.

12. 已知某种亚热带柑橘水果的甜度 X 服从正态分布 $N(\mu,\sigma^2)$，且 $P(X>18)=0.066\ 8$，$P(X<13)=0.158\ 7$，求 μ 和 σ^2.

解 $P(X>18)=P\left(\frac{X-\mu}{\sigma}>\frac{18-\mu}{\sigma}\right)=1-\Phi\left(\frac{18-\mu}{\sigma}\right)=0.066\ 8$，即 $\Phi\left(\frac{18-\mu}{\sigma}\right)=0.933\ 2$，

$P(X<13)=P\left(\frac{X-\mu}{\sigma}<\frac{13-\mu}{\sigma}\right)=\Phi\left(\frac{13-\mu}{\sigma}\right)=0.158\ 7$，即 $\Phi\left(\frac{\mu-13}{\sigma}\right)=0.841\ 3$，查表得

$$\frac{18-\mu}{\sigma}=1.5,\frac{\mu-13}{\sigma}=1.$$

解得 $\mu=15,\sigma=2,\sigma^2=4$.

13. 已知电源电压 X(单位:V)服从正态分布 $N(220,25^2)$，当电源电压不超过 200 V,200~240 V 和超过 240 V 时，电器损坏的概率分别为 0.1,0.001 和 0.2.求：(1)电器损坏的概率；(2)电器损坏时，电源电压在 200~240 V 之间的概率.

解 分别记电源电压不超过 200 V,200~240 V 和超过 240 V 为事件 A_1,A_2,A_3，电器损坏为事件 B.由题意得

$$P(B|A_1)=0.1,P(B|A_2)=0.001,P(B|A_3)=0.2,$$

$$P(A_1)=P(X<200)=P\left(\frac{X-220}{25}<\frac{200-220}{25}\right)=\Phi(-0.8)$$

$$=1-0.788\ 1=0.211\ 9,$$

$$P(A_2)=P(200<X<240)=P\left(\frac{200-220}{25}<\frac{X-220}{25}<\frac{240-220}{25}\right)$$

$$=2\Phi(0.8)-1=0.576\ 2,$$

$$P(A_3)=P(X>240)=P\left(\frac{X-220}{25}>\frac{240-220}{25}\right)=1-\Phi(0.8)=0.211\ 9.$$

(1) 由全概率公式，电器损坏的概率为

$$P(B)=P(B|A_1)P(A_1)+P(B|A_2)P(A_2)+P(B|A_3)P(A_3)$$

$$=0.211\ 9\times0.1+0.576\ 2\times0.001+0.211\ 9\times0.2=0.064\ 1,$$

即电器损坏的概率为 0.064 1.

(2) 由贝叶斯公式

$$P(A_2|B)=\frac{P(B|A_2)P(A_2)}{P(B)}=\frac{0.001\times0.576\ 2}{0.064\ 1}=0.009\ 0,$$

即电器损坏时，电源电压在 200~240 V 的概率为 0.009.

14. 若从某市东区乘车前往西区高铁站乘坐高铁，有两条线路可选. 第一条穿过市区，路途短，但交通拥挤，所需时间(单位:min)服从正态分布 $N(60,100)$；第二条走环城高速，路途长，但堵塞少，所需时间服从正态分布 $N(70,16)$. (1)若现在还有 80 min 可用于前往高铁站，问应选哪条线路？(2)若现在还有 75 min 可用于前往高铁站，问应选哪条线路？

解 (1) 记所需时间为随机变量 X，对于第一条路，按时到达的概率为

$$P(0<X\leqslant 80)=P\left(\frac{0-60}{10}<\frac{X-60}{10}\leqslant\frac{80-60}{10}\right)\approx\Phi(2)=0.977\ 2.$$

对于第二条路,按时到达的概率为

$$P(0<X\leqslant 80)=P\left(\frac{0-70}{4}<\frac{X-70}{4}\leqslant\frac{80-70}{4}\right)\approx\Phi(2.5)=0.993\ 8.$$

因此应该选择第二条路.

（2）对于第一条路,按时到达的概率为

$$P(0<X\leqslant 75)=P\left(\frac{0-60}{10}<\frac{X-60}{10}\leqslant\frac{75-60}{10}\right)\approx\Phi(1.5)=0.933\ 2.$$

对于第二条路,按时到达的概率为

$$P(0<X\leqslant 75)=P\left(\frac{0-70}{4}<\frac{X-70}{4}\leqslant\frac{75-70}{4}\right)\approx\Phi(1.25)=0.894\ 4.$$

因此应该选择第一条路.

15. 已知修理某设备的时间 X(单位:h)服从参数为$\frac{1}{3}$的指数分布.

（1）求维修时间超过 3 h 的概率;

（2）若现在设备的维修时间超过了 3 h,问继续维修还至少需要 2 h 的概率.

解　(1) 随机变量 X 的概率密度函数为

$$f(x)=\begin{cases}\frac{1}{3}e^{-\frac{1}{3}x}, & x>0,\\ 0, & \text{其他},\end{cases}$$

因此

$$P(X>3)=\int_3^{+\infty}\frac{1}{3}e^{-\frac{1}{3}x}dx=e^{-1}.$$

维修时间超过 3 h 的概率为 e^{-1}.

（2）由指数分布的无记忆性得所求概率为

$$P(X>3+2\mid X>3)=P(X>2)=\int_2^{+\infty}\frac{1}{3}e^{-\frac{1}{3}x}dx=e^{-\frac{2}{3}}.$$

16. 已知随机变量 X 的分布函数 $F(x)=0.4\Phi(x)+0.6\Phi\left(\frac{x+1}{2}\right)$,其中 $\Phi(x)$是标准正态分布的分布函数,求 $E(X)$.

解　由已知得 X 的密度函数为

$$f(x)=F'(x)=0.4\varphi(x)+0.3\varphi\left(\frac{x+1}{2}\right),$$

那么

$$E(X)=\int_{-\infty}^{+\infty} xf(x)\mathrm{d}x=0.4\int_{-\infty}^{+\infty} x\varphi(x)\mathrm{d}x+0.3\int_{-\infty}^{+\infty} x\varphi\left(\frac{x+1}{2}\right)\mathrm{d}x.$$

又因为 $\int_{-\infty}^{+\infty} x\varphi(x)\mathrm{d}x=0$,所以

$$\int_{-\infty}^{+\infty} x\varphi\left(\frac{x+1}{2}\right)\mathrm{d}x \xlongequal{u=\frac{x+1}{2}} 2\int_{-\infty}^{+\infty}(2u-1)\varphi(u)\mathrm{d}u$$

$$=4\int_{-\infty}^{+\infty} u\varphi(u)\mathrm{d}u-2\int_{-\infty}^{+\infty}\varphi(u)\mathrm{d}u=-2.$$

因此

$$E(X)=0.4\int_{-\infty}^{+\infty} x\varphi(x)\mathrm{d}x+0.3\int_{-\infty}^{+\infty} x\varphi\left(\frac{x+1}{2}\right)\mathrm{d}x=-0.6.$$

17. 已知某品牌某型号手机的寿命 X(单位:年)服从参数为$\frac{1}{5}$的指数分布.

(1) 写出 X 的密度函数 $f(x)$ 和分布函数 $F(x)$;

(2) 求该手机的寿命在 5~6 年的概率;

(3) 若现在该型号的一个手机已使用了 5 年,问至少还能使用 1 年的概率;

(4) 已知 $F(x_p)=p,0<p<1$,求 x_p;

(5) 求 $E(X^2),E(\mathrm{e}^{-\frac{X^2}{2}+3X})$.

解 (1) 因为 $X\sim E\left(\frac{1}{5}\right)$,所以随机变量 X 的密度函数和分布函数分别为

$$f(x)=\begin{cases}\frac{1}{5}\mathrm{e}^{-\frac{1}{5}x}, & x>0,\\ 0, & 其他,\end{cases}\qquad F(x)=\begin{cases}1-\mathrm{e}^{-\frac{1}{5}x}, & x\geqslant 0,\\ 0, & x<0.\end{cases}$$

(2) $P(5\leqslant X\leqslant 6)=F(6)-F(5)=\mathrm{e}^{-1}-\mathrm{e}^{-\frac{6}{5}}$. 该手机的寿命在 5~6 年的概率为 $\mathrm{e}^{-1}-\mathrm{e}^{-\frac{6}{5}}$.

(3) 由指数分布的无记忆性

$$P(X>5+1\mid X>5)=P(X>1)=1-F(1)=\mathrm{e}^{-\frac{1}{5}},$$

该手机至少还能使用 1 年的概率为 $\mathrm{e}^{-\frac{1}{5}}$.

(4) $F(x_p)=1-\mathrm{e}^{-\frac{1}{5}x_p}=p$,即 $\mathrm{e}^{-\frac{1}{5}x_p}=1-p$,解得 $x_p=-5\ln(1-p)$.

(5) 由于 $X\sim E\left(\frac{1}{5}\right)$,那么 $E(X)=5,\mathrm{Var}(X)=25$. 因此

$$E(X^2)=\mathrm{Var}(X)+[E(X)]^2=50.$$

$$E(\mathrm{e}^{-\frac{X^2}{2}+3X})=\int_0^{+\infty}\mathrm{e}^{-\frac{x^2}{2}+3x}\cdot\frac{1}{5}\mathrm{e}^{-\frac{1}{5}x}\mathrm{d}x=\int_0^{+\infty}\frac{1}{5}\mathrm{e}^{-\frac{x^2}{2}+\frac{14}{5}x}\mathrm{d}x$$

$$=\frac{1}{5}e^{\frac{98}{25}}\int_{0}^{+\infty} e^{-\frac{\left(x-\frac{14}{5}\right)^2}{2}}dx=\frac{\sqrt{2\pi}}{5}e^{\frac{98}{25}}\int_{-\frac{14}{5}}^{+\infty}\frac{1}{\sqrt{2\pi}}e^{-\frac{y^2}{2}}dy$$

$$=\frac{\sqrt{2\pi}}{5}e^{\frac{98}{25}}\Phi(2.8)=\frac{\sqrt{2\pi}}{5}e^{\frac{98}{25}}\times 0.997\ 4=25.20.$$

18. 指数分布在物理学中有广泛的应用. 在微观世界中，它能够描述微粒、细菌、分子等的某种运动规律；在量子世界中，它可以描述电子、光子等基本粒子的一些运动形式；在能量空间，它能够解析电流、电磁波的运动规律. 例如，光致发光和电致发光等发光材料在显示、探测、传感等领域有着重要应用，光子寿命是表征发光材料的发光机理和工作性能的一个基本参数，发光材料在外加能量场下，其基态电子从基态跃迁到激发态. 当处于激发态的电子返回基态时，部分电子会以辐射光子的形式释放能量. 光子寿命是电子处于激发态的平均时间. 已知某发光材料处于激发态的电子存活寿命 T 的密度函数为

$$f_T(t)=\begin{cases}\alpha e^{-\alpha t}, & t>0,\\ 0, & 其他,\end{cases}$$

其中 $\alpha>0$.

（1）求该发光材料的光子寿命 $E(T)$；

（2）计算处于激发态的电子存活寿命 T 的分布函数 $F_T(t)$；

（3）计算处于激发态的电子存活寿命在光子寿命的$\frac{1}{3}$和$\frac{2}{3}$之间的概率；

（4）确定 c 使得 $P(T<c)=\frac{1}{3}$；

（5）求 $P(T>\sqrt{\mathrm{Var}(T)})$.

解　根据密度函数可知，T 服从参数为 α 的指数分布.

（1）光子寿命为 $E(T)=\frac{1}{\alpha}$.

（2）当 $t<0$ 时，$F_T(t)=P(T\leqslant t)=0$；当 $t\geqslant 0$ 时，$F_T(t)=\int_{-\infty}^{t}f_T(x)dx=\int_0^t \alpha e^{-\alpha x}dx=1-e^{-\alpha t}$. 因此

$$F_T(t)=\begin{cases}1-e^{-\alpha t}, & t\geqslant 0,\\ 0, & t<0.\end{cases}$$

（3）$P\left(\frac{1}{3\alpha}\leqslant T\leqslant\frac{2}{3\alpha}\right)=F_T\left(\frac{2}{3\alpha}\right)-F_T\left(\frac{1}{3\alpha}\right)=e^{-\frac{1}{3}}-e^{-\frac{2}{3}}$.

（4）$P(T<c)=F(c)=1-e^{-\alpha c}=\frac{1}{3}$，因此 $e^{-\alpha c}=\frac{2}{3}$，解得 $c=\frac{\ln 1.5}{\alpha}$.

(5) $P(T>\sqrt{\operatorname{Var}(T)})=P\left(T>\dfrac{1}{\alpha}\right)=1-P\left(T\leqslant\dfrac{1}{\alpha}\right)=1-F\left(\dfrac{1}{\alpha}\right)=\mathrm{e}^{-1}$.

19. 已知 $X\sim N(2,9)$,写出 $Y=\mathrm{e}^X$的密度函数,并给出 Y 的期望和方差.

解法一 由正态分布和对数正态分布的关系可知 $Y\sim LN(2,9)$,由对数正态分布的密度函数形式得到 $Y=\mathrm{e}^X$的密度函数为

$$f_Y(y)=\begin{cases}\dfrac{1}{3y\sqrt{2\pi}}\mathrm{e}^{-\frac{(\ln y-2)^2}{18}}, & y>0,\\ 0, & \text{其他}.\end{cases}$$

因此 $E(Y)=\mathrm{e}^{\mu+\frac{\sigma^2}{2}}=\mathrm{e}^{\frac{13}{2}}$, $\operatorname{Var}(Y)=\mathrm{e}^{2\mu+\sigma^2}(\mathrm{e}^{\sigma^2}-1)=\mathrm{e}^{13}(\mathrm{e}^9-1)$.

解法二 因为 $Y=\mathrm{e}^X$的值域为 $\Omega_Y=(0,+\infty)$,所以当 $y\geqslant 0$ 时,

$$F(y)=P(Y\leqslant y)=P(\mathrm{e}^X\leqslant y)=P(X\leqslant\ln y)=\int_{-\infty}^{\ln y}f_X(x)\,\mathrm{d}x,$$

$$f_Y(y)=\frac{f_X(\ln y)}{y}=\frac{1}{3y\sqrt{2\pi}}\mathrm{e}^{\frac{-(\ln y-2)^2}{18}}.$$

$Y=\mathrm{e}^X$的密度函数为

$$f_Y(y)=\begin{cases}\dfrac{1}{3y\sqrt{2\pi}}\mathrm{e}^{-\frac{(\ln y-2)^2}{18}}, & y>0,\\ 0, & \text{其他}.\end{cases}$$

即 $Y\sim LN(2,9)$.因此 $E(Y)=\mathrm{e}^{\mu+\frac{\sigma^2}{2}}=\mathrm{e}^{\frac{13}{2}}$, $\operatorname{Var}(Y)=\mathrm{e}^{2\mu+\sigma^2}(\mathrm{e}^{\sigma^2}-1)=\mathrm{e}^{13}(\mathrm{e}^9-1)$.

20. 材料在磁场的作用下长度或体积发生变化的性质称为磁致伸缩性. 铽镝铁磁致伸缩材料是一种超磁致伸缩材料,能实现磁电能与机械能的高效转换,是提高一个国家尖端技术竞争力的战略性功能材料,广泛应用于地球物理探测、油田开采装置、精密机械传感器、卫星定位系统、精密机床、阻尼减震器等领域,铽是生产该材料的重要原材料. 若在国际市场上某一品质铽的需求量是随机变量 X(单位:kg),服从均匀分布 $U(2\ 000,4\ 000)$.设每售出 1 kg 可为国家挣得 3 万元,但若销售不出造成仓库积压将浪费保养费 1 万元,问须组织多少货源,才能使国家的收益最大?

解 由已知得随机变量 X 的密度函数为

$$f(x)=\begin{cases}\dfrac{1}{2\ 000}, & 2\ 000<x<4\ 000,\\ 0, & \text{其他}.\end{cases}$$

设组织货源 a kg,收益为随机变量 W(单位:万元),因此当 $2\ 000<X<a$ 时, $W=3X-(a-X)=4X-a$.当 $a\leqslant X\leqslant 4\ 000$ 时, $W=3a$,即

$$W=\begin{cases}4X-a, & 2\ 000<X<a,\\ 3a, & a\leqslant X\leqslant 4\ 000.\end{cases}$$

$$E(W)=\int_{-\infty}^{+\infty} wf(x)\,\mathrm{d}x=\int_{2\,000}^{a}\frac{4x-a}{2\,000}\mathrm{d}x+\int_{a}^{4\,000}\frac{3a}{2\,000}\mathrm{d}x$$

$$=-\frac{1}{1\,000}(a^2-7\,000a+4\times 10^6).$$

显然，当 $a=3\ 500$ 时，$E(W)$ 有最大值. 因此组织 3 500 kg 货源时，能使国家的收益最大.

21. 在自动流水线上加工的某种零件的内径（单位：mm）$X\sim N(\mu,1)$，内径小于 10 mm或大于 12 mm 为不合格品，其余为合格品.销售每件合格品获利 20 元；内径小于 10 mm 或大于 12 mm 的不合格品每件分别亏损 1 元、5 元. 试问，当平均内径 μ 取何值时，生产 1 个零件的平均利润最大？

解　记随机变量 W 为生产 1 个零件带来的利润，$\Phi(x)$ 是标准正态分布的分布函数，那么

$$\begin{aligned}E(W)&=-1\times P(X<10)+20\times P(10\leqslant X\leqslant 12)-5\times P(X>12)\\&=-P(X-\mu<10-\mu)+20P(10-\mu\leqslant X-\mu\leqslant 12-\mu)-\\&\quad 5P(X-\mu>12-\mu)\\&=-\Phi(10-\mu)+20[\Phi(12-\mu)-\Phi(10-\mu)]-5[1-\Phi(12-\mu)]\\&=25\Phi(12-\mu)-21\Phi(10-\mu)-5,\end{aligned}$$

令 $f(\mu)=E(W)$，则有

$$\frac{\mathrm{d}f(\mu)}{\mathrm{d}\mu}=-25\varphi(12-\mu)+21\varphi(10-\mu)=-25\frac{1}{\sqrt{2\pi}}\mathrm{e}^{-\frac{(12-\mu)^2}{2}}+21\frac{1}{\sqrt{2\pi}}\mathrm{e}^{-\frac{(10-\mu)^2}{2}}=0,$$

解得

$$\mu=11+\frac{1}{2}\ln\frac{21}{25}=10.912\ 8.$$

因此，当平均内径 μ 取 10.912 8 mm 时，生产 1 个零件带来的平均利润最大.

22. 高速路口收费站检查大客车是否超载，已知每辆大客车超载的概率为 $p(0<p<1)$，且大客车是否超载相互独立.假设当检查出第一辆超载大客车时，已经检查了 X 辆大客车. 试求 X 的期望和方差.

解　由题意得，$X\sim Ge(p)$，因此 $E(X)=\dfrac{1}{p}$，$\mathrm{Var}(X)=\dfrac{1-p}{p^2}$.

***23**. 已知随机变量 X 的密度函数为

$$f_X(x)=\begin{cases}\dfrac{x}{\sigma^2}\mathrm{e}^{-\frac{x^2}{2\sigma^2}}, & x\geqslant 0,\\ 0, & x<0.\end{cases}$$

其中 $\sigma>0$，称随机变量 X **服从参数为 σ 的瑞利分布**.瑞利分布可以用来刻画单一波系

的波高. 求 X 的期望和方差.

解

$$E(X)=\int_{-\infty}^{+\infty}xf(x)\mathrm{d}x=\int_0^{+\infty}\frac{x^2}{\sigma^2}\mathrm{e}^{-\frac{x^2}{2\sigma^2}}\mathrm{d}x=\int_0^{+\infty}-x\mathrm{d}\mathrm{e}^{-\frac{x^2}{2\sigma^2}}$$

$$=\left[-x\mathrm{e}^{-\frac{x^2}{2\sigma^2}}\right]_0^{+\infty}+\sqrt{2\pi}\sigma\int_0^{+\infty}\frac{1}{\sqrt{2\pi}\sigma}\mathrm{e}^{-\frac{x^2}{2\sigma^2}}\mathrm{d}x=\sqrt{2\pi}\sigma\times\frac{1}{2}=\sqrt{\frac{\pi}{2}}\sigma.$$

$$E(X^2)=\int_{-\infty}^{+\infty}x^2f(x)\mathrm{d}x=\int_0^{+\infty}\frac{x^3}{\sigma^2}\mathrm{e}^{-\frac{x^2}{2\sigma^2}}\mathrm{d}x=\int_0^{+\infty}-x^2\mathrm{d}\mathrm{e}^{-\frac{x^2}{2\sigma^2}}$$

$$=\left[-x^2\mathrm{e}^{-\frac{x^2}{2\sigma^2}}\right]_0^{+\infty}+\int_0^{+\infty}\mathrm{e}^{-\frac{x^2}{2\sigma^2}}\mathrm{d}x^2=-2\sigma^2\left[\mathrm{e}^{-\frac{x^2}{2\sigma^2}}\right]_0^{+\infty}=2\sigma^2.$$

那么

$$\mathrm{Var}(X)=E(X^2)-[E(X)]^2=\frac{4-\pi}{2}\sigma^2.$$

***24**. 已知随机变量 X 的密度函数为

$$f_X(x)=\begin{cases}\dfrac{4x^2}{a^3\sqrt{\pi}}\mathrm{e}^{-\frac{x^2}{a^2}}, & x>0,\\ 0, & \text{其他},\end{cases}$$

其中 $a>0$,称随机变量 X **服从参数为 a 的麦克斯韦分布**.在统计物理学中,分子运动速度的绝对值服从麦克斯韦分布.求 X 的期望和方差.

解

$$E(X)=\int_{-\infty}^{+\infty}xf(x)\mathrm{d}x=\int_0^{+\infty}\frac{4x^3}{a^3\sqrt{\pi}}\mathrm{e}^{-\frac{x^2}{a^2}}\mathrm{d}x=\frac{2}{a\sqrt{\pi}}\int_0^{+\infty}-x^2\mathrm{d}\mathrm{e}^{-\frac{x^2}{a^2}}$$

$$=\frac{2}{a\sqrt{\pi}}\left[-x^2\mathrm{e}^{-\frac{x^2}{a^2}}\right]_0^{+\infty}+\frac{2}{a\sqrt{\pi}}\int_0^{+\infty}\mathrm{e}^{-\frac{x^2}{a^2}}\mathrm{d}x^2=\frac{2}{a\sqrt{\pi}}\cdot a^2$$

$$=\frac{2a}{\sqrt{\pi}}.$$

$$E(X^2)=\int_{-\infty}^{+\infty}x^2f(x)\mathrm{d}x=\int_0^{+\infty}\frac{4x^4}{a^3\sqrt{\pi}}\mathrm{e}^{-\frac{x^2}{a^2}}\mathrm{d}x=\frac{2}{a\sqrt{\pi}}\int_0^{+\infty}-x^3\mathrm{d}\mathrm{e}^{-\frac{x^2}{a^2}}$$

$$=\frac{2}{a\sqrt{\pi}}\left[-x^3\mathrm{e}^{-\frac{x^2}{2\sigma^2}}\right]_0^{+\infty}+\frac{6}{a\sqrt{\pi}}\int_0^{+\infty}x^2\mathrm{e}^{-\frac{x^2}{a^2}}\mathrm{d}x$$

$$=\frac{1}{2}\cdot\frac{6}{a\sqrt{\pi}}\sqrt{2\pi\cdot\frac{a^2}{2}}\int_{-\infty}^{+\infty}x^2\cdot\frac{1}{\sqrt{2\pi\cdot\frac{a^2}{2}}}\mathrm{e}^{-\frac{x^2}{2\cdot\frac{a^2}{2}}}\mathrm{d}x$$

$$=\frac{1}{2}\cdot\frac{6}{a\sqrt{\pi}}\sqrt{2\pi\cdot\frac{a^2}{2}}\cdot\frac{a^2}{2}$$

$$=\frac{3a^2}{2}.$$

（上式第 6 个等号利用了正态随机变量平方的期望等于方差加上期望的平方.）

那么

$$\operatorname{Var}(X)=E(X^2)-[E(X)]^2=\frac{3\pi-8}{2\pi}a^2.$$

***25**. 已知随机变量 X 的密度函数为

$$f_X(x)=\begin{cases}p\lambda\mathrm{e}^{-\lambda x}, & x\geqslant 0,\\(1-p)\lambda\mathrm{e}^{\lambda x}, & x<0,\end{cases}$$

其中 λ 和 p 是参数，$\lambda>0, p\in(0,1)$. 称随机变量 X **服从参数为 λ 和 p 的双边指数分布**. 求 X 的期望和方差.

解

$$E(X)=\int_{-\infty}^{+\infty}xf(x)\,\mathrm{d}x=\int_{-\infty}^{0}x\cdot(1-p)\lambda\mathrm{e}^{\lambda x}\mathrm{d}x+\int_{0}^{+\infty}x\cdot p\lambda\mathrm{e}^{-\lambda x}\mathrm{d}x$$

$$\xlongequal{t=-x}-\int_{0}^{+\infty}t\cdot(1-p)\lambda\mathrm{e}^{-\lambda t}\mathrm{d}t+\int_{0}^{+\infty}x\cdot p\lambda\mathrm{e}^{-\lambda x}\mathrm{d}x$$

$$=-\frac{(1-p)}{\lambda}+\frac{p}{\lambda}=\frac{2p-1}{\lambda}.$$

（上式第 4 个等号利用了服从指数分布 $E(\lambda)$ 的随机变量的期望公式）

$$E(X^2)=\int_{-\infty}^{+\infty}x^2f(x)\,\mathrm{d}x=\int_{-\infty}^{0}x^2\cdot(1-p)\lambda\mathrm{e}^{\lambda x}\mathrm{d}x+\int_{0}^{+\infty}x^2\cdot p\lambda\mathrm{e}^{-\lambda x}\mathrm{d}x$$

$$\xlongequal{t=-x}\int_{0}^{+\infty}t^2\cdot(1-p)\lambda\mathrm{e}^{-\lambda t}\mathrm{d}t+p\int_{0}^{+\infty}x^2\cdot\lambda\mathrm{e}^{-\lambda x}\mathrm{d}x$$

$$=\frac{2(1-p)}{\lambda^2}+\frac{2p}{\lambda^2}=\frac{2}{\lambda^2}.$$

$\left(\text{上式第 4 个等号利用了指数分布 } E(\lambda) \text{ 平方的期望等于方差加上期望的平方为}\frac{2}{\lambda^2}.\right)$

那么

$$\operatorname{Var}(X)=E(X^2)-[E(X)]^2=\frac{2}{\lambda^2}-\left(\frac{2p-1}{\lambda}\right)^2=\frac{-4p^2+4p+1}{\lambda^2}.$$

***26**. 已知随机变量 X 的密度函数为

$$f_X(x)=\begin{cases}\dfrac{1}{\mathrm{B}(\alpha,\beta)}x^{\alpha-1}(1-x)^{\beta-1}, & 0<x<1,\\0, & \text{其他},\end{cases}$$

其中 $\alpha(\alpha>0)$，$\beta(\beta>0)$ 是参数，$\mathrm{B}(\alpha,\beta)=\int_0^1 x^{\alpha-1}(1-x)^{\beta-1}\mathrm{d}x=\Gamma(\alpha)\Gamma(\beta)$ 是贝塔函数，

其中 $\Gamma(\alpha)=\int_0^{+\infty}x^{\alpha-1}e^{-x}dx$ 是伽马函数,称随机变量 X **服从参数为 α 和 β 的贝塔分布**,记为 $X\sim Be(\alpha,\beta)$. 对任何 $m>0$,求 $E(X^m)$.

解

$$E(X^m)=\int_0^1 x^m\cdot\frac{1}{\mathrm{B}(\alpha,\beta)}x^{\alpha-1}(1-x)^{\beta-1}dx$$

$$=\frac{\mathrm{B}(\alpha+m,\beta)}{\mathrm{B}(\alpha,\beta)}=\frac{\dfrac{\Gamma(\alpha+m)\Gamma(\beta)}{\Gamma(\alpha+\beta+m)}}{\dfrac{\Gamma(\alpha)\Gamma(\beta)}{\Gamma(\alpha+\beta)}}$$

$$=\frac{\alpha(\alpha+1)\cdots(\alpha+m-1)}{(\alpha+\beta)(\alpha+\beta+1)\cdots(\alpha+\beta+m-1)}.$$

上式最后一个等号利用了伽马函数的递推公式 $\Gamma(\alpha+1)=\alpha\Gamma(\alpha)(\alpha>0)$.

***27.** 随着嵌入式计算、无线通信和传感技术的迅速发展,人们能够方便地采集、传输和存储视频数据,及时和准确地分析与理解海量数据,在安全、反恐、国防智能、交通、医疗监护及遥感等领域发挥重要作用. 例如在复杂的环境下检测和识别人体活动,进而对其行为和意图做出分析,从而对可能发生的异常危险事件进行预判,并对可能的安全威胁进行分类评价和预测等. 智能视觉监控技术和系统既是计算机视觉领域极具挑战性的科学问题,又是关系国家安全、经济发展和社会稳定的关键问题. 经验证某视频中两帧图像的背景中对应像素间的灰度比值 X 的密度函数为

$$f(x)=\frac{1}{c}\frac{\lambda}{\lambda^2+(x-\mu)^2},-\infty<x<+\infty,$$

称 X 服从**位置参数为 μ、尺度参数为 λ 的柯西分布**,记为 $X\sim Cau(\mu,\lambda)$. 利用该分布可识别视频序列图像中的背景并加以剔除,从而更好地检测和识别人体活动对其行为和意图进行判断. 当 $\mu=0,\lambda=1$ 时,称 $Cau(0,1)$ 为**标准柯西分布**.

(1) 对标准柯西分布,求常数 c;(2) 对标准柯西分布,求分布函数 $F(x)$;(3) 问:标准柯西分布的期望和方差是否存在?请给出你的结论并说明原因.

解 (1) 由密度函数的规范性得

$$1=\int_{-\infty}^{+\infty}f(x)dx=\frac{1}{c}\int_{-\infty}^{+\infty}\frac{1}{1+x^2}dx=\frac{\pi}{c},$$

解得 $c=\pi$.

(2) 由密度函数得分布函数为

$$F(x)=\int_{-\infty}^{x}f(t)dt=\frac{1}{\pi}\int_{-\infty}^{x}\frac{1}{1+t^2}dt=\frac{1}{\pi}\left(\arctan x+\frac{\pi}{2}\right),-\infty<x<+\infty.$$

(3) 由期望的定义及随机变量函数的期望公式得

$$E(X)=\int_{-\infty}^{+\infty} xf(x)\,\mathrm{d}x=\frac{1}{\pi}\int_{-\infty}^{+\infty}\frac{x}{1+x^2}\mathrm{d}x,\text{不存在},$$

$$E(X^2)=\int_{-\infty}^{+\infty} x^2f(x)\,\mathrm{d}x=\frac{1}{\pi}\int_{-\infty}^{+\infty}\frac{x^2}{1+x^2}\mathrm{d}x,\text{不存在},$$

因此标准柯西分布的期望和方差不存在.

*§3.5 连续型随机变量函数的分布

一、内容概要

1. 求连续型随机变量函数 $g(X)$ 的分布函数法

(1) 由 X 的值域 Ω_X 得到 Y 的值域 Ω_Y;

(2) 在 Y 的值域 Ω_Y上,计算

$$F_Y(y)=P(Y\leqslant y)=P(g(X)\leqslant y)=P(X\in D_y)=\int_{D_y}f(x)\,\mathrm{d}x,$$

其中 $D_y=\{x:g(x)\leqslant y\}$,$\{g(X)\leqslant y\}$可等价地表示为$\{X\in D_y\}$;

(3) 由分布函数的性质写出完整的 $F_Y(y)$的表达式,$-\infty<y<+\infty$;

(4) 求导得到密度函数$f_Y(y)$,$-\infty<y<+\infty$.

2. 正态分布的线性不变性 已知随机变量 $X\sim N(\mu,\sigma^2)$,则对 $k\neq 0$,$Y=kX+c\sim N(k\mu+c,k^2\sigma^2)$. 特别地,当 $k=\dfrac{1}{\sigma}$,$c=-\dfrac{\mu}{\sigma}$时,$Y=\dfrac{X-\mu}{\sigma}\sim N(0,1)$.

3. 结论 已知随机变量 X 的分布函数 $F_X(x)$是严格单调递增的连续函数,其反函数存在,则 $Y=F_X(X)\sim U(0,1)$.

注 1 条件“严格单调递增的连续函数”替换为“单调不减的连续函数”结论仍然成立,则对任意的连续型随机变量 $X\sim F_X(x)$,$Y=F_X(X)$ 服从$(0,1)$上的均匀分布$U(0,1)$.

注 2 借助均匀分布 $U(0,1)$的随机数,可以产生服从其他连续型随机变量的随机数,这在随机模拟方法(又称为蒙特卡罗方法)中有重要应用.

二、习题全解

1. (1)已知随机变量 $X\sim N(0,\sigma^2)$,求 $Y=|X|$的密度函数;

(2) 已知随机变量 $X\sim N(1,1)$,求 $Y=|X|$的密度函数;

(3) 已知随机变量 $X\sim N(0,1)$,求 $Y=X^2$ 的密度函数$f_Y(y)$以及 $E(Y)$,$\mathrm{Var}(Y)$和

$E(\mathrm{e}^X)$.

解　(1) 因为 $Y=|X|$ 的可能取值区间为 $[0,+\infty)$, 即 Y 的值域为 $\Omega_Y=[0,+\infty)$, 所以当 $y\geqslant 0$ 时, Y 的分布函数为

$$F_Y(y)=P(|X|\leqslant y)=P(-y\leqslant X\leqslant y)=\Phi_X\left(\frac{y}{\sigma}\right)-\Phi_X\left(-\frac{y}{\sigma}\right),$$

对上式两边关于 y 求导, 得

$$f_Y(y)=\frac{1}{\sigma}\varphi_X\left(\frac{y}{\sigma}\right)+\frac{1}{\sigma}\varphi_X\left(-\frac{y}{\sigma}\right)=\frac{\sqrt{2}}{\sqrt{\pi}\sigma}\mathrm{e}^{-\frac{y^2}{2\sigma^2}}.$$

所以 Y 的密度函数为

$$f_Y(y)=\begin{cases}\dfrac{\sqrt{2}}{\sqrt{\pi}\sigma}\mathrm{e}^{-\frac{y^2}{2\sigma^2}}, & y>0,\\ 0, & \text{其他}.\end{cases}$$

(2) 因为 $Y=|X|$ 的可能取值区间为 $[0,+\infty)$, 即 Y 的值域为 $\Omega_Y=[0,+\infty)$, 所以当 $y\geqslant 0$ 时, Y 的分布函数为

$$F_Y(y)=P(|X|\leqslant y)=P(-y\leqslant X\leqslant y)=\Phi_X(y-1)-\Phi_X(-y-1),$$

对上式两边关于 y 求导, 得

$$f_Y(y)=\varphi_X(y-1)+\varphi_X(-y-1)=\frac{1}{\sqrt{2\pi}}\mathrm{e}^{-\frac{(y-1)^2}{2}}+\frac{1}{\sqrt{2\pi}}\mathrm{e}^{-\frac{(y+1)^2}{2}}.$$

所以 Y 的密度函数为

$$f_Y(y)=\begin{cases}\dfrac{1}{\sqrt{2\pi}}\left(\mathrm{e}^{-\frac{(y-1)^2}{2}}+\mathrm{e}^{-\frac{(y+1)^2}{2}}\right), & y>0,\\ 0, & \text{其他}.\end{cases}$$

(3) 因为 $Y=X^2$ 的可能取值区间为 $[0,+\infty)$, 即 Y 的值域为 $\Omega_Y=[0,+\infty)$, 所以当 $y\geqslant 0$ 时, Y 的分布函数为

$$F_Y(y)=P(X^2\leqslant y)=P(-\sqrt{y}\leqslant X\leqslant\sqrt{y})=\Phi_X(\sqrt{y})-\Phi_X(-\sqrt{y}),$$

对上式两边关于 y 求导, 得

$$f_Y(y)=\frac{1}{2\sqrt{y}}\varphi_X(\sqrt{y})+\frac{1}{2\sqrt{y}}\varphi_X(-\sqrt{y})=\frac{1}{\sqrt{2\pi y}}\mathrm{e}^{-\frac{y}{2}}.$$

所以 Y 的密度函数为

$$f_Y(y)=\begin{cases}\dfrac{1}{\sqrt{2\pi y}}\mathrm{e}^{-\frac{y}{2}}, & y>0,\\ 0, & \text{其他}.\end{cases}$$

根据期望的定义,

$$E(Y)=\int_{-\infty}^{+\infty} yf_Y(y)\,\mathrm{d}y=\int_0^{+\infty}\frac{\sqrt{y}}{\sqrt{2\pi}}\mathrm{e}^{-\frac{y}{2}}\mathrm{d}y\xlongequal{t=\sqrt{y}}\int_0^{+\infty}\frac{2t^2}{\sqrt{2\pi}}\mathrm{e}^{-\frac{t^2}{2}}\mathrm{d}t=1.$$

$$E(Y^2)=\int_{-\infty}^{+\infty} y^2f_Y(y)\,\mathrm{d}y=\int_0^{+\infty}\frac{y\sqrt{y}}{\sqrt{2\pi}}\mathrm{e}^{-\frac{y}{2}}\mathrm{d}y\xlongequal{t=\sqrt{y}}\int_0^{+\infty}\frac{2t^4}{\sqrt{2\pi}}\mathrm{e}^{-\frac{t^2}{2}}\mathrm{d}t=\int_{-\infty}^{+\infty}t^4\cdot\frac{1}{\sqrt{2\pi}}\mathrm{e}^{-\frac{t^2}{2}}\mathrm{d}t=3.$$

(上式第 5 个等号利用了标准正态分布的数字特征.)若 $T\sim N(0,1)$,则

$$E(T^k)=\begin{cases}0, & k\text{ 为奇数},\\ (k-1)!!, & k\text{ 为偶数},\end{cases}$$

那么 $\mathrm{Var}(Y)=E(Y^2)-[E(Y)]^2=2$.

又因为 X 的密度函数为

$$f_X(x)=\frac{1}{\sqrt{2\pi}}\mathrm{e}^{-\frac{x^2}{2}},-\infty<x<+\infty,$$

所以

$$E(\mathrm{e}^X)=\int_{-\infty}^{+\infty}\mathrm{e}^x f_X(x)\,\mathrm{d}x=\int_{-\infty}^{+\infty}\frac{1}{\sqrt{2\pi}}\mathrm{e}^{-\frac{x^2}{2}+x}\mathrm{d}x=\mathrm{e}^{\frac{1}{2}}\int_{-\infty}^{+\infty}\frac{1}{\sqrt{2\pi}}\mathrm{e}^{-\frac{(x-1)^2}{2}}\mathrm{d}x$$
$$=\mathrm{e}^{\frac{1}{2}}.$$

2. 设有质量为 m 的粒子,其速率 V 服从正态分布 $N(0,\sigma^2)$,求它的动能 $E=\frac{1}{2}mV^2$的密度函数.

解　因为 $E=\frac{1}{2}mV^2$ 的可能取值区间为$[0,+\infty)$,即 E 的值域为$\Omega_E=[0,+\infty)$,所以当 $t\geqslant 0$ 时,E 的分布函数为

$$F_E(t)=P\left(\frac{1}{2}mV^2\leqslant t\right)=P\left(-\sqrt{\frac{2t}{m}}\leqslant V\leqslant\sqrt{\frac{2t}{m}}\right)$$
$$=\Phi_V\left(\sqrt{\frac{2t}{m}}/\sigma\right)-\Phi_V\left(-\sqrt{\frac{2t}{m}}/\sigma\right),$$

对上式两边关于 t 求导,得

$$f_E(t)=\frac{1}{\sigma}\sqrt{\frac{1}{2mt}}\varphi_V\left(\sqrt{\frac{2t}{m}}/\sigma\right)+\frac{1}{\sigma}\sqrt{\frac{1}{2mt}}\varphi_V\left(-\sqrt{\frac{2t}{m}}/\sigma\right)=\frac{1}{\sigma}\sqrt{\frac{1}{\pi mt}}\mathrm{e}^{-\frac{t}{m\sigma^2}},$$

则动能 $E=\frac{1}{2}mV^2$ 的密度函数为

$$f_E(t)=\begin{cases}\dfrac{1}{\sqrt{\pi mt}\,\sigma}\mathrm{e}^{-\frac{t}{m\sigma^2}}, & t>0,\\ 0, & \text{其他}.\end{cases}$$

3. 已知随机变量 $X\sim LN(3,4)$. 求:(1) $Y=\ln X$ 的密度函数;(2) Y 的期望和方差.

解　(1) 由 X 的密度函数

$$f_X(x)=\begin{cases}\dfrac{1}{2x\sqrt{2\pi}}\mathrm{e}^{-\frac{(\ln x-3)^2}{8}}, & x>0,\\ 0, & \text{其他},\end{cases}$$

得 $\Omega_Y=(-\infty,+\infty)$，因此当 $-\infty<y<+\infty$ 时，Y 的分布函数为

$$F_Y(y)=P(\ln X\leqslant y)=P(X\leqslant \mathrm{e}^y)=F_X(\mathrm{e}^y),$$

对上式两边关于 y 求导，得 Y 的密度函数为

$$f_Y(y)=\mathrm{e}^y f_X(\mathrm{e}^y)=\frac{\mathrm{e}^y}{2\mathrm{e}^y\sqrt{2\pi}}\mathrm{e}^{-\frac{(y-3)^2}{8}}=\frac{1}{2\sqrt{2\pi}}\mathrm{e}^{-\frac{(y-3)^2}{8}},\quad -\infty<y<+\infty.$$

(2) 根据 Y 的密度函数可知，$Y\sim N(3,4)$，因此 $E(Y)=3$，$\mathrm{Var}(Y)=4$.

4. 已知随机变量 $X\sim U(0,1)$，求 $Y=aX+b$ 的密度函数.

解　X 的密度函数为

$$f_X(x)=\begin{cases}1, & 0<x<1,\\ 0, & \text{其他}.\end{cases}$$

(ⅰ) 当 $a>0$ 时，$\Omega_Y=(b,a+b)$，所以当 $b\leqslant y<a+b$ 时，Y 的分布函数为

$$F_Y(y)=P(aX+b\leqslant y)=P\left(X\leqslant\frac{y-b}{a}\right)=F_X\left(\frac{y-b}{a}\right),$$

对上式两边关于 y 求导，得

$$f_Y(y)=\frac{1}{a}f_X\left(\frac{y-b}{a}\right)=\frac{1}{a},$$

因此，当 $a>0$ 时，$Y=aX+b$ 的密度函数为

$$f_Y(y)=\begin{cases}\dfrac{1}{a}, & b\leqslant y<a+b,\\ 0, & \text{其他}.\end{cases}$$

(ⅱ) 当 $a<0$ 时，$\Omega_Y=(a+b,b)$，所以当 $a+b\leqslant y<b$ 时，Y 的分布函数为

$$F_Y(y)=P(aX+b\leqslant y)=P\left(X\geqslant\frac{y-b}{a}\right)=1-F_X\left(\frac{y-b}{a}\right),$$

对上式两边关于 y 求导，得

$$f_Y(y)=-\frac{1}{a}f_X\left(\frac{y-b}{a}\right)=-\frac{1}{a},$$

因此，当 $a<0$ 时，$Y=aX+b$ 的密度函数为

$$f_Y(y)=\begin{cases}-\dfrac{1}{a}, & a+b\leqslant y<b,\\ 0, & \text{其他}.\end{cases}$$

5. 已知随机变量 $X \sim U(-1,1)$，求：(1) 计算 $Y=X^2$ 的密度函数；(2) $P(Y<0.5)$.

解　(1) X 的密度函数为

$$f_X(x)=\begin{cases}\dfrac{1}{2}, & -1<x<1,\\ 0, & \text{其他}.\end{cases}$$

因为 $\Omega_Y=(0,1)$，所以当 $0\leqslant y<1$ 时，Y 的分布函数为

$$F_Y(y)=P(X^2\leqslant y)=P(-\sqrt{y}\leqslant X\leqslant\sqrt{y})=F_X(\sqrt{y})-F_X(-\sqrt{y}),$$

对上式两边关于 y 求导，得

$$f_Y(y)=\frac{1}{2\sqrt{y}}f_X(\sqrt{y})+\frac{1}{2\sqrt{y}}f_X(-\sqrt{y})=\frac{1}{2\sqrt{y}},$$

则 Y 的密度函数为

$$f_Y(y)=\begin{cases}\dfrac{1}{2\sqrt{y}}, & 0<y<1,\\ 0, & \text{其他}.\end{cases}$$

(2) $P(Y<0.5)=\displaystyle\int_{-\infty}^{0.5}f_Y(y)\,\mathrm{d}y=\int_0^{0.5}\frac{1}{2\sqrt{y}}\mathrm{d}y=\frac{\sqrt{2}}{2}.$

6. 已知随机变量 $X\sim U(0,1)$，求：(1) $Y=\sqrt{X}$ 的密度函数；(2) $Z=\dfrac{1}{X}$ 的密度函数.

解　(1) X 的密度函数为

$$f_X(x)=\begin{cases}1, & 0<x<1,\\ 0, & \text{其他}.\end{cases}$$

因为 $\Omega_Y=(0,1)$，所以当 $0\leqslant y<1$ 时，Y 的分布函数为

$$F_Y(y)=P(\sqrt{X}\leqslant y)=P(X\leqslant y^2)=F_X(y^2),$$

对上式两边关于 y 求导，得

$$f_Y(y)=2yf_X(y^2)=2y,$$

则 Y 的密度函数为

$$f_Y(y)=\begin{cases}2y, & 0<y<1,\\ 0, & \text{其他}.\end{cases}$$

(2) 因为 $\Omega_Z=(1,+\infty)$，所以当 $z\geqslant 1$ 时，Z 的分布函数为

$$F_Z(z)=P\left(\frac{1}{X}\leqslant z\right)=P\left(X\geqslant\frac{1}{z}\right)=1-F_X\left(\frac{1}{z}\right),$$

对上式两边关于 z 求导，得

$$f_Z(z)=\frac{1}{z^2}f_X\left(\frac{1}{z}\right)=\frac{1}{z^2},$$

则 Z 的密度函数为

$$f_Z(z)=\begin{cases}\dfrac{1}{z^2}, & z>1,\\ 0, & \text{其他}.\end{cases}$$

7. 已知圆的面积 X 服从均匀分布 $U(a,b)$，其中 $0<a<b$，求圆的半径 $Y=\sqrt{\dfrac{X}{\pi}}$ 的密度函数.

解　X 的密度函数为

$$f_X(x)=\begin{cases}\dfrac{1}{b-a}, & a<x<b,\\ 0, & \text{其他}.\end{cases}$$

因为 $\Omega_Y=\left(\sqrt{\dfrac{a}{\pi}},\sqrt{\dfrac{b}{\pi}}\right)$，所以当 $\sqrt{\dfrac{a}{\pi}}\leqslant y<\sqrt{\dfrac{b}{\pi}}$ 时，Y 的分布函数为

$$F_Y(y)=P\left(\sqrt{\frac{X}{\pi}}\leqslant y\right)=P(X\leqslant \pi y^2)=F_X(\pi y^2),$$

对上式两边关于 y 求导，得

$$f_Y(y)=2\pi y f_X(\pi y^2)=\frac{2\pi y}{b-a},$$

则 Y 的密度函数为

$$f_Y(y)=\begin{cases}\dfrac{2\pi y}{b-a}, & \sqrt{\dfrac{a}{\pi}}<y<\sqrt{\dfrac{b}{\pi}},\\ 0, & \text{其他}.\end{cases}$$

8. 已知 $\Theta\sim U\left(-\dfrac{\pi}{2},\dfrac{\pi}{2}\right)$，求 $\tan\Theta$ 的分布函数和密度函数.

解　Θ 的密度函数为

$$f(\theta)=\begin{cases}\dfrac{1}{\pi}, & -\dfrac{\pi}{2}<\theta<\dfrac{\pi}{2},\\ 0, & \text{其他}.\end{cases}$$

记 $Y=\tan\Theta$，Y 的值域为 $\Omega_Y=(-\infty,+\infty)$，当 $-\infty<y<+\infty$ 时，$Y=\tan\Theta$ 的分布函数为

$$F_Y(y)=P(\tan\Theta\leqslant y)=P(\Theta\leqslant\arctan y)=\frac{1}{\pi}\arctan y+\frac{1}{2},$$

对上式两边关于 y 求导，得 $Y=\tan\Theta$ 的密度函数

$$f_Y(y)=\frac{1}{\pi(1+y^2)},\quad -\infty<y<+\infty.$$

9. 已知 $\Theta \sim U\left(-\dfrac{\pi}{2}, \dfrac{\pi}{2}\right)$，求 $\sin\Theta$ 的分布函数和密度函数.

解　Θ 的密度函数为

$$f(\theta)=\begin{cases}\dfrac{1}{\pi} & -\dfrac{\pi}{2}<\theta<\dfrac{\pi}{2},\\ 0, & \text{其他}.\end{cases}$$

记 $Y=\sin\Theta$，Y 的值域为 $\Omega_Y=(-1,1)$，当 $-1\leqslant y<1$ 时，Y 的分布函数为

$$F_Y(y)=P(\sin\Theta\leqslant y)=P(\Theta\leqslant\arcsin y)=\frac{1}{\pi}\arcsin y+\frac{1}{2},$$

所以 $Y=\sin\Theta$ 的分布函数为

$$F_Y(y)=\begin{cases}0, & y<-1,\\ \dfrac{1}{\pi}\arcsin y+\dfrac{1}{2}, & -1\leqslant y<1,\\ 1, & y\geqslant 1,\end{cases}$$

故 $Y=\sin\Theta$ 的密度函数为

$$f_Y(y)=\begin{cases}\dfrac{1}{\pi\sqrt{1-y^2}}, & -1<y<1,\\ 0, & \text{其他}.\end{cases}$$

10. 已知半径为 2 mm 的球形药物表面需包裹糖衣，糖衣的厚度 X(单位：mm)服从区间(0.5,0.6)上的均匀分布.

(1) 求制作一个该药物糖衣所需的糖浆体积 V 的密度函数；

(2) 要生产 100 000 个该药物，求所需的平均糖浆.

解　X 的密度函数为

$$f_X(x)=\begin{cases}10, & 0.5<x<0.6,\\ 0, & \text{其他}.\end{cases}$$

(1) $V=\dfrac{4}{3}\pi(X+2)^3-\dfrac{4}{3}\pi\times 2^3$ 的可能取值区间为 $\left(\dfrac{61}{6}\pi, \dfrac{1\ 596}{125}\pi\right)$，即 V 的值域为 $\Omega_V=\left(\dfrac{61}{6}\pi, \dfrac{1\ 596}{125}\pi\right)$，所以当 $\dfrac{61}{6}\pi<v<\dfrac{1\ 596}{125}\pi$ 时，V 的分布函数为

$$F_V(v)=P\left(\frac{4}{3}\pi(X+2)^3-\frac{4}{3}\pi\times 2^3\leqslant v\right)=P\left(X\leqslant\sqrt[3]{\frac{3v}{4\pi}+8}-2\right)$$

$$=F_X\left(\sqrt[3]{\frac{3v}{4\pi}+8}-2\right),$$

对上式两边关于 v 求导，得

$$f_V(v)=\frac{1}{4\pi}\left(\frac{3v}{4\pi}+8\right)^{-\frac{2}{3}}f_X\left(\sqrt[3]{\frac{3v}{4\pi}+8}-2\right)=\frac{5}{2\pi}\left(\frac{3v}{4\pi}+8\right)^{-\frac{2}{3}},$$

则 V 的密度函数为

$$f_V(v)=\begin{cases}\dfrac{5}{2\pi}\left(\dfrac{3v}{4\pi}+8\right)^{-\frac{2}{3}}, & \dfrac{61}{6}\pi<v<\dfrac{1\,596}{125}\pi,\\ 0, & \text{其他}.\end{cases}$$

(2) 由期望的定义得

$$\begin{aligned}E(V)&=\int_{-\infty}^{+\infty}vf_V(v)\,\mathrm{d}v=\int_{\frac{61}{6}\pi}^{\frac{1\,596}{125}\pi}\frac{5v}{2\pi}\left(\frac{3v}{4\pi}+8\right)^{-\frac{2}{3}}\mathrm{d}v=\int_{\frac{61}{6}\pi}^{\frac{1\,596}{125}\pi}10v\mathrm{d}\left(\frac{3v}{4\pi}+8\right)^{\frac{1}{3}}\\&=\left[10v\cdot\left(\frac{3v}{4\pi}+8\right)^{\frac{1}{3}}\right]_{\frac{61}{6}\pi}^{\frac{1\,596}{125}\pi}-10\int_{\frac{61}{6}\pi}^{\frac{1\,596}{125}\pi}\left(\frac{3v}{4\pi}+8\right)^{\frac{1}{3}}\mathrm{d}v\\&=\frac{58\,351}{750}\pi-66.351\pi=35.972.\end{aligned}$$

因此,生产 100 000 个该药物所需的平均糖浆体积为 $35.972\times10^5=3.597\,2\times10^6\ \mathrm{mm}^3$.

11. 已知 $X\sim E(4)$,求:(1) $Y=\mathrm{e}^{-4X}$ 的密度函数;(2) Y 的期望和方差.

解 (1) X 的密度函数为

$$f_X(x)=\begin{cases}4\mathrm{e}^{-4x}, & x>0,\\ 0, & \text{其他},\end{cases}$$

因为 $Y=\mathrm{e}^{-4X}$ 的可能取值区间为 $(0,1)$,即 Y 的值域为 $\Omega_Y=(0,1)$,所以当 $0\leqslant y<1$ 时,Y 的分布函数为

$$F_Y(y)=P(\mathrm{e}^{-4X}\leqslant y)=P\left(X\geqslant-\frac{\ln y}{4}\right)=1-F_X\left(-\frac{\ln y}{4}\right),$$

对上式两边关于 y 求导,得

$$f_Y(y)=\frac{1}{4y}f_X\left(-\frac{\ln y}{4}\right)=\frac{1}{4y}\cdot4\mathrm{e}^{-4\left(-\frac{\ln y}{4}\right)}=1.$$

因此 Y 的密度函数为

$$f_Y(y)=\begin{cases}1, & 0<y<1,\\ 0, & \text{其他}.\end{cases}$$

(2) 由 Y 的密度函数可知,$Y\sim U(0,1)$,因此 $E(Y)=\dfrac{1}{2}$,$\mathrm{Var}(Y)=\dfrac{1}{12}$.

12. 已知 X 服从参数为 1 的指数分布,求 $Y=\ln X$ 的密度函数.

解 由已知得 X 的密度函数为

$$f_X(x)=\begin{cases}\mathrm{e}^{-x}, & x>0,\\ 0, & \text{其他},\end{cases}$$

因为 $Y=\ln X$ 的可能取值区间为 $(-\infty,+\infty)$，即 Y 的值域为 $\Omega_Y=(-\infty,+\infty)$，所以当 $-\infty<y<+\infty$ 时，Y 的分布函数为

$$F_Y(y)=P(\ln X\leqslant y)=P(X\leqslant \mathrm{e}^y)=F_X(\mathrm{e}^y),$$

对上式两边关于 y 求导，得 Y 的密度函数为

$$f_Y(y)=\mathrm{e}^y f_X(\mathrm{e}^y)=\mathrm{e}^{y-\mathrm{e}^y},-\infty<y<+\infty.$$

13. 已知某小区团购群一天中对某物资的需求量 X（单位：kg）服从参数为 100 的指数分布，每日该物资的成本（单位：元）为 $Y=2X+5$. 求：(1) Y 的分布函数；(2) Y 的密度函数；(3) Y 的期望和方差.

解　由已知得 X 的密度函数为

$$f_X(x)=\begin{cases}100\mathrm{e}^{-100x}, & x>0,\\ 0, & \text{其他},\end{cases}$$

则 X 的分布函数为

$$F(x)=\begin{cases}1-\mathrm{e}^{-100x}, & x\geqslant 0,\\ 0, & x<0.\end{cases}$$

(1) 因为 $Y=2X+5$ 的可能取值区间为 $(5,+\infty)$，即 Y 的值域为 $\Omega_Y=(5,+\infty)$，所以当 $y\geqslant 5$ 时，Y 的分布函数为

$$F_Y(y)=P(2X+5\leqslant y)=P\left(X\leqslant\frac{y-5}{2}\right)=F_X\left(\frac{y-5}{2}\right)=1-\mathrm{e}^{-50(y-5)},$$

因此 Y 的分布函数为

$$F(y)=\begin{cases}1-\mathrm{e}^{-50(y-5)}, & y\geqslant 5,\\ 0, & y<5.\end{cases}$$

(2) 对分布函数关于 y 求导，得 Y 的密度函数为

$$f_Y(y)=\begin{cases}50\mathrm{e}^{-50(y-5)}, & y>5,\\ 0, & \text{其他}.\end{cases}$$

(3) 由 Y 的密度函数可知，$Z=Y-5\sim E(50)$，那么

$$E(Z)=E(Y)-5=\frac{1}{50},E(Y)=E(Z)+5=\frac{251}{50},$$

$$\operatorname{Var}(Z)=\operatorname{Var}(Y)=\frac{1}{2\ 500},$$

则每日该物资成本的期望为 $\frac{251}{50}$，方差为 $\frac{1}{2\ 500}$.

14. 已知某银行对公业务窗口服务一个客户的时间 X（单位：min）服从指数分布，平均每个客户的服务时间为 10 min. 求：(1) X 服从的指数分布的参数 λ；(2) X 的密度函数；(3) $E(3X-5)$ 和 $\operatorname{Var}(3X-5)$.

解　(1) 由题意得，$E(X)=10=\frac{1}{\lambda}$，因此 $\lambda=0.1$.

(2) 因为 $X\sim E(0.1)$，所以 X 的密度函数为

$$f(x)=\begin{cases}0.1e^{-0.1x}, & x>0,\\ 0, & \text{其他}.\end{cases}$$

(3) 由指数分布的性质可知，$E(X)=10$，$\mathrm{Var}(X)=100$，因此

$$E(3X-5)=3E(X)-5=25,\quad \mathrm{Var}(3X-5)=9\mathrm{Var}(X)=900.$$

15. 已知分子运动速度的绝对值 X 服从参数为 a 的麦克斯韦分布，求分子动能 $Y=\frac{1}{2}mX^2$ 的密度函数.

解　X 的密度函数为

$$f_X(x)=\begin{cases}\frac{4x^2}{a^3\sqrt{\pi}}e^{-\frac{x^2}{a^2}}, & x>0,\\ 0, & x\leqslant 0.\end{cases}$$

因为 $Y=\frac{1}{2}mX^2$ 的可能取值区间为 $(0,+\infty)$，即 Y 的值域为 $\Omega_Y=(0,+\infty)$，所以当 $y\geqslant 0$ 时，Y 的分布函数为

$$F_Y(y)=P\left(\frac{1}{2}mX^2\leqslant y\right)=P\left(-\sqrt{\frac{2y}{m}}\leqslant X\leqslant\sqrt{\frac{2y}{m}}\right)=F_X\left(\sqrt{\frac{2y}{m}}\right)-F_X\left(-\sqrt{\frac{2y}{m}}\right),$$

对上式两边关于 y 求导，得

$$f_Y(y)=\sqrt{\frac{1}{2my}}f_X\left(\sqrt{\frac{2y}{m}}\right)+\sqrt{\frac{1}{2my}}f_X\left(-\sqrt{\frac{2y}{m}}\right)=\frac{8}{a^3}\sqrt{\frac{2y}{m^3\pi}}e^{-\frac{2y}{ma^2}},$$

则动能 $Y=\frac{1}{2}mX^2$ 的密度函数为

$$f_Y(y)=\begin{cases}\frac{8}{a^3}\sqrt{\frac{2y}{m^3\pi}}e^{-\frac{2y}{ma^2}}, & y>0,\\ 0, & \text{其他}.\end{cases}$$

* §3.6　其他常用数字特征

一、内容概要

1. **矩**

(1) k **阶矩**　设有随机变量 X，对正整数 k，若 $E(|X|^k)$ 存在，则称 $E(X^k)$ 为 X 的 k

阶原点矩.

(2) k **阶中心矩**　设有随机变量 X,对正整数 k,若 $E(|X-E(X)|^k)$ 存在,则称 $E\{[X-E(X)]^k\}$ 为 X 的 k **阶中心矩**.

(3) 随机变量的数学期望、方差和标准差等都可以统一称为随机变量的**矩**.

(4) **矩描述分布的特征**

描述分布的集中趋势:数学期望和中位数等;

描述分布的离散程度:方差、标准差和变异系数等;

描述分布是否对称:偏度;

描述分布相对于正态分布峰高还是峰低:峰度.

(5) **结论**　设 $X\sim N(0,1)$,则

$$E(X^k)=\begin{cases}(k-1)!!, & k=2,4,6,\cdots,\\ 0, & k=1,3,5,\cdots,\end{cases}$$

这里 $(k-1)!!=(k-1)(k-3)\cdots3\times1,\quad k=2,4,6,\cdots$.

2. 分位数、中位数、偏度、峰度与变异系数

(1) p **分位数**　设连续型随机变量 X 的分布函数为 $F_X(x)$,则称满足

$$P(X\leqslant x_p)=F_X(x_p)=p$$

的实数 x_p 为 X 的 p **分位数**,也称为下(尾)p 分位数. 特别地,当 $p=0.5$ 时,称 $x_{0.5}$ 为 X 的**中位数**.

离散型随机变量的 p 分位数通常是指满足 $P(X\leqslant x_p)=F_X(x_p)\geqslant p$ 的最小的 x_p.

(2) **偏度**　设随机变量 X 的前 3 阶矩存在,则称 $\beta_s(X)=\dfrac{E\{[X-E(X)]^3\}}{[\mathrm{Var}(X)]^{3/2}}$ 为 X 的**偏度**.

当 $\beta_s(X)<0$ 时,称 X 的分布为**左偏**;当 $\beta_s(X)>0$ 时,称 X 的分布为**右偏**,如图 3.14 所示.若随机变量的密度函数 $f(x)$ 的图形关于 $x=E(X)$ 对称,则 $\beta_s(X)=0$.正态随机变量 X 的偏度为 0.

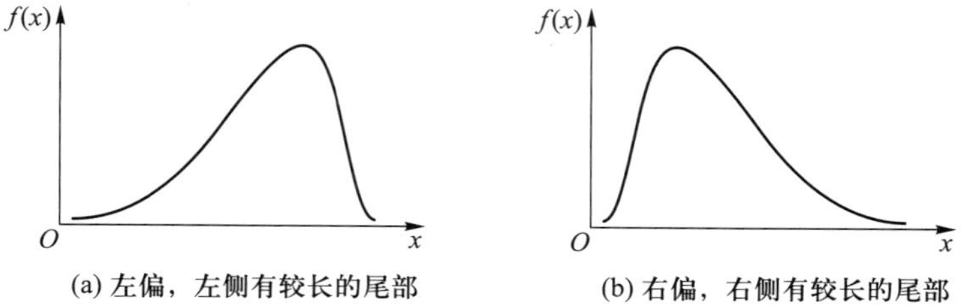

(a) 左偏，左侧有较长的尾部　　(b) 右偏，右侧有较长的尾部

图 3.14

(3) **峰度**　设随机变量 X 的前 4 阶矩存在,则称

$$\beta_k(X)=\frac{E\{[X-E(X)]^4\}}{[\mathrm{Var}(X)]^2}-3$$

为 X 的**峰度**.

正态分布的峰度为 0.若峰度大于 0,表明该分布比正态分布有更陡峭的峰和更厚的尾部;若峰度小于 0,表明该分布比正态分布有更平坦的峰和薄的尾部.

(4) **变异系数** 设随机变量 X 的数学期望 $E(X)$ 和方差 $\mathrm{Var}(X)$ 存在, 且 $E(X)\neq 0$, 则称

$$C_v(X)=\frac{\sqrt{\mathrm{Var}(X)}}{|E(X)|}=\frac{\sigma(X)}{|E(X)|}$$

为 X 的**变异系数**.

二、习题全解

1. 已知随机变量 $X\sim U(a,b)$,计算 X 的中位数和 0.8 分位数.

解 因为 $X\sim U(a,b)$,有 $P\left(X\leqslant\frac{a+b}{2}\right)=0.5$,所以中位数 $x_{0.5}=\frac{a+b}{2}$. 又因为

$$P(X\leqslant x_{0.8})=\int_a^{x_{0.8}}\frac{1}{b-a}\mathrm{d}x=\frac{x_{0.8}-a}{b-a}=0.8,$$

所以 0.8 分位数 $x_{0.8}=0.8b+0.2a$.

2. 已知随机变量 $X\sim E(\lambda)$,计算 X 的中位数和 0.6 分位数.

解 因为 $X\sim E(\lambda)$,所以有

$$P(X\leqslant x_{0.5})=\int_0^{x_{0.5}}\lambda\mathrm{e}^{-\lambda x}\mathrm{d}x=1-\mathrm{e}^{-\lambda x_{0.5}}=0.5,$$

中位数 $x_{0.5}=\frac{\ln 2}{\lambda}$;又因为

$$P(X\leqslant x_{0.6})=\int_0^{x_{0.6}}\lambda\mathrm{e}^{-\lambda x}\mathrm{d}x=1-\mathrm{e}^{-\lambda x_{0.6}}=0.6,$$

所以 0.6 分位数 $x_{0.6}=\frac{\ln 5-\ln 2}{\lambda}$.

3. 已知随机变量 $X\sim U(a,b)$,计算 X 的变异系数、偏度和峰度.

解 由随机变量 $X\sim U(a,b)$ 可得 $E(X)=\frac{a+b}{2}$, $\mathrm{Var}(X)=\frac{(b-a)^2}{12}$,由变异系数的定义得

$$C_v(X)=\frac{\sqrt{\mathrm{Var}(X)}}{|E(X)|}=\frac{(b-a)/2\sqrt{3}}{|a+b|/2}=\frac{\sqrt{3}(b-a)}{3|a+b|}.$$

由偏度的定义得

$$\beta_s(X)=\frac{E\{[X-E(X)]^3\}}{[\mathrm{Var}(X)]^{3/2}}=\frac{\int_a^b\left(x-\frac{a+b}{2}\right)^3\frac{1}{b-a}\mathrm{d}x}{\left[\frac{(b-a)^2}{12}\right]^{3/2}}=0.$$

由峰度的定义得

$$\beta_k(X)=\frac{E\{[X-E(X)]^4\}}{[\mathrm{Var}(X)]^2}-3=\frac{\int_a^b\left(x-\frac{a+b}{2}\right)^4\frac{1}{b-a}\mathrm{d}x}{\left[\frac{(b-a)^2}{12}\right]^2}-3=-\frac{6}{5}.$$

4. 已知随机变量 $X\sim E(\lambda)$，计算 X 的变异系数、偏度和峰度.

解　由随机变量 $X\sim E(\lambda)$ 可得 $E(X)=\frac{1}{\lambda}$，$\mathrm{Var}(X)=\frac{1}{\lambda^2}$，由变异系数的定义得

$$C_v(X)=\frac{\sqrt{\mathrm{Var}(X)}}{|E(X)|}=1.$$

由偏度的定义得

$$\beta_s(X)=\frac{E\{[X-E(X)]^3\}}{[\mathrm{Var}(X)]^{3/2}}=\frac{\int_0^{+\infty}\left(x-\frac{1}{\lambda}\right)^3\lambda\mathrm{e}^{-\lambda x}\mathrm{d}x}{\left[\frac{1}{\lambda^2}\right]^{3/2}}=\frac{2/\lambda^3}{1/\lambda^3}=2.$$

由峰度的定义得

$$\beta_k(X)=\frac{E\{[X-E(X)]^4\}}{[\mathrm{Var}(X)]^2}-3=\frac{\int_0^{+\infty}\left(x-\frac{1}{\lambda}\right)^4\lambda\mathrm{e}^{-\lambda x}\mathrm{d}x}{\left[\frac{1}{\lambda^2}\right]^2}-3=\frac{9/\lambda^4}{1/\lambda^4}-3=6.$$

5. 已知随机变量 $X\sim P(\lambda)$，计算 X 的变异系数、偏度和峰度.

解　由随机变量 $X\sim P(\lambda)$ 可得 $E(X)=\lambda$，$\mathrm{Var}(X)=\lambda$，由变异系数的定义得

$$C_v(X)=\frac{\sqrt{\mathrm{Var}(X)}}{|E(X)|}=\lambda^{-1/2}.$$

由偏度的定义得

$$\beta_s(X)=\frac{E\{[X-E(X)]^3\}}{[\mathrm{Var}(X)]^{3/2}}=\frac{\sum_{k=0}^{\infty}(k-\lambda)^3\frac{\lambda^k}{k!}\mathrm{e}^{-\lambda}}{\lambda^{3/2}}=\frac{\lambda}{\lambda^{3/2}}=\lambda^{-1/2}.$$

由峰度的定义得

$$\beta_k(X)=\frac{E\{[X-E(X)]^4\}}{[\mathrm{Var}(X)]^2}-3=\frac{\sum_{k=0}^{\infty}(k-\lambda)^4\frac{\lambda^k}{k!}\mathrm{e}^{-\lambda}}{\lambda^2}-3=\frac{3\lambda^2+\lambda}{\lambda^2}-3=\lambda^{-1}.$$

6. 已知随机变量 $X\sim LN(\mu,\sigma^2)$,计算 X 的变异系数和中位数.

解 由随机变量 $X\sim LN(\mu,\sigma^2)$ 可得 $E(X)=e^{\mu+\frac{\sigma^2}{2}}$, $\operatorname{Var}(X)=e^{2\mu+\sigma^2}(e^{\sigma^2}-1)$,由变异系数的定义得

$$C_v(X)=\frac{\sqrt{\operatorname{Var}(X)}}{|E(X)|}=\frac{\sqrt{e^{2\mu+\sigma^2}(e^{\sigma^2}-1)}}{e^{\mu+\frac{\sigma^2}{2}}}=\sqrt{e^{\sigma^2}-1}.$$

当 $P(X\leqslant x_{0.5})=\int_0^{x_{0.5}}\frac{1}{\sqrt{2\pi}\sigma x}e^{-\frac{(\ln x-\mu)^2}{2\sigma^2}}dx=0.5$ 时,

$$\int_{-\infty}^{\ln x_{0.5}}\frac{1}{\sqrt{2\pi}\sigma}e^{-\frac{(y-\mu)^2}{2\sigma^2}}dy=0.5,$$

即 $\ln x_{0.5}=\mu$,解得中位数 $x_{0.5}=e^{\mu}$.

第四章 随机向量

§ 4.1 二维随机变量及其联合分布

一、内容概要

1. 二维离散型随机变量及联合分布函数

设一个随机试验的每一个结果 ω 都对应了一组二维有序实数 $(X(\omega),Y(\omega))$，$X(\omega)$ 和 $Y(\omega)$ 是定义在同一个样本空间 Ω 上的两个随机变量，称 $(X(\omega),Y(\omega))$ 为一个**二维随机变量**（或二维随机向量），并简记为 (X,Y). (X,Y) 的取值范围可以是整个平面或者平面上的一个区域，也可以是平面上的有限或可列多个点.

若一个二维随机变量的取值范围是有限数组（有限个点）或可列数组（可列多个点），则称其为**二维离散型随机变量**.

设有二维随机变量 (X,Y)，对任意的实数对 (x,y)，定义下列实值函数 $F(x,y)=P(X\leqslant x,Y\leqslant y)$，$x\in(-\infty,+\infty)$，$y\in(-\infty,+\infty)$，则称 $F(x,y)$ 为二维随机变量 (X,Y) 的**联合分布函数**. 这里记号 $P(X\leqslant x,Y\leqslant y)$ 表示 $P(\{X\leqslant x\}\cap\{Y\leqslant y\})$.

2. 联合分布函数的性质

设有二维随机变量 (X,Y) 的联合分布函数 $F(x,y)=P(X\leqslant x,Y\leqslant y)$，则

(1) $0\leqslant F(x,y)\leqslant 1$，$x,y\in(-\infty,+\infty)$；

(2) $F(x,y)$ 关于其中任一个自变量单调不减，即对于 $x_1<x_2$，有 $F(x_1,y)\leqslant F(x_2,y)$，对于 $y_1<y_2$，有 $F(x,y_1)\leqslant F(x,y_2)$；

(3) $F(x,y)$ 关于其中任一个自变量右连续，即 $F(x+0,y)=F(x,y)$，$F(x,y+0)=F(x,y)$；

(4) $\lim\limits_{x\to+\infty,y\to+\infty}F(x,y)=1,\lim\limits_{x\to-\infty}F(x,y)=0,\lim\limits_{y\to-\infty}F(x,y)=0$;

(5) 对 $\forall a<b,c<d,F(b,d)-F(b,c)-F(a,d)+F(a,c)\geqslant 0$.

3. 二维离散型随机变量的联合分布律

设二维离散型随机变量(X,Y)的取值范围为 $\Omega_{(X,Y)}=\{(a_i,b_j),i=1,2,\cdots;j=1,2,\cdots\}$,且 $P(X=a_i,Y=b_j)\hat{=}P(\{X=a_i\}\cap\{Y=b_j\})=p_{ij},i,j=1,2,\cdots$,称 $P(X=a_i,Y=b_j)=p_{ij},i,j=1,2,\cdots$为二维离散型随机变量$(X,Y)$的**联合分布律**.

联合分布律常用如下表格表示:

X	Y				
	b_1	b_2	$\cdots$	b_j	$\cdots$
a_1	p_{11}	p_{12}	$\cdots$	p_{1j}	$\cdots$
a_2	p_{21}	p_{22}	$\cdots$	p_{2j}	$\cdots$
$\vdots$	$\vdots$	$\vdots$		$\vdots$	
a_i	p_{i1}	p_{i2}	$\cdots$	p_{ij}	$\cdots$
$\vdots$	$\vdots$	$\vdots$		$\vdots$	

易知对于任意的 $i,j=1,2,\cdots,p_{ij}$满足 $p_{ij}\geqslant 0,\sum\limits_{i=1}^{\infty}\sum\limits_{j=1}^{\infty}p_{ij}=1$.

一般地,若 D 为任意平面数集,则随机事件 $A=\{(X,Y):(X,Y)\in D\}$ 的概率为

$$P(A)=P((X,Y)\in D)=\sum_{i,j:(a_i,b_j)\in D}P(X=a_i,Y=b_j)=\sum_{i,j:(a_i,b_j)\in D}p_{ij}.$$

4. n 维离散型随机变量及其分布律

若一个 n 维随机变量的取值范围是 n 维空间的有限数组(有限个点)或可列数组(可列多个点),则称其为 **n 维离散型随机变量**.

设 n 维离散型随机变量$(X_1,X_2,\cdots,X_n)$的取值范围为

$$\Omega_{(X_1,X_2,\cdots,X_n)}=\{(x_{1k_1},x_{2k_2},\cdots,x_{nk_n}),k_i=1,2,\cdots,i=1,2,\cdots,n\},$$

且

$$P(X_1=x_{1k_1},X_2=x_{2k_2},\cdots,X_n=x_{nk_n})=P\left(\bigcap_{i=1}^{n}\{X_i=x_{ik_i}\}\right)=p_{k_1k_2\cdots k_n},$$

其中 $p_{k_1k_2\cdots k_n}$满足:

(1) $p_{k_1k_2\cdots k_n}\geqslant 0,\forall k_i=1,2,\cdots,i=1,2,\cdots,n$;

(2) $\sum\limits_{\forall k_i=1,2,\cdots,i=1,2,\cdots,n}p_{k_1k_2\cdots k_n}=1$,

则称表达式

$$P(X_1=x_{1k_1},X_2=x_{2k_2},\cdots,X_n=x_{nk_n})=p_{k_1k_2\cdots k_n},\quad k_i=1,2,\cdots,i=1,2,\cdots,n$$

为 n 维离散型随机变量$(X_1,X_2,\cdots,X_n)$的**联合分布律**.

5. 二项分布的推广

若每次试验的可能结果有三个,为事件 A_1,A_2,A_3,且 $A_i(i=1,2,3)$发生的概率为 $p_i,i=1,2,3,\sum_{i=1}^{3}p_i=1$. X_i 表示在 n 次重复独立试验中事件 A_i 发生的次数,则

$$P(X_1=i,X_2=j)=\frac{n!}{i!j!(n-i-j)!}p_1^ip_2^jp_3^{n-i-j},\quad i,j=0,1,2,3,$$

称(X_1,X_2)服从**三项分布**.

设每次试验有 r 个两两互不相容的结果 $A_1,A_2,\cdots,A_r$ 之一发生,且 $A_i(i=1,2,\cdots,r)$发生的概率为 $p_i,i=1,2,\cdots,r,\sum_{i=1}^{r}p_i=1$. 将此试验独立重复地做 n 次,记 $X_i(i=1,2,\cdots,r)$为 n 次重复独立试验中事件 $A_i(i=1,2,\cdots,r)$发生的次数,则

$$P(X_1=n_1,X_2=n_2,\cdots,X_r=n_r)=\frac{n!}{n_1!n_2!\cdots n_r!}p_1^{n_1}p_2^{n_2}\cdots p_r^{n_r},$$

其中 $0\leqslant n_i\leqslant n,i=1,2,\cdots,r,n_1+n_2+\cdots+n_r=n$. 该分布称为是 r **项分布**或**多项分布**.

6. 二维连续型随机变量及联合概率密度函数

设有二维随机变量(X,Y),其联合分布函数为 $F(x,y)$,若存在一个定义域为 $\mathbf{R}\times\mathbf{R}$ 的非负实值函数 $f(x,y)$,使得下式成立:

$$F(x,y)=\int_{-\infty}^{x}\int_{-\infty}^{y}f(u,v)\mathrm{d}u\mathrm{d}v,\quad -\infty<x,y<+\infty,$$

则称(X,Y)为二维连续型随机变量,并称二元函数 $f(x,y)$为(X,Y)的**联合概率密度函数**,简称**联合密度函数**.

二维连续型随机变量的取值范围往往是平面上的一个区域或若干区域的并集.

联合密度函数须满足以下两个条件:

(1) $f(x,y)\geqslant 0,x,y\in(-\infty,+\infty)$;　　(2) $\iint\limits_{\mathbf{R}\times\mathbf{R}}f(x,y)\mathrm{d}x\mathrm{d}y=1$.

可以证明,对任意的平面区域 D,有下列计算公式:

$$P((X,Y)\in D)=\iint\limits_{D}f(x,y)\mathrm{d}x\mathrm{d}y.$$

对连续型随机变量(X,Y)而言,在 $f(x,y)$的连续点(x,y)处,$f(x,y)=\dfrac{\partial^2F(x,y)}{\partial x\partial y}$; $F(x,y)=\iint\limits_{D_{xy}}f(u,v)\mathrm{d}u\mathrm{d}v$,其中 $D_{xy}=\{(u,v):u\leqslant x,v\leqslant y\}$.

7. 二维均匀分布

若二维连续型随机变量(X,Y)的联合密度函数为

$$f(x,y)=\begin{cases}\dfrac{1}{|D|}, & (x,y)\in D,\\ 0, & \text{其他},\end{cases}$$

其中$|D|$表示平面区域 D 的面积,那么就称(X,Y)服从**区域 D 上的二维均匀分布**.

服从二维均匀分布的二维随机变量有下列计算概率的公式:

设二维随机变量(X,Y)服从平面区域 D 上的二维均匀分布,平面区域 $D_1\subset D$,则

$$P((X,Y)\in D_1)=\frac{|D_1|}{|D|}.$$

8. 二维正态分布 若二维连续型随机变量(X,Y)的联合密度函数为

$$f(x,y)=\frac{1}{2\pi\sigma_1\sigma_2\sqrt{1-\rho^2}}\mathrm{e}^{-\frac{1}{2(1-\rho^2)}\left[\frac{(x-\mu_1)^2}{\sigma_1^2}-\frac{2\rho(x-\mu_1)(y-\mu_2)}{\sigma_1\sigma_2}+\frac{(y-\mu_2)^2}{\sigma_2^2}\right]}$$

$$(-\infty<x<+\infty,-\infty<y<+\infty),$$

其中$-\infty<\mu_1,\mu_2<+\infty,\sigma_1,\sigma_2>0,|\rho|<1$,则称$(X,Y)$服从**二维正态分布**,记作$(X,Y)\sim N(\mu_1,\mu_2,\sigma_1^2,\sigma_2^2,\rho)$,称$(X,Y)$为**二维正态随机变量**.

9. n 维连续型随机变量及其联合密度函数 设有 n 维随机变量$(X_1,X_2,\cdots,X_n)$,其分布函数为$F(x_1,x_2,\cdots,x_n)=P(X_1\leqslant x_1,X_2\leqslant x_2,\cdots,X_n\leqslant x_n)$,若存在一个 n 元非负实值函数$f(x_1,x_2,\cdots,x_n)$,使得下式成立:

$$F(x_1,x_2,\cdots,x_n)=\int_{-\infty}^{x_1}\int_{-\infty}^{x_2}\cdots\int_{-\infty}^{x_n}f(u_1,u_2,\cdots,u_n)\,\mathrm{d}u_n\cdots\mathrm{d}u_2\mathrm{d}u_1,\quad -\infty<x_1,x_2,\cdots,x_n<+\infty,$$

则称$(X_1,X_2,\cdots,X_n)$为 n 维连续型随机变量,并称$f(x_1,x_2,\cdots,x_n)$为$(X_1,X_2,\cdots,X_n)$的**联合概率密度函数**,简称**联合密度函数**.

联合密度函数须满足以下两个条件:

(1) $f(x_1,x_2,\cdots,x_n)\geqslant 0,x_i\in(-\infty,+\infty),i=1,2,\cdots,n$;

(2) $\int_{-\infty}^{+\infty}\int_{-\infty}^{+\infty}\cdots\int_{-\infty}^{+\infty}f(x_1,x_2,\cdots,x_n)\,\mathrm{d}x_1\mathrm{d}x_2\cdots\mathrm{d}x_n=1.$

可以证明,对任意的 n 维平面区域 D,有下列计算公式:

$$P((X_1,X_2,\cdots,X_n)\in D)=\underset{D}{\int\!\!\int\cdots\int}f(x_1,x_2,\cdots,x_n)\,\mathrm{d}x_1\mathrm{d}x_2\cdots\mathrm{d}x_n.$$

10. 多维均匀分布 若 n 维连续型随机变量$(X_1,X_2,\cdots,X_n)$的联合密度函数

$$f(x_1,x_2,\cdots,x_n)=\begin{cases}\dfrac{1}{|D|}, & (x_1,x_2,\cdots,x_n)\in D,\\ 0, & \text{其他},\end{cases}$$
其中$|D|$表示 n 维超平面区域 D 的几何度量,则称 n 维随机变量$(X_1,X_2,\cdots,X_n)$服从**区域 D 上的 n 维均匀分布**.

服从 n 维均匀分布的随机变量有下列计算概率的公式:

设随机变量$(X_1,X_2,\cdots,X_n)$服从 n 维超平面区域 D 上的均匀分布,n 维超平面区

域 $D_1 \subset D$,则

$$P((X_1,X_2,\cdots,X_n)\in D_1)=\frac{|D_1|}{|D|}.$$

二、习题全解

1. 设随机变量 Y 服从二项分布 $B(3,0.5)$.定义随机变量 X_1,X_2 为

$$X_k=\begin{cases}0, & Y\leqslant k,\\ 1, & Y>k,\end{cases}\quad k=1,2.$$

(1) 计算概率 $P(X_1=1,X_2=0)$;

(2) 计算概率 $P(X_1+X_2=2)$.

解　由题设条件及二项概率公式计算可得

(1) $P(X_1=1,X_2=0)=P(Y>1,Y\leqslant 2)=P(Y=2)=C_3^2 0.5^3=0.375$;

(2) $P(X_1+X_2=2)=P(X_1=1,X_2=1)=P(Y>2)=P(Y=3)=0.125$.

2. 设随机变量 X,Y 都只取 -1 和 1,且满足

$$P(Y=1\mid X=1)=P(Y=-1\mid X=-1)=\frac{1}{3},\quad P(X=1)=\frac{1}{2}.$$

(1) 求(X,Y)的联合分布律(要求结果用列表形式表示);

(2) 求关于 t 的一元二次方程 $t^2+Xt+Y=0$ 有实数根的概率.

解　由概率性质及乘法公式,

$$P(X=-1)=1-P(X=1)=\frac{1}{2},$$

$$P(X=1,Y=1)=P(X=1)P(Y=1\mid X=1)=\frac{1}{6},$$

$$P(X=-1,Y=-1)=P(X=-1)P(Y=-1\mid X=-1)=\frac{1}{6},$$

故有

(1) (X,Y)的联合分布律为

X	Y	
	-1	1
-1	$\frac{1}{6}$	$\frac{1}{3}$
1	$\frac{1}{3}$	$\frac{1}{6}$

(2) 由二次方程的判别式 $\Delta=X^2-4Y\geqslant 0\Rightarrow X=-1,Y=-1$ 或 $X=1,Y=-1$,故

$$P(\Delta\geqslant 0)=P(X=-1,Y=-1)+P(X=1,Y=-1)=\frac{1}{2}.$$

3. 设二维随机变量(X,Y)的联合密度函数为

$$f(x,y)=\begin{cases}x^2+kxy, & 0<x<1 \text{ 且 } 0<y<2,\\ 0, & \text{其他}.\end{cases}$$

(1) 确定未知常数 k 的值；

(2) 计算概率 $P(Y<X)$；

(3) 计算条件概率 $P(Y>1-X\mid Y<X)$.

解 由密度函数性质知

(1) $1=\int_{-\infty}^{\infty}\int_{-\infty}^{\infty}f(x,y)\mathrm{d}x\mathrm{d}y=\int_0^1\mathrm{d}x\int_0^2(x^2+kxy)\mathrm{d}y\Rightarrow k=\frac{1}{3}$；

(2) $P(Y<X)=\int_0^1\mathrm{d}x\int_0^x\left(x^2+\frac{xy}{3}\right)\mathrm{d}y=\frac{7}{24}$；

(3) $P(Y>1-X,Y<X)=\int_{0.5}^1\mathrm{d}x\int_{1-x}^x\left(x^2+\frac{xy}{3}\right)\mathrm{d}y=\frac{61}{288}$，再由条件概率公式，

$$P(Y>1-X\mid Y<X)=\frac{P(Y>1-X,Y<X)}{P(Y<X)}=\frac{61}{84}.$$

4. 把一颗骰子独立地上抛两次，设 X 表示第一次出现的点数，Y 表示两次出现的点数中的较大值.

(1) 写出 X 与 Y 的联合分布律；

(2) 求概率 $P(X^2>Y)$ 和 $P(X=Y)$，$P(X^2+Y^2<10)$.

解 (1) 由古典概型计算可得 X 与 Y 的联合分布律如下：

X	Y					
	1	2	3	4	5	6
1	$\frac{1}{36}$	$\frac{1}{36}$	$\frac{1}{36}$	$\frac{1}{36}$	$\frac{1}{36}$	$\frac{1}{36}$
2	0	$\frac{1}{18}$	$\frac{1}{36}$	$\frac{1}{36}$	$\frac{1}{36}$	$\frac{1}{36}$
3	0	0	$\frac{1}{12}$	$\frac{1}{36}$	$\frac{1}{36}$	$\frac{1}{36}$
4	0	0	0	$\frac{1}{9}$	$\frac{1}{36}$	$\frac{1}{36}$
5	0	0	0	0	$\frac{5}{36}$	$\frac{1}{36}$
6	0	0	0	0	0	$\frac{1}{6}$

（2）由分布律即得

$$P(X^2>Y)=1-P(X^2\leqslant Y)$$
$$=1-P(X=1)-P(X=2,Y=4)-P(X=2,Y=5)-P(X=2,Y=6)$$
$$=1-\frac{1}{36}\times 6-\frac{1}{36}-\frac{1}{36}-\frac{1}{36}=\frac{3}{4}.$$

$$P(X=Y)=\frac{1}{36}+\frac{1}{18}+\frac{1}{12}+\frac{1}{9}+\frac{5}{36}+\frac{1}{6}=\frac{7}{12}.$$

$$P(X^2+Y^2<10)=P(X=1,Y=1)+P(X=1,Y=2)+P(X=2,Y=1)+P(X=2,Y=2)$$
$$=\frac{1}{36}+\frac{1}{36}+\frac{1}{18}=\frac{1}{9}.$$

5. 设(X,Y)服从区域 G 上的二维均匀分布，其中 G 是第 Ⅰ 象限中由 $y=x$ 与 $y=x^2$ 所围成的平面区域，求：

（1）X 与 Y 的联合密度函数；

（2）概率 $P\left(X>\frac{1}{2},Y\leqslant\frac{1}{2}\right)$.

解　第 Ⅰ 象限中由 $y=x$ 与 $y=x^2$ 所围成的区域如图 4.1 所示. 区域 G 的面积为 $\int_0^1(x-x^2)\mathrm{d}x=\frac{1}{6}$.

（1）由于(X,Y)服从区域 G 上的均匀分布，X 与 Y 的联合密度函数为

$$f(x,y)=\begin{cases}6, & x^2<y<x,0<x<1,\\ 0, & \text{其他}.\end{cases}$$

（2）密度函数 $f(x,y)$ 取值非零的区域与$\left\{x>\frac{1}{2},y\leqslant\frac{1}{2}\right\}$的交集如图 4.2 中阴影部分所示.

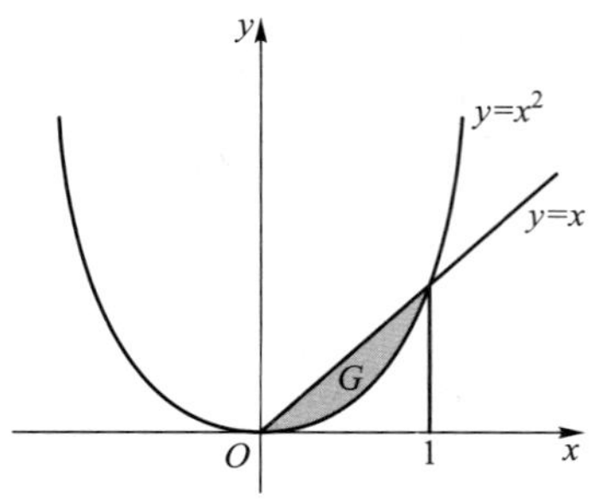

图 4.1

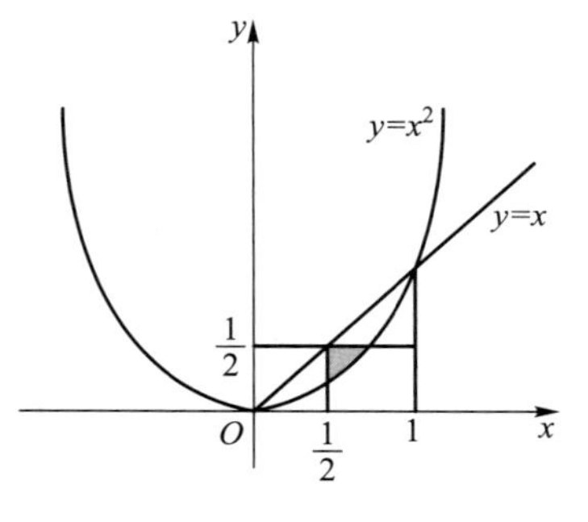

图 4.2

因此 $P\left(X>\frac{1}{2},Y\leqslant\frac{1}{2}\right)=\int_{\frac{1}{2}}^{\frac{\sqrt{2}}{2}}\int_{x^2}^{\frac{1}{2}}f(x,y)\mathrm{d}y\mathrm{d}x=\int_{\frac{1}{2}}^{\frac{\sqrt{2}}{2}}6\left(\frac{1}{2}-x^2\right)\mathrm{d}x=\sqrt{2}-\frac{5}{4}.$

6. 设 $P(A)=\dfrac{1}{4}, P(B\mid A)=\dfrac{1}{2}, P(A\mid B)=\dfrac{1}{3}$，记随机变量 $X=\begin{cases}1, & A\text{ 发生},\\ 0, & A\text{ 不发生},\end{cases}$ $Y=\begin{cases}1, & B\text{ 发生},\\ 0, & B\text{ 不发生},\end{cases}$ 求概率 $P(X+Y=1)$.

解　由条件概率公式可知，

$$P(B)=\frac{P(AB)}{P(A\mid B)}=\frac{P(A)P(B\mid A)}{P(A\mid B)}=\frac{\frac{1}{4}\times\frac{1}{2}}{\frac{1}{3}}=\frac{3}{8}.$$

所以

$$\begin{aligned}P(X+Y=1)&=P(X=0,Y=1)+P(X=1,Y=0)=P(\overline{A}B)+P(A\overline{B})\\&=P(\overline{A}\mid B)P(B)+P(\overline{B}\mid A)P(A)\\&=(1-P(A\mid B))P(B)+(1-P(B\mid A))P(A)\\&=\left(1-\frac{1}{3}\right)\times\frac{3}{8}+\left(1-\frac{1}{2}\right)\times\frac{1}{4}=\frac{3}{8}.\end{aligned}$$

7. 设随机变量 (X,Y) 的联合密度函数为

$$f(x,y)=\begin{cases}2\mathrm{e}^{-(x+2y)}, & x>0,y>0,\\ 0, & \text{其他},\end{cases}$$

求概率：(1) $P(X<1,Y>2)$；(2) $P(X+Y<1)$.

解　由二维平面区域求概率的公式

(1) $$P(X<1,Y>2)=\int_0^1\int_2^{+\infty}2\mathrm{e}^{-(x+2y)}\,\mathrm{d}y\mathrm{d}x=\int_0^1\mathrm{e}^{-(x+4)}\,\mathrm{d}x=\mathrm{e}^{-4}-\mathrm{e}^{-5}.$$

(2) $f(x,y)$ 取值非零的区域与 $\{x+y<1\}$ 的交集如图 4.3 中阴影部分所示.故

$$P(X+Y<1)=\int_0^1\int_0^{1-x}2\mathrm{e}^{-(x+2y)}\,\mathrm{d}y\mathrm{d}x=\int_0^1(-\mathrm{e}^{x-2}+\mathrm{e}^{-x})\,\mathrm{d}x=1-\mathrm{e}^{-2}.$$

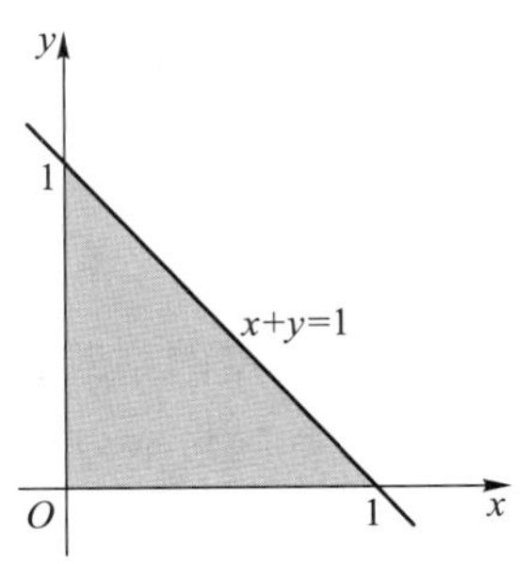

图 4.3

§4.2　边缘分布、随机变量的独立性和条件分布

一、内容概要

1. 边缘分布函数

设二维随机变量(X,Y)的联合分布函数为$F(x,y)$，称$F_X(x)=P(X\leqslant x)$，$x\in(-\infty,+\infty)$为随机变量X的**边缘分布函数**.同理，称$F_Y(y)=P(Y\leqslant y)$，$y\in(-\infty,+\infty)$为随机变量Y的**边缘分布函数**.

边缘分布函数满足：

$$F_X(x)=\lim_{y\to+\infty}F(x,y)\xlongequal{\text{def}}F(x,+\infty)\ ,\quad F_Y(y)=\lim_{x\to+\infty}F(x,y)\xlongequal{\text{def}}F(+\infty,y).$$

2. 边缘分布律和边缘密度函数

设二维离散型随机变量(X,Y)的联合分布律为$P(X=a_i,Y=b_j)=p_{ij}$，$i,j=1,2,\cdots$. 称$P(X=a_i)=\sum\limits_j p_{ij}=p_{i1}+p_{i2}+\cdots+p_{in}+\cdots\xlongequal{\text{def}}p_{i\cdot}$，$i=1,2,\cdots$为随机变量$X$的**边缘分布律**；称$P(Y=b_j)=\sum\limits_i p_{ij}=p_{1j}+p_{2j}+\cdots+p_{nj}+\cdots\xlongequal{\text{def}}p_{\cdot j}$，$j=1,2,\cdots$为随机变量$Y$的**边缘分布律**.

设二维连续型随机变量(X,Y)的联合密度函数为$f(x,y)$，$x,y\in(-\infty,+\infty)$，称$f_X(x)\xlongequal{\text{def}}\int_{-\infty}^{+\infty}f(x,y)\,\mathrm{d}y$，$x\in(-\infty,+\infty)$为随机变量$X$的**边缘密度函数**；称$f_Y(y)\xlongequal{\text{def}}\int_{-\infty}^{+\infty}f(x,y)\,\mathrm{d}x$，$y\in(-\infty,+\infty)$为随机变量$Y$的**边缘密度函数**.

3. 随机变量的相互独立性

如果二维随机变量(X,Y)的联合分布函数$F(x,y)$与两个分量X和Y的边缘分布函数$F_X(x)$，$F_Y(y)$，对一切$-\infty<x,y<+\infty$，等式$F(x,y)=F_X(x)F_Y(y)$成立，那么称**随机变量X与Y相互独立**.

在离散型的情形，设二维离散型随机变量(X,Y)的联合分布律为

$P(X=a_i,Y=b_j)=p_{ij}$，$i,j=1,2,\cdots$，若$P(X=a_i,Y=b_j)=P(X=a_i)P(Y=b_j)$，对一切$i,j=1,2,\cdots$成立，则**$X$与$Y$相互独立**.

上述式子也可等价表示为$p_{ij}=p_{i\cdot}p_{\cdot j}$，对任意的$i,j$成立.

在连续型的情形，设随机变量X与Y的联合密度函数为$f(x,y)$，边缘密度函数分别为$f_X(x)$，$f_Y(y)$，若在函数$f(x,y)$，$f_X(x)$，$f_Y(y)$的连续点上都成立$f(x,y)=f_X(x)f_Y(y)$，则X与Y相互独立.

4. 随机变量的独立性与随机事件的独立性之间的联系

随机变量 X 与 Y 相互独立的充要条件是：对实数轴上任意两个数集 S_1 和 S_2，总有 $P(X\in S_1,Y\in S_2)=P(X\in S_1)P(Y\in S_2)$.

5. 独立性定义的推广

若 n 维离散型随机变量 $(X_1,X_2,\cdots,X_n)$ 满足等式 $P(X_1=x_1,X_2=x_2,\cdots,X_n=x_n)=\prod_{i=1}^{n}P(X_i=x_i)$，对任意的 $x_i\in\Omega_{X_i}$，$i=1,2,\cdots,n$ 成立，那么就称这 n **个随机变量** X_1，X_2，$\cdots$，X_n **相互独立**.

记 $f_{X_i}(x_i)(i=1,2,\cdots,n)$ 为随机变量 X_i 的边缘密度函数，若 n 维连续型随机变量 $(X_1,X_2,\cdots,X_n)$ 的联合密度函数 $f(x_1,x_2,\cdots,x_n)$ 和每个分量 $X_i(i=1,2,\cdots,n)$ 的边缘密度函数 $f_{X_i}(x_i)(i=1,2,\cdots,n)$ 满足等式

$$f(x_1,x_2,\cdots,x_n)=f_{X_1}(x_1)f_{X_2}(x_2)\cdots f_{X_n}(x_n),$$

且等式在密度函数的一切连续点上成立，则称这 n 个随机变量 $X_1,X_2,\cdots,X_n$ 相互独立.

***6. 条件分布和条件数学期望**

设二维离散型随机变量 (X,Y) 的联合分布律为 $P(X=a_i,Y=b_j)=p_{ij}$，$i,j=1,2,\cdots$. 若 $P(Y=b_j)>0$，则称 $P(X=a_i\mid Y=b_j)=\dfrac{p_{ij}}{p_{\cdot j}}$，$i=1,2,\cdots$ 为**已知 $\{Y=b_j\}$ 发生的条件下 X 的条件分布律**，也可记为

$X\mid Y=b_j$	a_1	a_2	$\cdots$	a_i	$\cdots$
P	$\dfrac{p_{1j}}{p_{\cdot j}}$	$\dfrac{p_{2j}}{p_{\cdot j}}$	$\cdots$	$\dfrac{p_{ij}}{p_{\cdot j}}$	$\cdots$

其中 $p_{\cdot j}=\sum_i p_{ij}$.

设 $P(X=a_i)>0$，称 $P(Y=b_j\mid X=a_i)=\dfrac{p_{ij}}{p_{i\cdot}}$，$j=1,2,\cdots$ 为**已知 $\{X=a_i\}$ 发生的条件下 Y 的条件分布律**，也记作

$Y\mid X=a_i$	b_1	b_2	$\cdots$	b_j	$\cdots$
P	$\dfrac{p_{i1}}{p_{i\cdot}}$	$\dfrac{p_{i2}}{p_{i\cdot}}$	$\cdots$	$\dfrac{p_{ij}}{p_{i\cdot}}$	$\cdots$

其中 $p_{i\cdot}=\sum_j p_{ij}$.

在事件 $\{Y=y_j\}$ 发生的条件下随机变量 $g(X)$ 的**条件数学期望**定义为

$$E[g(X)\mid Y=y_j]=\sum_i g(x_i)P(X=x_i\mid Y=y_j)=\sum_i g(x_i)\frac{p_{ij}}{p_{\cdot j}},\quad p_{\cdot j}>0.$$

类似地可以定义在事件 $\{X=x_i\}$ 发生的条件下随机变量 $g(Y)$ 的**条件数学期望**为

$$E[g(Y)\mid X=x_i]=\sum_j g(y_j)P(Y=y_j\mid X=x_i)=\sum_j g(y_j)\frac{p_{ij}}{p_{i\cdot}},\quad p_{i\cdot}>0.$$

设二维随机变量(X,Y)的联合密度函数为$f(x,y)$，对任意的实数y，当$f_Y(y)>0$时，称$f_{X\mid Y}(x\mid y)=\dfrac{f(x,y)}{f_Y(y)}(-\infty<x<+\infty)$为**已知$\{Y=y\}$发生时$X$的条件密度函数**. 对任意的实数$x$，当$f_X(x)>0$时，称$f_{Y\mid X}(y\mid x)=\dfrac{f(x,y)}{f_X(x)}(-\infty<y<+\infty)$为**已知$\{X=x\}$发生时$Y$的条件密度函数**.

易证条件密度函数满足$f_{X\mid Y}(x\mid y)\geqslant 0(-\infty<x<+\infty)$，$\int_{-\infty}^{+\infty}f_{X\mid Y}(x\mid y)\mathrm{d}x=1$以及$f_{Y\mid X}(y\mid x)\geqslant 0(-\infty<y<+\infty)$，$\int_{-\infty}^{+\infty}f_{Y\mid X}(y\mid x)\mathrm{d}y=1$.

当$f_Y(y)>0$时，在事件$\{Y=y\}$发生的条件下随机变量$g(X)$的**条件数学期望**定义为$E[g(X)\mid Y=y]=\int_{-\infty}^{+\infty}g(x)f_{X\mid Y}(x\mid y)\mathrm{d}x=\int_{-\infty}^{+\infty}g(x)\dfrac{f(x,y)}{f_Y(y)}\mathrm{d}x$.

类似可定义当$f_X(x)>0$时，在事件$\{X=x\}$发生的条件下随机变量$g(Y)$的**条件数学期望**为$E[g(Y)\mid X=x]=\int_{-\infty}^{+\infty}g(y)f_{Y\mid X}(y\mid x)\mathrm{d}y=\int_{-\infty}^{+\infty}g(y)\dfrac{f(x,y)}{f_X(x)}\mathrm{d}y$.

二、习题全解

1. 袋中有四个号码为1,2,3,4的球，从中任取两个球，这两个球的号码中小的号码记为X，大的号码记为Y.

(1) 求X与Y的联合分布律；

(2) 分别求X与Y的边缘分布律；

(3) 问X与Y是否相互独立？请说明理由；

(4) 求概率$P(X+Y<5)$.

解 任取两球的样本空间为$\Omega=\{(1,2)(1,3)(1,4)(2,3)(2,4)(3,4)\}$，故

(1) X与Y的联合概率分布为

X	Y		
	2	3	4
1	$\frac{1}{6}$	$\frac{1}{6}$	$\frac{1}{6}$
2	0	$\frac{1}{6}$	$\frac{1}{6}$
3	0	0	$\frac{1}{6}$

（2）X 与 Y 的边缘分布律分别为

X	1	2	3
P	$\frac{1}{2}$	$\frac{1}{3}$	$\frac{1}{6}$

Y	2	3	4
P	$\frac{1}{6}$	$\frac{1}{3}$	$\frac{1}{2}$

（3）因为 $P(X=2,Y=2)\neq P(X=2)P(Y=2)$，所以 X 和 Y 不相互独立；

（4）$P(X+Y<5)=P((X,Y)=(1,2),(1,3))=\frac{1}{3}$.

2. 设二维随机变量 (X,Y) 的联合密度函数为 $f(x,y)=\begin{cases}\frac{21}{4}x^2y, & x^2\leqslant y\leqslant 1,\\ 0, & \text{其他}.\end{cases}$

（1）分别求 X 和 Y 的边缘密度函数；

（2）问 X 与 Y 是否相互独立？请说明理由；

*（3）求条件密度函数 $f_{Y|X}\left(y\,\middle|\,\frac{1}{2}\right)$；

*（4）求条件概率 $P\left(Y\geqslant\frac{3}{4}\,\middle|\,X=\frac{1}{2}\right)$.

解　（1）由连续型随机变量求边缘密度函数的公式，

$$f_X(x)=\int_{-\infty}^{+\infty}f(x,y)\,\mathrm{d}y=\begin{cases}\int_{x^2}^{1}\frac{21}{4}x^2y\,\mathrm{d}y, & -1<x<1,\\ 0, & \text{其他}\end{cases}=\begin{cases}\frac{21}{8}x^2(1-x^4), & -1<x<1,\\ 0, & \text{其他},\end{cases}$$

$$f_Y(y)=\int_{-\infty}^{+\infty}f(x,y)\,\mathrm{d}x=\begin{cases}\int_{-\sqrt{y}}^{\sqrt{y}}\frac{21}{4}x^2y\,\mathrm{d}x, & 0<y<1,\\ 0, & \text{其他}\end{cases}=\begin{cases}\frac{7}{2}y^2\sqrt{y}, & 0<y<1,\\ 0, & \text{其他}.\end{cases}$$

（2）计算知 $f\left(\frac{1}{3},\frac{1}{4}\right)=\frac{7}{48}$，$f_X\left(\frac{1}{3}\right)=\frac{70}{243}$，$f_Y\left(\frac{1}{4}\right)=\frac{7}{64}$，故 $f\left(\frac{1}{3},\frac{1}{4}\right)\neq f_X\left(\frac{1}{3}\right)\cdot f_Y\left(\frac{1}{4}\right)$，故 X 与 Y 不相互独立.

*（3）$f_X\left(\frac{1}{2}\right)=\frac{315}{512}>0$，

$$f\left(\frac{1}{2},y\right)=\begin{cases}\frac{21}{16}y, & \frac{1}{4}\leqslant y\leqslant 1,\\ 0, & \text{其他},\end{cases}\quad \text{故 } f_{Y|X}\left(y\,\middle|\,\frac{1}{2}\right)=\begin{cases}\frac{32}{15}y, & \frac{1}{4}\leqslant y\leqslant 1,\\ 0, & \text{其他}.\end{cases}$$

*（4）计算得 $P\left(Y\geqslant\frac{3}{4}\,\middle|\,X=\frac{1}{2}\right)=\int_{\frac{3}{4}}^{1}\frac{32}{15}y\,\mathrm{d}y=\frac{7}{15}$.

3. 设二维随机变量 (X,Y) 的联合密度函数为 $f(x,y)=\begin{cases}kxy, & (x,y)\in D,\\ 0, & \text{其他},\end{cases}$ 其中 D

是由直线 $y=x$, $x=1$ 和 x 轴所围成的平面区域.

（1）确定未知常数 k 的值；

（2）试求 X 与 Y 各自的边缘密度函数 $f_X(x)$, $f_Y(y)$；

（3）问随机变量 X 与 Y 是否相互独立？请说明理由；

（4）试求概率 $P(X+Y\leqslant 1)$.

解　（1）区域 D 如图 4.4 所示，由 $\iint\limits_D f(x,y)\,\mathrm{d}x\mathrm{d}y=\int_0^1\int_y^1 kxy\,\mathrm{d}x\mathrm{d}y=k\int_0^1\left(\frac{y}{2}-\frac{y^3}{2}\right)\mathrm{d}y=\frac{k}{8}=1$，解得 $k=8$.

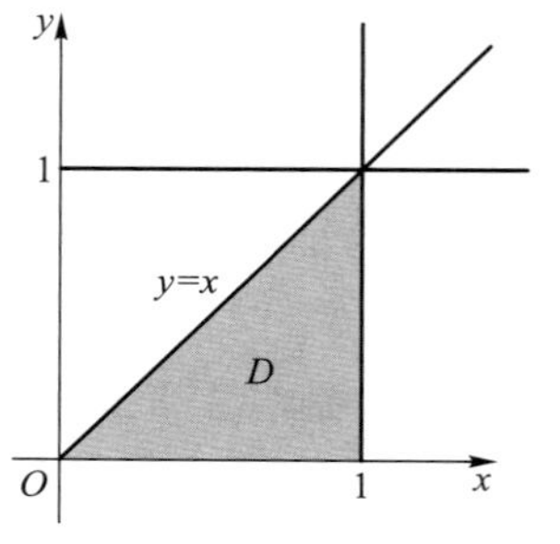

图 4.4

（2）当 $0<x<1$ 时，

$$f_X(x)=\int_{-\infty}^{+\infty}f(x,y)\,\mathrm{d}y=\int_0^x 8xy\,\mathrm{d}y=4x^3.$$

X 的边缘密度函数为

$$f_X(x)=\begin{cases}4x^3, & 0<x<1,\\ 0, & \text{其他}.\end{cases}$$

当 $0<y<1$ 时，

$$f_Y(y)=\int_{-\infty}^{+\infty}f(x,y)\,\mathrm{d}x=\int_y^1 8xy\,\mathrm{d}x=4y-4y^3.$$

Y 的边缘密度函数为

$$f_Y(y)=\begin{cases}4y-4y^3, & 0<y<1,\\ 0, & \text{其他}.\end{cases}$$

（3）$f_X\left(\frac{1}{2}\right)f_Y\left(\frac{1}{4}\right)\neq f\left(\frac{1}{2},\frac{1}{4}\right)$，因此随机变量 X 与 Y 不相互独立.

（4）$f(x,y)$ 取值非零的区域与 $\{x+y\leqslant 1\}$ 的交集如图 4.5 阴影部分所示，交点为 $\left(\frac{1}{2},\frac{1}{2}\right)$. 可得

$$P(X+Y\leqslant 1)=\int_0^{\frac{1}{2}}\int_y^{1-y}8xy\,\mathrm{d}x\mathrm{d}y=\int_0^{\frac{1}{2}}(-8y^2+4y)\,\mathrm{d}y$$
$$=\frac{1}{6}.$$

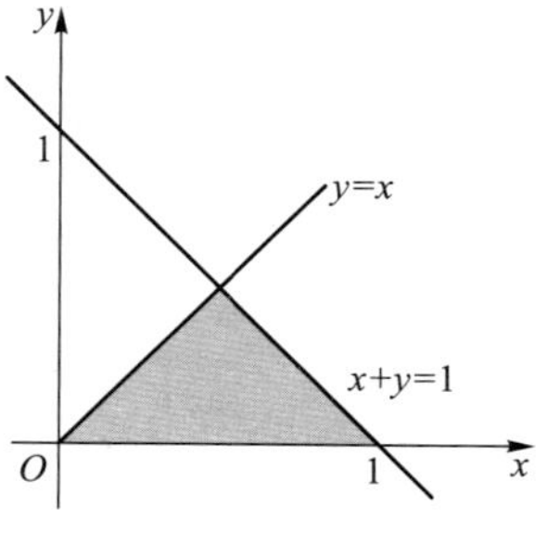

图 4.5

*4. 已知随机变量 X 的条件密度函数为

$$f_{X|Y}(x\mid y)=\begin{cases}\dfrac{3x^2}{y^3}, & 0<x<y,\\ 0, & \text{其他},\end{cases}$$

又 Y 的边缘密度函数为

$$f_Y(y)=\begin{cases}5y^4, & 0<y<1,\\0, & \text{其他}.\end{cases}$$

(1) 求(X,Y)的联合密度函数$f(x,y)$；

(2) 求Y的条件密度函数$f_{Y|X}(y\mid x)$.

解 (1) 由条件概率密度定义可得

$$f(x,y)=f_{X|Y}(x\mid y)f_Y(y)=\begin{cases}15x^2y, & 0<x<y<1,\\0, & \text{其他}.\end{cases}$$

(2) $f(x,y)$取值非零的区域如图4.6阴影部分所示.

当$0<x<1$时,

$$f_X(x)=\int_{-\infty}^{+\infty}f(x,y)\,\mathrm{d}y=\int_x^1 15x^2y\ \mathrm{d}y=\frac{15}{2}x^2-\frac{15}{2}x^4.$$

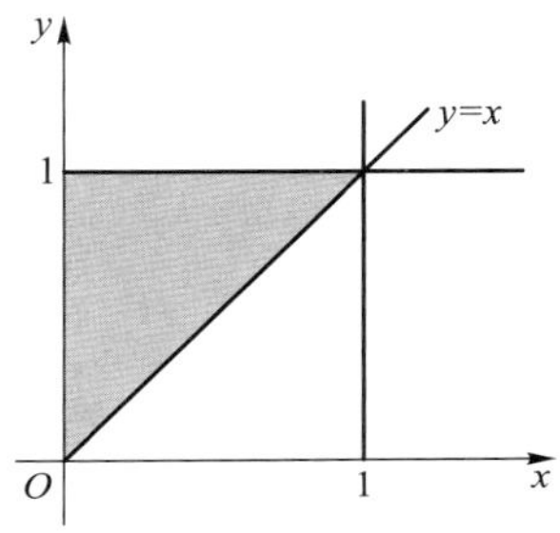

图 4.6

X的边缘密度函数为

$$f_X(x)=\begin{cases}\dfrac{15}{2}x^2-\dfrac{15}{2}x^4, & 0<x<1,\\0, & \text{其他}.\end{cases}$$

因此

$$f_{Y|X}(y\mid x)=\frac{f(x,y)}{f_X(x)}=\begin{cases}\dfrac{2y}{1-x^2}, & 0<x<y<1,\\0, & \text{其他}.\end{cases}$$

5. 设(X,Y)在区域G上服从二维均匀分布,其中G是由直线$y+x=2$,$y-x=2$以及x轴所围成的平面区域,试求:

(1) X与Y的联合密度函数;

(2) X的边缘密度函数;

*(3) 已知$X=1$的条件下Y的条件密度函数$f_{Y|X}(y\mid 1)$和条件数学期望$E(Y|X=1)$.

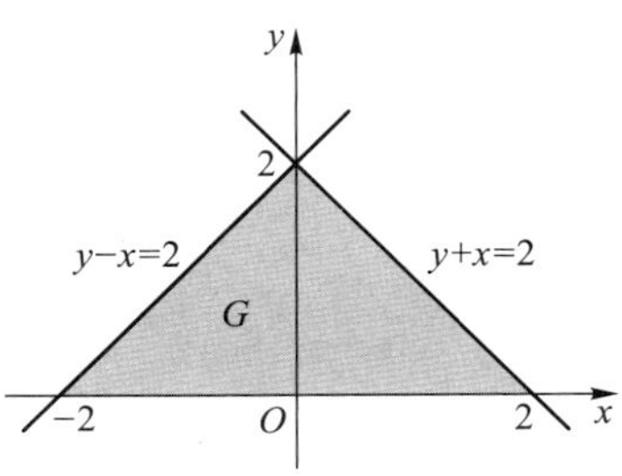

图 4.7

解 区域G如图4.7所示.

(1) 区域G的面积为4,因为(X,Y)在区域G上服从均匀分布,所以X与Y的联合密度函数为

$$f(x,y)=\begin{cases}\dfrac{1}{4}, & |x|<2-y,0<y<2,\\0, & \text{其他}.\end{cases}$$

(2) 当$-2<x<0$时,

$$f_X(x)=\int_{-\infty}^{+\infty}f(x,y)\,\mathrm{d}y=\int_0^{x+2}\frac{1}{4}\mathrm{d}y=\frac{1}{4}(x+2)=\frac{1}{4}(2-|x|).$$

当 $0<x<2$ 时，

$$f_X(x)=\int_{-\infty}^{+\infty}f(x,y)\,\mathrm{d}y=\int_0^{2-x}\frac{1}{4}\mathrm{d}y=\frac{1}{4}(2-x)=\frac{1}{4}(2-|x|).$$

因此 X 的边缘密度函数为

$$f_X(x)=\begin{cases}\dfrac{1}{4}(2-|x|), & |x|<2,\\ 0, & \text{其他}.\end{cases}$$

*(3) 当 $0<x<2$ 时，

$$f_{Y|X}(y\mid x)=\frac{f(x,y)}{f_X(x)}=\frac{1}{2-x},\quad y<2-x,$$

因此 $X=1$ 的条件下 Y 的条件密度函数 $f_{Y|X}(y\mid 1)=\begin{cases}1, & 0<y<1,\\ 0, & \text{其他},\end{cases}$ 而条件数学期望

$$E(Y|X=1)=\int_{-\infty}^{\infty}yf_{Y|X}(y|1)\,\mathrm{d}y=\int_0^1 y\,\mathrm{d}y=\frac{1}{2}.$$

6. 设二维随机变量 (X,Y) 的联合密度函数 $f(x,y)=\begin{cases}\mathrm{e}^{-y}, & 0<x<y,\\ 0, & \text{其他}.\end{cases}$

(1) 分别求随机变量 X 和 Y 的边缘密度函数 $f_X(x),f_Y(y)$；

(2) 问随机变量 X 与 Y 是否相互独立？请说明理由；

(3) 求概率 $P(X+Y\leqslant 1)$.

解 (1) $f(x,y)$ 取值非零的区域如图 4.8 阴影部分所示.

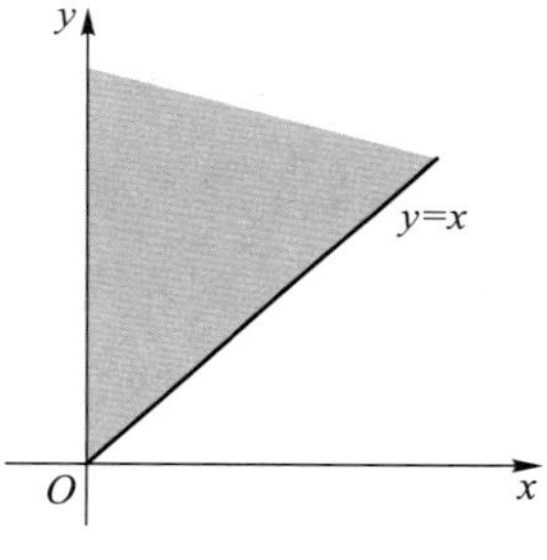

图 4.8

当 $x>0$ 时，

$$f_X(x)=\int_{-\infty}^{+\infty}f(x,y)\,\mathrm{d}y=\int_x^{+\infty}\mathrm{e}^{-y}\mathrm{d}y=\mathrm{e}^{-x}.$$

因此 X 的边缘密度函数为

$$f_X(x)=\begin{cases}\mathrm{e}^{-x}, & x>0,\\ 0, & \text{其他}.\end{cases}$$

当 $y>0$ 时，

$$f_Y(y)=\int_{-\infty}^{+\infty}f(x,y)\,\mathrm{d}x=\int_0^{y}\mathrm{e}^{-y}\mathrm{d}x=y\mathrm{e}^{-y}.$$

因此 Y 的边缘密度函数为

$$f_Y(y)=\begin{cases}y\mathrm{e}^{-y}, & y>0,\\ 0, & \text{其他}.\end{cases}$$

(2) 因 $f_X(1)f_Y(2)\neq f(1,2)$，故随机变量 X 与 Y 不相互独立.

(3) $f(x,y)$ 取值非零的区域与 $\{x+y\leqslant 1\}$ 的交集如图 4.9 阴影部分所示.交点为

$\left(\frac{1}{2},\frac{1}{2}\right)$.由图 4.9 可得

$$P(X+Y\leqslant 1)=\int_0^{\frac{1}{2}}\int_x^{1-x}\mathrm{e}^{-y}\mathrm{d}y\mathrm{d}x=\int_0^{\frac{1}{2}}(-\mathrm{e}^{x-1}+\mathrm{e}^{-x})\mathrm{d}x=\mathrm{e}^{-1}-2\mathrm{e}^{-\frac{1}{2}}+1.$$

7. 设二维随机变量(X,Y)服从边长为$\sqrt{2}$ cm 的正方形区域内的二维均匀分布,该正方形的对角线为坐标轴,

(1) 求(X,Y)的联合密度函数;

(2) 分别求X与Y的边缘密度函数$f_X(x)$,$f_Y(y)$;

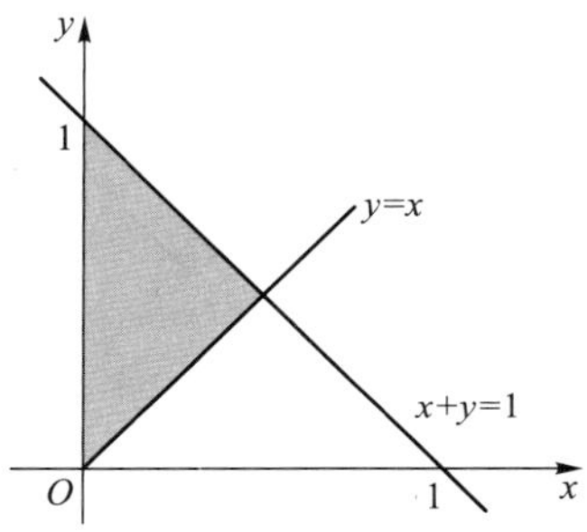

图 4.9

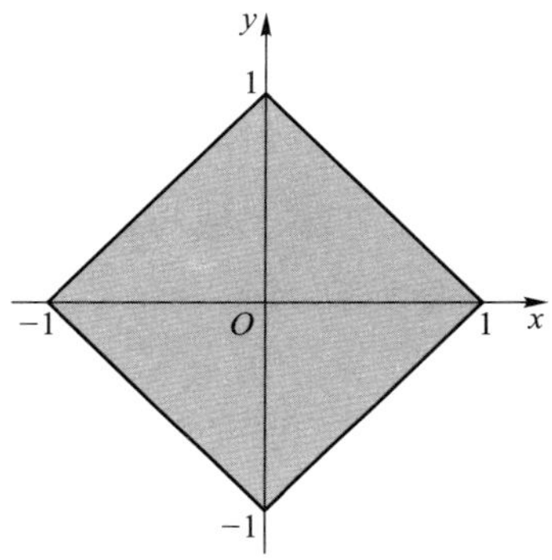

图 4.10

(3) 问随机变量X与Y是否相互独立?请说明理由;

(4) 试求概率$P(|X|\leqslant Y)$.

解 (X,Y)的联合密度函数的非零部分如图 4.10 所示,

(1) 区域G的面积为 2,因为(X,Y)在区域G上服从均匀分布,所以X与Y的联合密度函数为

$$f(x,y)=\begin{cases}\dfrac{1}{2}, & |x|+|y|<1,\\ 0, & \text{其他}.\end{cases}$$

(2) 当$-1<x<0$时,

$$f_X(x)=\int_{-\infty}^{+\infty}f(x,y)\mathrm{d}y=\int_{-1-x}^{x+1}\frac{1}{2}\mathrm{d}y=x+1=1-|x|.$$

当$0<x<1$时,

$$f_X(x)=\int_{-\infty}^{+\infty}f(x,y)\mathrm{d}y=\int_{x-1}^{1-x}\frac{1}{2}\mathrm{d}y=1-x=1-|x|.$$

因此X的边缘密度函数为

$$f_X(x)=\begin{cases}1-|x|, & |x|<1,\\ 0, & \text{其他}.\end{cases}$$

当 $-1<y<0$ 时，

$$f_Y(y)=\int_{-\infty}^{+\infty}f(x,y)\,\mathrm{d}x=\int_{-1-y}^{1+y}\frac{1}{2}\mathrm{d}x=1+y=1-|y|.$$

当 $0<y<1$ 时，

$$f_Y(y)=\int_{-\infty}^{+\infty}f(x,y)\,\mathrm{d}x=\int_{y-1}^{1-y}\frac{1}{2}\mathrm{d}x=1-y=1-|y|.$$

因此 Y 的边缘密度函数为

$$f_Y(y)=\begin{cases}1-|y|, & |y|<1,\\ 0, & \text{其他}.\end{cases}$$

(3) 因 $f_X(0)f_Y(0)\neq f(0,0)$，故随机变量 X 与 Y 不相互独立.

(4) $f(x,y)$ 的非零区域与 $\{|x|\leqslant y\}$ 的交集如图 4.11 阴影部分所示.因此

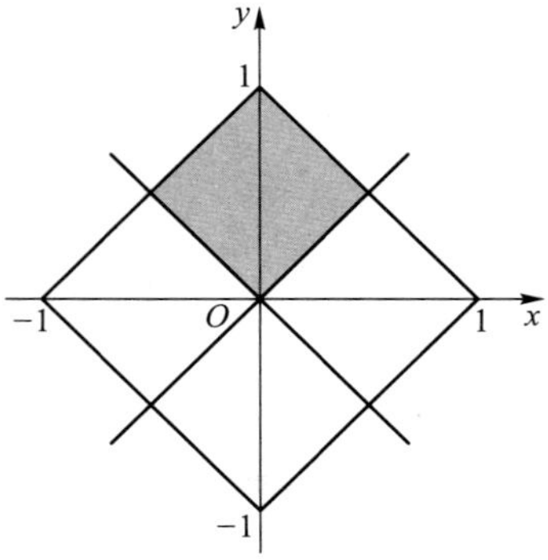

图 4.11

$$\begin{aligned}P(|X|\leqslant Y)&=P(-Y\leqslant X\leqslant Y)\\&=\int_{-\frac{1}{2}}^{0}\int_{-x}^{x+1}\frac{1}{2}\mathrm{d}y\mathrm{d}x+\int_{0}^{\frac{1}{2}}\int_{x}^{1-x}\frac{1}{2}\mathrm{d}y\mathrm{d}x\\&=\frac{1}{4}.\end{aligned}$$

8. 设 X 与 Y 的联合密度函数为

$$f(x,y)=\begin{cases}6\mathrm{e}^{-(3x+2y)}, & x>0,y>0,\\ 0, & \text{其他}.\end{cases}$$

(1) 问 X 与 Y 相互独立吗？为什么？

(2) 试求概率 $P(X<3,Y>2)$.

解　(1) 当 $x>0$ 时，

$$f_X(x)=\int_{-\infty}^{+\infty}f(x,y)\,\mathrm{d}y=\int_{0}^{+\infty}6\mathrm{e}^{-(3x+2y)}\mathrm{d}y=3\mathrm{e}^{-3x}.$$

因此 X 的边缘密度函数为

$$f_X(x)=\begin{cases}3\mathrm{e}^{-3x}, & x>0,\\ 0, & \text{其他}.\end{cases}$$

当 $y>0$ 时，

$$f_Y(y)=\int_{-\infty}^{+\infty}f(x,y)\,\mathrm{d}x=\int_{0}^{+\infty}6\mathrm{e}^{-(3x+2y)}\mathrm{d}x=2\mathrm{e}^{-2y}.$$

因此 Y 的边缘密度函数为

$$f_Y(y)=\begin{cases}2\mathrm{e}^{-2y}, & y>0,\\ 0, & \text{其他}.\end{cases}$$

$f_X(x)f_Y(y)=f(x,y)$，故 X 与 Y 相互独立.

(2) $f(x,y)$ 的非零区域与 $\{x<3,y>2\}$ 的交集如图 4.12 阴影部分所示.因此

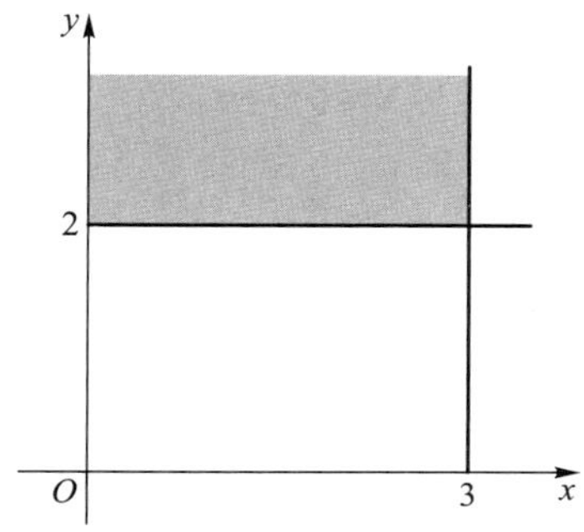

图 4.12

$$P(X<3,Y>2)=\int_0^3\int_2^{+\infty}6\mathrm{e}^{-(3x+2y)}\mathrm{d}y\mathrm{d}x$$

$$=\int_0^3 3\mathrm{e}^{-3x-4}\mathrm{d}x=\mathrm{e}^{-4}-\mathrm{e}^{-13}.$$

9. 设二维随机变量 (X,Y) 的联合密度函数为

$$f(x,y)=\begin{cases}1+xy, & |x|<\dfrac{1}{2}\text{且}|y|<\dfrac{1}{2},\\ 0, & \text{其他}.\end{cases}$$

(1) 分别求 X 和 Y 的边缘密度函数；

(2) 问 X 和 Y 是否相互独立？请说明理由；

(3) 求概率 $P\left(X+Y\leqslant\dfrac{1}{2}\right)$；

(4) 求条件密度函数 $f_{X|Y}(x|y)$，$y\in\left(0,\dfrac{1}{2}\right)$.

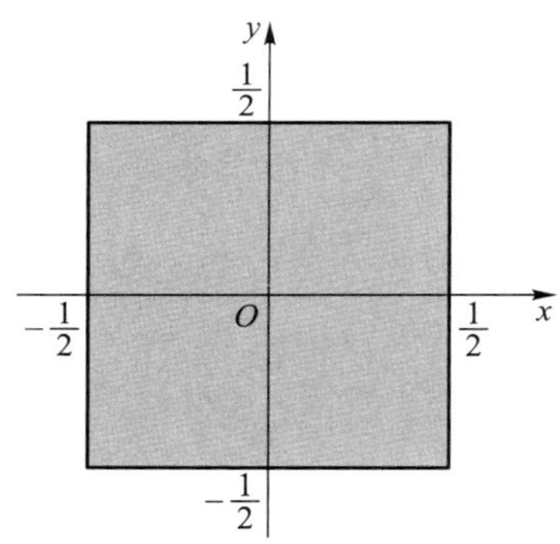

图 4.13

解 (X,Y) 的联合概率密度函数的非零部分如图 4.13 所示.

(1) 当 $-\dfrac{1}{2}<x<\dfrac{1}{2}$ 时，

$$f_X(x)=\int_{-\infty}^{+\infty}f(x,y)\mathrm{d}y=\int_{-\frac{1}{2}}^{\frac{1}{2}}(1+xy)\mathrm{d}y=1.$$

因此 X 的边缘密度函数为

$$f_X(x)=\begin{cases}1, & -\dfrac{1}{2}<x<\dfrac{1}{2},\\ 0, & \text{其他}.\end{cases}$$

当 $-\dfrac{1}{2}<y<\dfrac{1}{2}$ 时，

$$f_Y(y)=\int_{-\infty}^{+\infty}f(x,y)\mathrm{d}x=\int_{-\frac{1}{2}}^{\frac{1}{2}}(1+xy)\mathrm{d}x=1.$$

因此 Y 的边缘密度函数为

$$f_Y(y)=\begin{cases}1, & -\dfrac{1}{2}<y<\dfrac{1}{2},\\ 0, & \text{其他}.\end{cases}$$

(2) $f_X\left(\dfrac{1}{3}\right)f_Y\left(\dfrac{1}{3}\right)\neq f\left(\dfrac{1}{3},\dfrac{1}{3}\right)$，因此随机变量 X 与 Y 不相互独立.

(3) $f(x,y)$ 的非零区域与 $\left\{x+y\leqslant\frac{1}{2}\right\}$ 的交集如图 4.14 阴影部分所示.

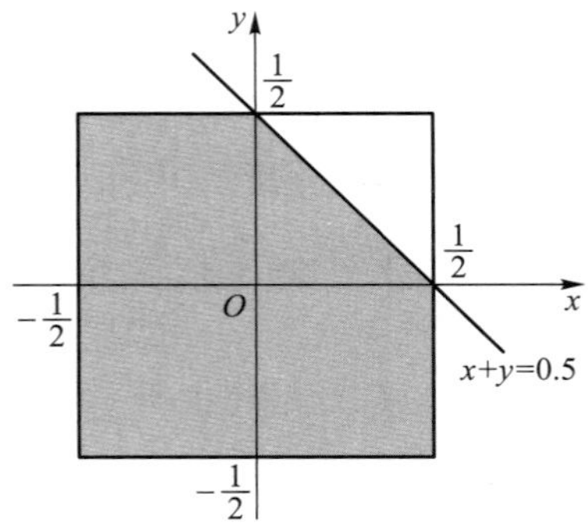

图 4.14

$$P\left(X+Y\leqslant\frac{1}{2}\right)$$

$$=\int_{-\frac{1}{2}}^{0}\int_{-\frac{1}{2}}^{\frac{1}{2}}(1+xy)\mathrm{d}y\mathrm{d}x+\int_{0}^{\frac{1}{2}}\int_{-\frac{1}{2}}^{\frac{1}{2}-x}(1+xy)\mathrm{d}y\mathrm{d}x$$

$$=\int_{-\frac{1}{2}}^{0}1\mathrm{d}x+\int_{0}^{\frac{1}{2}}\left(\frac{x^3}{2}-\frac{x^2}{2}-x+1\right)\mathrm{d}x=\frac{1}{2}+\frac{155}{384}$$

$$=\frac{347}{384}.$$

(4) 当 $y\in\left(0,\frac{1}{2}\right)$ 时，$f_Y(y)=1$，因此当 $|x|<\frac{1}{2}$ 时，

$$f_{X|Y}(x\mid y)=\frac{f(x,y)}{f_Y(y)}=1+xy,$$

条件密度函数为

$$f_{X|Y}(x\mid y)=\begin{cases}1+xy, & |x|<\frac{1}{2},0<y<\frac{1}{2},\\0, & \text{其他}.\end{cases}$$

*§ 4.3　二维随机变量函数的分布

一、内容概要

1. 二维离散型随机变量函数的分布

理解并掌握以下问题的求解：已知 (X,Y) 的联合分布律，求随机变量 $Z=g(X,Y)$ 的分布律；已知 (X,Y) 的联合分布律，记 $U=g(X,Y)$，$V=h(X,Y)$，求二维随机变量 (U,V) 的联合分布律.

2. 0–1 分布与二项分布的联系

设 $X_1,X_2,\cdots,X_n$ 是独立同分布的随机变量，且 $X_i\sim B(1,p)$，$i=1,2,\cdots,n$. 记 $Y=\sum\limits_{i=1}^{n}X_i$，则 $Y\sim B(n,p)$.

3. 分布的可加性

设随机变量 X 与 Y 相互独立，

(1) 若 $X\sim B(m,p)$，$Y\sim B(n,p)$，则 $X+Y\sim B(m+n,p)$；

(2) 若 $X\sim P(\lambda_1)$，$Y\sim P(\lambda_2)$，则 $X+Y\sim P(\lambda_1+\lambda_2)$.

上述结论可推广至 n 个相互独立的随机变量之和的情形.

4. 二维连续型随机变量函数的分布

理解以下问题的求解过程与解题思路：

(1) 已知 (X,Y) 的联合密度函数 $f(x,y)$，求 $Z=g(X,Y)$ 的密度函数主要步骤：

① 确定随机变量 Z 的取值范围；② 计算 $Z=g(X,Y)$ 的分布函数如下：

$$F_Z(z)=P(Z\leqslant z)=P(g(X,Y)\leqslant z)=\iint\limits_{g(x,y)\leqslant z}f(x,y)\,\mathrm{d}x\mathrm{d}y\ ;$$

③ 求导得到 Z 的密度函数 $f_Z(z)=\dfrac{\mathrm{d}F_Z(z)}{\mathrm{d}z}$；④ 完整写出 Z 的密度函数的表达式.

(2) 已知 X 与 Y 相互独立，求 $Z=X+Y$ 的密度函数：

设二维连续型随机变量 (X,Y) 的联合密度函数为 $f(x,y)$，则随机变量 $Z=X+Y$ 的密度函数为 $f_Z(z)=\int_{-\infty}^{+\infty}f(z-y,y)\,\mathrm{d}y$ 或 $f_Z(z)=\int_{-\infty}^{+\infty}f(x,z-x)\,\mathrm{d}x$.特别地，当 X 与 Y 相互独立且密度函数分别为 $f_X(x)$，$f_Y(y)$ 时，$Z=X+Y$ 的密度函数为 $f_Z(z)=\int_{-\infty}^{+\infty}f_X(x)f_Y(z-x)\,\mathrm{d}x$，或者 $f_Z(z)=\int_{-\infty}^{+\infty}f_X(z-y)f_Y(y)\,\mathrm{d}y$.上述公式称为**卷积公式**.

5. 正态分布的可加性

设随机变量 X 与 Y 相互独立，且 $X\sim N(\mu_1,\sigma_1^2)$，$Y\sim N(\mu_2,\sigma_2^2)$，则 $X+Y\sim N(\mu_1+\mu_2,\sigma_1^2+\sigma_2^2)$.

更一般地，有下面结论：

(1) 设随机变量 X 与 Y 相互独立，且 $X\sim N(\mu_1,\sigma_1^2)$，$Y\sim N(\mu_2,\sigma_2^2)$，$k,l,b$ 是一些常数，且 k,l 不全为零，则 $kX+lY+b\sim N(k\mu_1+l\mu_2+b,k^2\sigma_1^2+l^2\sigma_2^2)$；

(2) 设随机变量 $X_1,X_2,\cdots,X_n$ 相互独立，且 $X_i\sim N(\mu_i,\sigma_i^2)$，$i=1,2,\cdots,n$，$k_1$，$k_2,\cdots,k_n$ 是一些不全为零的常数，c 是常数，则

$$\sum_{i=1}^{n}k_iX_i+c\sim N\left(\sum_{i=1}^{n}k_i\mu_i+c,\sum_{i=1}^{n}k_i^2\sigma_i^2\right).$$

6. 最大值和最小值的分布

设连续型随机变量 $X_1,X_2,\cdots,X_n$ 相互独立且服从同一分布，X_1 具有分布函数 $F(x)$ 及密度函数 $f(x)$，则 $U=\max(X_1,X_2,\cdots,X_n)$ 的密度函数为 $f_U(x)=n[F(x)]^{n-1}f(x)$；$V=\min(X_1,X_2,\cdots,X_n)$ 的密度函数为 $f_V(x)=n[1-F(x)]^{n-1}f(x)$.

*7. 变量变换法

设二维连续型随机变量(X,Y)的联合密度函数为$f(x,y)$，若函数$\begin{cases}u=g(x,y),\\v=h(x,y)\end{cases}$有连续偏导数，且存在唯一的反函数$\begin{cases}x=g^{-1}(u,v),\\y=h^{-1}(u,v),\end{cases}$该变换的雅可比行列式 $J=\dfrac{\partial(x,y)}{\partial(u,v)}=\begin{vmatrix}\dfrac{\partial x}{\partial u} & \dfrac{\partial y}{\partial u}\\ \dfrac{\partial x}{\partial v} & \dfrac{\partial y}{\partial v}\end{vmatrix}=\left(\dfrac{\partial(u,v)}{\partial(x,y)}\right)^{-1}\neq 0$，则$(U=g(X,Y),V=h(X,Y))$的联合密度函数为$f_{(U,V)}(u,v)=f(x(u,v),y(u,v))\,|J|$.

二、习题全解

1. 设随机变量 Y 服从参数为 1 的指数分布，记随机变量

$$X_i=\begin{cases}0, & Y\leqslant i,\\1, & Y>i,\end{cases}\quad i=1,2,$$

试求：(1) X_1 与 X_2 的联合分布律；(2) $Z=X_1+X_2$ 的分布律.

解　(1) 随机变量 Y 的概率密度函数为$f(x)=e^{-x},x>0$. (X_1,X_2)的联合分布共有以下四种情况：

$$P(X_1=0,X_2=0)=P(Y\leqslant 1,Y\leqslant 2)=P(Y\leqslant 1)=\int_0^1 e^{-x}dx=1-e^{-1},$$

$$P(X_1=0,X_2=1)=P(Y\leqslant 1,Y>2)=0,$$

$$P(X_1=1,X_2=0)=P(Y>1,Y\leqslant 2)=P(1<Y\leqslant 2)=\int_1^2 e^{-x}dx=e^{-1}-e^{-2},$$

$$P(X_1=1,X_2=1)=P(Y>1,Y>2)=P(Y>2)=\int_2^{+\infty} e^{-x}dx=e^{-2}.$$

因此 X_1 与 X_2 的联合分布律如下：

X_1	X_2	
	0	1
0	$1-e^{-1}$	0
1	$e^{-1}-e^{-2}$	e^{-2}

(2) 可以看出 Z 的可能取值为 0,1,2,并且

$$P(Z=0)=P(X_1=0,X_2=0)=1-e^{-1},$$

$$P(Z=1)=P(X_1=1,X_2=0)+P(X_1=0,X_2=1)=e^{-1}-e^{-2},$$

$$P(Z=2)=P(X_1=1,X_2=1)=e^{-2}.$$

因此 Z 的分布律如下：

Z	0	1	2
P	$1-e^{-1}$	$e^{-1}-e^{-2}$	e^{-2}

2. 设随机变量 (X,Y) 的联合密度函数为 $f(x,y)=\begin{cases}ky^2, & 0\leqslant y\leqslant x\leqslant 1,\\ 0, & \text{其他},\end{cases}$ 试确定未知常数 k 的值并求 $X+Y$ 的密度函数.

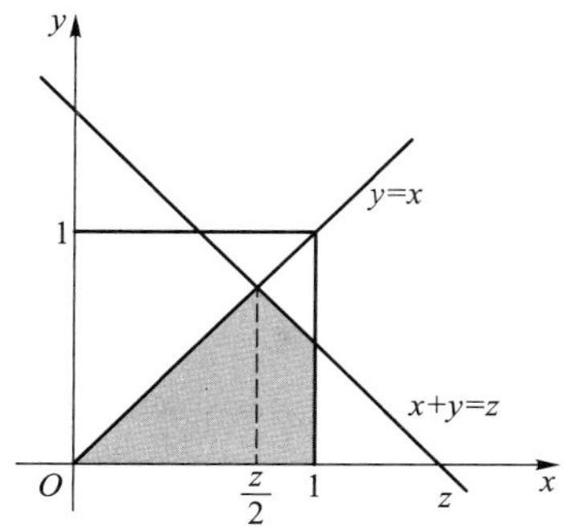

图 4.15

解 由联合密度函数的正则性可知

$$\int_{-\infty}^{+\infty}\int_{-\infty}^{+\infty}f(x,y)\,\mathrm{d}x\mathrm{d}y=\int_0^1\int_y^1 ky^2\,\mathrm{d}x\mathrm{d}y=\frac{k}{12}=1,$$

解得 $k=12$. 记 $Z=X+Y$, 当 $1\leqslant z<2$ 时, $f(x,y)$ 的非零区域与 $\{x+y\leqslant z\}$ 的交集为图 4.15 阴影部分.

$$F_Z(z)=P(Z\leqslant z)=P(X+Y\leqslant z)=\int_0^{\frac{z}{2}}\int_0^x 12y^2\,\mathrm{d}y\mathrm{d}x+\int_{\frac{z}{2}}^1\int_0^{z-x}12y^2\,\mathrm{d}y\mathrm{d}x$$

$$=\int_0^{\frac{z}{2}}4x^3\,\mathrm{d}x+\int_{\frac{z}{2}}^1 4(z-x)^3\,\mathrm{d}x=\frac{z^4}{16}+\frac{z^4}{16}-(z-1)^4$$

$$=-\frac{7}{8}z^4+4z^3-6z^2+4z-1,$$

所以 $f_Z(z)=F_Z'(z)=-\frac{7}{2}z^3+12z^2-12z+4,1\leqslant z<2.$

类似地,当 $0<z<1$ 时,

$$F_Z(z)=P(Z\leqslant z)=P(X+Y\leqslant z)=\int_0^{\frac{z}{2}}\int_0^x 12y^2\,\mathrm{d}y\mathrm{d}x+\int_{\frac{z}{2}}^z\int_0^{z-x}12y^2\,\mathrm{d}y\mathrm{d}x$$

$$=\frac{1}{8}z^4,$$

因此 $f_Z(z)=F_Z'(z)=\frac{1}{2}z^3$,故 $X+Y$ 的概率密度函数为

$$f_Z(z)=\begin{cases}\frac{1}{2}z^3, & 0<z<1,\\ -\frac{7}{2}z^3+12z^2-12z+4, & 1\leqslant z<2,\\ 0, & \text{其他}.\end{cases}$$

3. 现有 1,2,3,4 四个整数,X 表示从这 4 个整数中随机抽取一个整数,Y 表示从 1 至 X 中随机抽取一个整数,试求 $Z=X-Y$ 的分布律.

解　由题意知，X 和 Y 的联合分布律为

X	Y			
	1	2	3	4
1	$\frac{1}{4}$	0	0	0
2	$\frac{1}{8}$	$\frac{1}{8}$	0	0
3	$\frac{1}{12}$	$\frac{1}{12}$	$\frac{1}{12}$	0
4	$\frac{1}{16}$	$\frac{1}{16}$	$\frac{1}{16}$	$\frac{1}{16}$

可以看出 Z 的可能取值为 0,1,2,3 并且

$$P(Z=0)=P(X=Y)=\frac{1}{4}+\frac{1}{8}+\frac{1}{12}+\frac{1}{16}=\frac{25}{48}.$$

$$\begin{aligned}P(Z=1)&=P(X=2,Y=1)+P(X=3,Y=2)+P(X=4,Y=3)\\&=\frac{1}{8}+\frac{1}{12}+\frac{1}{16}=\frac{13}{48}.\end{aligned}$$

$$P(Z=2)=P(X=3,Y=1)+P(X=4,Y=2)=\frac{1}{12}+\frac{1}{16}=\frac{7}{48}.$$

$$P(Z=3)=P(X=4,Y=1)=\frac{1}{16}.$$

因此 Z 的分布律如下：

Z	0	1	2	3
P	$\frac{25}{48}$	$\frac{13}{48}$	$\frac{7}{48}$	$\frac{1}{16}$

4. 设 X 与 Y 是相互独立的随机变量，其密度函数分别为

$$f_X(x)=\begin{cases}e^{-x}, & x>0,\\0, & x\leqslant 0,\end{cases}\qquad f_Y(y)=\begin{cases}2e^{-2y}, & y>0,\\0, & y\leqslant 0.\end{cases}$$

定义随机变量 $Z=\begin{cases}1, & X\leqslant Y,\\0, & X>Y,\end{cases}$ 试求 Z 的分布律和分布函数.

解　因为 X 与 Y 相互独立，所以其联合概率密度函数为

$$f(x,y)=f_X(x)f_Y(y)=\begin{cases}2e^{-(x+2y)}, & x>0,y>0,\\0, & \text{其他}.\end{cases}$$

因此 Z 的概率分布律为

$$P(Z=1)=P(X\leqslant Y)=\int_0^{+\infty}\int_x^{+\infty}2e^{-(x+2y)}\,dy\,dx=\frac{1}{3}.$$

$$P(Z=0)=P(X>Y)=1-P(X\leqslant Y)=\frac{2}{3}.$$

Z 的分布函数为

$$F(z)=P(Z\leqslant z)=\begin{cases}0, & z<0,\\ \frac{2}{3}, & 0\leqslant z<1,\\ 1, & z\geqslant 1.\end{cases}$$

5. 设(X,Y)为二维离散型随机变量，X,Y的边缘分布律分别为

X	0	1
P	$\frac{2}{3}$	$\frac{1}{3}$

Y	-1	0	1
P	$\frac{1}{4}$	$\frac{1}{2}$	$\frac{1}{4}$

且 $P(XY=0)=1$，试求：

(1) (X,Y)的联合分布律；

(2) $Z=X-Y$ 的分布律；

(3) $W=X^2Y$ 的分布律.

解　(1) $P(XY=0)=1$ 可知，$P(XY\neq 0)=0$. 因此

$$P(X=1,Y=-1)=P(X=1,Y=1)=0.$$

记(X,Y)的联合概率分布如下：

X	Y		
	-1	0	1
0	a	b	c
1	0	d	0

根据 X,Y 的边缘概率分布可知，

$$a+b+c=\frac{2}{3},\quad d=\frac{1}{3},\quad a=\frac{1}{4},\quad b+d=\frac{1}{2},\quad c=\frac{1}{4}.$$

解得 $a=\frac{1}{4},b=\frac{1}{6},c=\frac{1}{4},d=\frac{1}{3}$.因此$(X,Y)$的联合概率分布如下：

X	Y		
	-1	0	1
0	$\frac{1}{4}$	$\frac{1}{6}$	$\frac{1}{4}$
1	0	$\frac{1}{3}$	0

（2）根据 X 和 Y 的取值可以看出 Z 的可能取值为 $-1,0,1,2$，并且

$$P(Z=-1)=P(X=0,Y=1)=\frac{1}{4},$$

$$P(Z=0)=P(X=0,Y=0)+P(X=1,Y=1)=\frac{1}{6},$$

$$P(Z=1)=P(X=0,Y=-1)+P(X=1,Y=0)=\frac{1}{4}+\frac{1}{3}=\frac{7}{12},$$

$$P(Z=2)=P(X=1,Y=-1)=0.$$

因此 Z 的概率分布如下

Z	-1	0	1
P	$\frac{1}{4}$	$\frac{1}{6}$	$\frac{7}{12}$

（3）根据 X 和 Y 的取值可以看出 W 的可能取值为 $-1,0,1$. 并且

$$P(W=-1)=P(X=1,Y=-1)=0,$$

$$P(W=0)=P(XY=0)=1,$$

$$P(W=1)=P(X=1,Y=1)=0.$$

因此 W 的概率分布为 $P(W=0)=1$.

6. 设有三个灯泡，其寿命 X_1,X_2,X_3 相互独立且服从相同的分布，X_1 的密度函数为 $f(x)=\begin{cases}5\,000x^{-3}, & x>50,\\ 0, & \text{其他}.\end{cases}$ 试求 $J=\min(X_1,X_2,X_3)$ 的密度函数.

解　X_1 的分布函数为

$$F(x)=\int_{50}^{x}f(t)\,\mathrm{d}t=\begin{cases}0, & x\leqslant 50,\\ 1-2\,500x^{-2}, & x>50.\end{cases}$$

因此 $J=\min\,(X_1,X_2,X_3)$ 的概率密度函数为

$$f_J(x)=3f(x)[1-F(x)]^{3-1}=\begin{cases}9.375\times10^{10}x^{-7}, & x>50,\\ 0, & \text{其他}.\end{cases}$$

7. 设随机变量 X 与 Y 相互独立，其密度函数分别为 $f_X(x)=\begin{cases}1, & 0<x<1,\\ 0, & \text{其他},\end{cases}$ $f_Y(y)=\begin{cases}\mathrm{e}^{-y}, & y>0,\\ 0, & \text{其他}.\end{cases}$ 试求随机变量 $Z=2X+Y$ 的密度函数.

解　因为 X 与 Y 相互独立，所以其联合概率密度函数为

$$f(x,y)=f_X(x)f_Y(y)=\begin{cases}\mathrm{e}^{-y}, & 0<x<1,y>0,\\ 0, & \text{其他}.\end{cases}$$

$f(x,y)$ 的非零区域与 $\{2x+y\leqslant z\}$ 的交集为图 4.16 阴影部分.

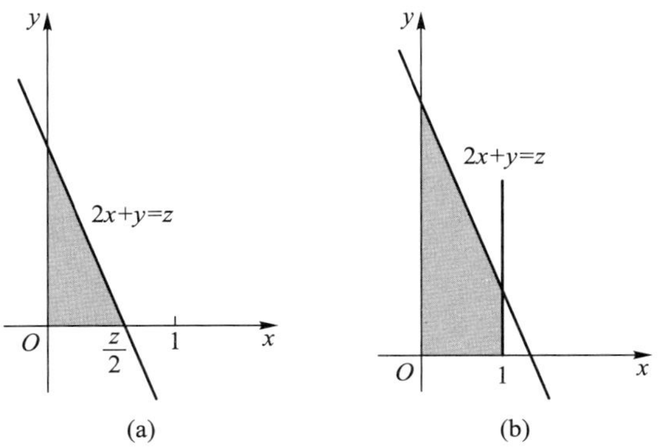

图 4.16

当 $0<z<2$ 时，

$$F_Z(z)=P(Z\leqslant z)=P(2X+Y\leqslant z)=\int_0^{\frac{z}{2}}\int_0^{z-2x}\mathrm{e}^{-y}\mathrm{d}y\mathrm{d}x=\frac{z+\mathrm{e}^{-z}-1}{2}.$$

因此 $f_Z(z)=F_Z'(z)=\dfrac{1-\mathrm{e}^{-z}}{2}$.

当 $z\geqslant 2$ 时，

$$F_Z(z)=P(Z\leqslant z)=P(2X+Y\leqslant z)=\int_0^{1}\int_0^{z-2x}\mathrm{e}^{-y}\mathrm{d}y\mathrm{d}x=\frac{2-\mathrm{e}^{2-z}+\mathrm{e}^{-z}}{2}.$$

因此 $f_Z(z)=F_Z'(z)=\dfrac{\mathrm{e}^{2-z}-\mathrm{e}^{-z}}{2}$.

随机变量 $Z=2X+Y$ 的密度函数为

$$f_Z(z)=\begin{cases}\dfrac{1-\mathrm{e}^{-z}}{2}, & 0<z<2,\\ \dfrac{\mathrm{e}^{2-z}-\mathrm{e}^{-z}}{2}, & z\geqslant 2,\\ 0, & \text{其他}.\end{cases}$$

8. 设随机变量 X 与 Y 相互独立且服从相同的分布，X 的分布律为 $P(X=k)=\left(\dfrac{1}{2}\right)^k$，$k=1,2,3,\cdots$. 记 $U=\min(X,Y)$，$V=\max(X,Y)$.

(1) 求 U 和 V 的分布律；(2) 求二维随机变量 (U,V) 的联合分布律.

解　(1) 当 $k=1,2,3,\cdots$时，

$$\begin{aligned}P(U=k)&=P(X=k,Y\geqslant k)+P(Y=k,X>k)\\&=2\sum_{j=k}^{\infty}P(X=k,Y=j)-P(X=k,Y=k)\\&=2\cdot\sum_{j=k}^{\infty}\left(\frac{1}{2}\right)^k\cdot\left(\frac{1}{2}\right)^j-\left(\frac{1}{2}\right)^{2k}=3\cdot\left(\frac{1}{4}\right)^k,k=1,2,3,\cdots.\end{aligned}$$

当 $k=1,2,3,\cdots$ 时,

$$P(V=k)=P(X=k,Y\leqslant k)+P(Y=k,X<k)$$
$$=2\sum_{i=1}^{k}P(X=k,Y=i)-P(X=k,Y=k)$$
$$=2\cdot\sum_{i=1}^{k}\left(\frac{1}{2}\right)^{k}\cdot\left(\frac{1}{2}\right)^{i}-\left(\frac{1}{2}\right)^{2k}=\left(\frac{1}{2}\right)^{k-1}-3\cdot\left(\frac{1}{2}\right)^{2k},\quad k=1,2,3,\cdots.$$

(2) 当 $i=j=1,2,3,\cdots$ 时,

$$P(U=V=i)=P(X=Y=i)=\left(\frac{1}{2}\right)^{2i},\quad i=1,2,3,\cdots;$$

当 $j>i=1,2,3,\cdots$ 时,

$$P(U=i,V=j)=P(X=j,Y=i)+P(X=i,Y=j)=\left(\frac{1}{2}\right)^{i+j-1},\quad j>i=1,2,3,\cdots.$$

§4.4 随机向量的数字特征

一、内容概要

1. 二维随机变量函数的数学期望

设二维离散型随机变量 (X,Y) 的联合分布律为 $P(X=a_i,Y=b_j)=p_{ij},i,j=1,2,\cdots,Z=g(X,Y)$. 若 $\sum\limits_{i,j}|g(a_i,b_j)|\cdot p_{ij}<+\infty$, 则 $Z=g(X,Y)$ 的数学期望 $E(Z)=\sum\limits_{i,j}g(a_i,b_j)p_{ij}$. 特别地,当 $g(X,Y)=X$ 或 Y 时,

$$E(X)=\sum_{i}\sum_{j}a_ip_{ij}=\sum_{i}a_i\sum_{j}p_{ij}=\sum_{i}a_ip_{i\cdot}\ ,$$
$$E(Y)=\sum_{i}\sum_{j}b_jp_{ij}=\sum_{j}b_j\sum_{i}p_{ij}=\sum_{j}b_jp_{\cdot j}\ .$$

设二维连续型随机变量 (X,Y) 的联合密度函数为 $f(x,y)$, 则 $Z=g(X,Y)$ 的数学期望 $E(Z)=\int_{-\infty}^{+\infty}\int_{-\infty}^{+\infty}g(x,y)f(x,y)\,\mathrm{d}x\mathrm{d}y$, 这里要求 $\int_{-\infty}^{+\infty}\int_{-\infty}^{+\infty}|g(x,y)|f(x,y)\,\mathrm{d}x\mathrm{d}y<+\infty$. 特别地,当 $g(X,Y)=X$ 或 Y 时,

$$E(X)=\int_{-\infty}^{+\infty}\int_{-\infty}^{+\infty}xf(x,y)\,\mathrm{d}x\mathrm{d}y=\int_{-\infty}^{+\infty}x\mathrm{d}x\int_{-\infty}^{+\infty}f(x,y)\,\mathrm{d}y=\int_{-\infty}^{+\infty}xf_X(x)\,\mathrm{d}x\ ,$$
$$E(Y)=\int_{-\infty}^{+\infty}\int_{-\infty}^{+\infty}yf(x,y)\,\mathrm{d}x\mathrm{d}y=\int_{-\infty}^{+\infty}y\mathrm{d}y\int_{-\infty}^{+\infty}f(x,y)\,\mathrm{d}x=\int_{-\infty}^{+\infty}yf_Y(y)\,\mathrm{d}y\ .$$

上述结论可推广至 n 维随机变量函数的数学期望.

2. 数学期望性质的推广

设随机变量 $X_1, X_2, \cdots, X_n$，

(1) 若 $Y=\sum_{i=1}^{n} k_i X_i + c$，其中 $k_i(i=1,2,\cdots,n)$，c 是常数，则 $E(Y)=\sum_{i=1}^{n} k_i E(X_i) + c$. 特别地，$E\left(\sum_{i=1}^{n} X_i\right)=\sum_{i=1}^{n} E(X_i)$；

(2) 当随机变量 $X_1, X_2, \cdots, X_n$ 相互独立时，

$$E(X_1 X_2 \cdots X_n)=E(X_1)E(X_2)\cdots E(X_n).$$

3. 方差性质的推广

设 X, Y 是随机变量，则

(1) $\operatorname{Var}(X \pm Y)=\operatorname{Var}(X)+\operatorname{Var}(Y) \pm 2E[(X-E(X))(Y-E(Y))]$；

(2) 当 X 与 Y 相互独立时，$\operatorname{Var}(X \pm Y)=\operatorname{Var}(X)+\operatorname{Var}(Y)$.

4. 协方差

称 $\operatorname{Cov}(X, Y)=E\{[X-E(X)][Y-E(Y)]\}$ 为随机变量 X 与 Y 的**协方差**.

(1) $\operatorname{Cov}(X, X)=\operatorname{Var}(X)$；

(2) $\operatorname{Var}(X \pm Y)=\operatorname{Var}(X)+\operatorname{Var}(Y) \pm 2\operatorname{Cov}(X, Y)$；

一般地，设 a, b, c 是任意常数，则

$$\operatorname{Var}(aX \pm bY+c)=a^2 \operatorname{Var}(X)+b^2 \operatorname{Var}(Y) \pm 2ab\operatorname{Cov}(X, Y)；$$

(3) 当 X 与 Y 相互独立且协方差 $\operatorname{Cov}(X, Y)$ 存在时，$\operatorname{Cov}(X, Y)=0$；

(4) 计算协方差常用公式：$\operatorname{Cov}(X, Y)=E(XY)-E(X)E(Y)$.

5. 协方差的性质

设 X, Y 是随机变量，

(1) 若 C 为任意常数，则 $\operatorname{Cov}(X, C)=0$；

(2) 协方差具有对称性，即 $\operatorname{Cov}(X, Y)=\operatorname{Cov}(Y, X)$；

(3) 设 k, l 都是常数，则 $\operatorname{Cov}(kX, lY)=kl\operatorname{Cov}(X, Y)$；

(4) $\operatorname{Cov}\left(\sum_{i=1}^{m} X_i, \sum_{j=1}^{n} Y_j\right)=\sum_{i=1}^{m} \sum_{j=1}^{n} \operatorname{Cov}(X_i, Y_j)$，

其中 $X_1, X_2, \cdots, X_m, Y_1, Y_2, \cdots, Y_n$ 是随机变量.

6. 相关系数

称 $\operatorname{Corr}(X, Y) \hat{=} \dfrac{\operatorname{Cov}(X, Y)}{\sqrt{\operatorname{Var}(X)} \sqrt{\operatorname{Var}(Y)}}$ 为随机变量 X 与 Y 的**相关系数**，其中 $\operatorname{Var}(X)>0$，$\operatorname{Var}(Y)>0$. 记 $X^*=\dfrac{X-E(X)}{\sqrt{\operatorname{Var}(X)}}$，$Y^*=\dfrac{Y-E(Y)}{\sqrt{\operatorname{Var}(Y)}}$，则 $\operatorname{Corr}(X, Y)=\operatorname{Cov}(X^*, Y^*)$.

7. 相关系数性质

设 X,Y 是随机变量，当 $\operatorname{Var}(X)>0,\operatorname{Var}(Y)>0$ 时，有

(1) $\operatorname{Corr}(X,Y)=\operatorname{Corr}(Y,X)$；

(2) $|\operatorname{Corr}(X,Y)|\leqslant 1$；

(3) $|\operatorname{Corr}(X,Y)|=1$ 的充要条件是：存在非零常数 a 及常数 b，使得 $Y=aX+b(a\neq 0)$ 以概率 1 成立，即 $P(Y=aX+b)=1$.

当 $\operatorname{Corr}(X,Y)=0$ 时，称 **X 与 Y 不相关**. 在 X 与 Y 不相关时，有

$$\operatorname{Cov}(X,Y)=\operatorname{Corr}(X,Y)\sqrt{\operatorname{Var}(X)\operatorname{Var}(Y)}=0,$$

$$\operatorname{Var}(X\pm Y)=\operatorname{Var}(X)+\operatorname{Var}(Y),E(XY)=E(X)E(Y).$$

8. 相互独立与不相关

(1) 若随机变量 X 与 Y 相互独立，且 $\operatorname{Cov}(X,Y)$ 存在，则 X 与 Y 不相关；

(2) 若 X 与 Y 相关，则 X 与 Y 一定不独立；

(3) 设 (X,Y) 服从二维正态分布 $N(\mu_1,\mu_2,\sigma_1^2,\sigma_2^2,\rho)$，则 $\rho=\operatorname{Corr}(X,Y)$；

(4) 设 (X,Y) 服从二维正态分布，则 X 与 Y 相互独立等价于 X 与 Y 不相关.

二、习题全解

1. 设二维离散型随机变量 (X,Y) 的联合分布律为

X	Y		
	1	2	3
1	$\frac{1}{4}$	$\frac{1}{4}$	$\frac{1}{8}$
2	$\frac{1}{8}$	0	0
3	$\frac{1}{8}$	$\frac{1}{8}$	0

求数字特征：$E(X),E(Y),E(X-2Y),\operatorname{Var}(X),\operatorname{Var}(Y),\operatorname{Cov}(X,Y),\operatorname{Corr}(X,Y)$.

解　X 的边缘分布为

X	1	2	3
P	$\frac{5}{8}$	$\frac{1}{8}$	$\frac{1}{4}$

Y 的边缘分布为

Y	1	2	3
P	$\frac{1}{2}$	$\frac{3}{8}$	$\frac{1}{8}$

XY 的分布律为

XY	1	2	3	6
P	$\frac{1}{4}$	$\frac{3}{8}$	$\frac{1}{4}$	$\frac{1}{8}$

因此

$$E(X)=\frac{5}{8}\times1+\frac{1}{8}\times2+\frac{1}{4}\times3=\frac{13}{8},\quad E(X^2)=\frac{5}{8}\times1+\frac{1}{8}\times4+\frac{1}{4}\times9=\frac{27}{8}.$$

$$E(Y)=\frac{1}{2}\times1+\frac{3}{8}\times2+\frac{1}{8}\times3=\frac{13}{8},\quad E(Y^2)=\frac{1}{2}\times1+\frac{3}{8}\times4+\frac{1}{8}\times9=\frac{25}{8}.$$

$$E(X-2Y)=E(X)-2E(Y)=-\frac{13}{8}.$$

$$\mathrm{Var}(X)=E(X^2)-[E(X)]^2=\frac{47}{64},\quad \mathrm{Var}(Y)=E(Y^2)-[E(Y)]^2=\frac{31}{64}.$$

$$E(XY)=\frac{1}{4}\times1+\frac{3}{8}\times2+\frac{1}{4}\times3+\frac{1}{8}\times6=\frac{5}{2}.$$

$$\mathrm{Cov}(X,Y)=E(XY)-E(X)E(Y)=\frac{5}{2}-\frac{13}{8}\times\frac{13}{8}=-\frac{9}{64}.$$

$$\mathrm{Corr}(X,Y)=\frac{\mathrm{Cov}(X,Y)}{\sqrt{\mathrm{Var}(X)\mathrm{Var}(Y)}}=-\frac{9}{\sqrt{1\ 457}}.$$

2. 设 X 与 Y 的联合分布律为

X	Y		
	-1	0	1
-1	$\frac{1}{8}$	$\frac{1}{4}$	$\frac{1}{8}$
0	$\frac{1}{4}$	0	$\frac{1}{4}$

(1) 求 $E(X^2Y)$；

(2) 计算 X 与 Y 的相关系数 $\mathrm{Corr}(X,Y)$，并问 X 与 Y 是否不相关？

(3) 求 $U=\max(X,Y)$ 的分布律.

解 (1) 根据 X 与 Y 的联合概率分布可知，X^2Y 的可能取值为 $-1,0,1$. 并且

$$P(X^2Y=-1)=P(X=-1,Y=-1)=\frac{1}{8},$$

$$P(X^2Y=0)=P(X=0)+P(Y=0)-P(X=0,Y=0)=\frac{3}{4},$$

$$P(X^2Y=1)=P(X=-1,Y=1)=\frac{1}{8},$$

因此

$$E(X^2Y)=-1\times\frac{1}{8}+0\times\frac{3}{4}+1\times\frac{1}{8}=0.$$

（2）X 的边缘分布为

X	-1	0
P	$\frac{1}{2}$	$\frac{1}{2}$

Y 的边缘分布为

Y	-1	0	1
P	$\frac{3}{8}$	$\frac{1}{4}$	$\frac{3}{8}$

XY 的分布律为

XY	-1	0	1
P	$\frac{1}{8}$	$\frac{3}{4}$	$\frac{1}{8}$

故有

$$E(X)=\frac{1}{2}\times(-1)+\frac{1}{2}\times0=-\frac{1}{2},\quad E(Y)=\frac{3}{8}\times(-1)+\frac{1}{4}\times0+\frac{3}{8}\times1=0.$$

$$E(XY)=\frac{1}{8}\times(-1)+\frac{3}{4}\times0+\frac{1}{8}\times1=0,\mathrm{Cov}(X,Y)=E(XY)-E(X)E(Y)=0.$$

$$\mathrm{Corr}(X,Y)=\frac{\mathrm{Cov}(X,Y)}{\sqrt{\mathrm{Var}(X)\mathrm{Var}(Y)}}=0.$$

因此 X 与 Y 不相关.

（3）U 可能的取值有$-1,0,1$.并且

$$P(U=-1)=P(X=-1,Y=-1)=\frac{1}{8},$$

$$P(U=0)=P(X=-1,Y=0)+P(X=0,Y=-1)+P(X=0,Y=0)=\frac{1}{2},$$

$$P(U=1)=P(Y=1)=\frac{3}{8},$$

U 的概率分布为

U	-1	0	1
P	$\frac{1}{8}$	$\frac{1}{2}$	$\frac{3}{8}$

3. 设 X 与 Y 相互独立，且 $X\sim N(1,2)$，$Y\sim N(2,3)$.

(1) 求 $Z=2X-Y+1$ 的密度函数；

(2) 求 $E(XY)$ 与 $\operatorname{Var}(XY)$.

解 (1)根据正态分布的可加性，

$$Z\sim N(1,11),$$

因此 Z 的密度函数为

$$f(z)=\frac{1}{\sqrt{22\pi}}\mathrm{e}^{-\frac{(z-1)^2}{22}},\quad z\in(-\infty,+\infty).$$

(2) 因为 X 与 Y 相互独立，所以

$$E(XY)=E(X)E(Y)=2.$$

$$\begin{aligned}\operatorname{Var}(XY)&=E(X^2Y^2)-[E(X)]^2[E(Y)]^2\\&=E(X^2)E(Y^2)-[E(X)]^2[E(Y)]^2\\&=[\operatorname{Var}(X)+[E(X)]^2][\operatorname{Var}(Y)+[E(Y)]^2]-[E(X)]^2[E(Y)]^2\\&=\operatorname{Var}(X)\operatorname{Var}(Y)+\operatorname{Var}(X)[E(Y)]^2+\operatorname{Var}(Y)[E(X)]^2=17.\end{aligned}$$

4. 抛一枚均匀硬币两次，记 $X_i=\begin{cases}1, & 第\ i\ 次出现正面,\\0, & 第\ i\ 次出现反面,\end{cases}$ $i=1,2$，令 $Y=X_1+X_2$，

(1) 试求 (X_1,Y) 的联合分布律；

(2) 试分别求 X_1 以及 Y 的边缘分布律；

(3) 问 X_1 与 Y 是否相关？为什么？

(4) 试求概率 $P(2X_1\leqslant Y)$.

解 (1) X_1 可能的取值为 0,1，Y 可能的取值为 0,1,2，且 $X_1\leqslant Y$，故有

$$P(X_1=0,Y=0)=P(X_1=0,X_2=0)=\frac{1}{2}\times\frac{1}{2}=\frac{1}{4},$$

$$P(X_1=0,Y=1)=P(X_1=0,X_2=1)=\frac{1}{2}\times\frac{1}{2}=\frac{1}{4},$$

$$P(X_1=1,Y=1)=P(X_1=1,X_2=0)=\frac{1}{2}\times\frac{1}{2}=\frac{1}{4},$$

$$P(X_1=1,Y=2)=P(X_1=1,X_2=1)=\frac{1}{2}\times\frac{1}{2}=\frac{1}{4}.$$

(X_1,Y) 的联合分布律为

X_1	Y		
	0	1	2
0	$\frac{1}{4}$	$\frac{1}{4}$	0
1	0	$\frac{1}{4}$	$\frac{1}{4}$

(2) X_1 可能的取值为 0,1,并且

$$P(X_1=0)=P(X_1=0,Y=0)+P(X_1=0,Y=1)=\frac{1}{2},$$

$$P(X_1=1)=P(X_1=1,Y=1)+P(X_1=1,Y=2)=\frac{1}{2}.$$

X_1 的边缘分布律为

X_1	0	1
P	$\frac{1}{2}$	$\frac{1}{2}$

Y 可能的取值为 0,1,2,并且

$$P(Y=0)=P(X_1=0,Y=0)=\frac{1}{4},$$

$$P(Y=1)=P(X_1=0,Y=1)+P(X_1=1,Y=1)=\frac{1}{2},$$

$$P(Y=2)=P(X_1=1,Y=2)=\frac{1}{4}.$$

Y 的边缘分布律为

Y	0	1	2
P	$\frac{1}{4}$	$\frac{1}{2}$	$\frac{1}{4}$

(3) X_1Y 的分布律为

X_1Y	0	1	2
P	$\frac{1}{2}$	$\frac{1}{4}$	$\frac{1}{4}$

所以 X_1,Y 和 X_1Y 的数学期望分别为

$$E(X_1)=0\times\frac{1}{2}+1\times\frac{1}{2}=\frac{1}{2},\quad E(Y)=0\times\frac{1}{4}+1\times\frac{1}{2}+2\times\frac{1}{4}=1.$$

$$E(X_1Y)=0\times\frac{1}{2}+1\times\frac{1}{4}+2\times\frac{1}{4}=\frac{3}{4}.$$

所以

$$\mathrm{Cov}(X_1,Y)=E(X_1Y)-E(X_1)E(Y)=\frac{1}{4}\neq 0.$$

因此 X_1 和 Y 是相关的.

(4) $P(2X_1\leqslant Y)=P(X_1=0)+P(X_1=1,Y=2)=\frac{3}{4}.$

5. 设 X 服从参数为 4 的泊松分布,Y 服从参数为 2 的指数分布,且 X 与 Y 的相关系数 $\mathrm{Corr}(X,Y)=\dfrac{1}{2}$,试求下列数字特征:(1) $E(XY)$;(2) $\mathrm{Var}(X+Y)$.

解 (1) 由题意得,$E(X)=4,\mathrm{Var}(X)=4,E(Y)=\dfrac{1}{2},\mathrm{Var}(Y)=\dfrac{1}{4}$.

$$\mathrm{Corr}(X,Y)=\frac{\mathrm{Cov}(X,Y)}{\sqrt{\mathrm{Var}(X)\mathrm{Var}(Y)}}=\frac{E(XY)-E(X)E(Y)}{\sqrt{\mathrm{Var}(X)\mathrm{Var}(Y)}}=\frac{1}{2},$$

解得 $E(XY)=\dfrac{5}{2}$.

(2) 根据方差公式

$$\begin{aligned}\mathrm{Var}(X+Y)&=E(X+Y)^2-[E(X+Y)]^2\\&=E(X^2)+2E(XY)+E(Y^2)-[E(X)+E(Y)]^2\\&=\mathrm{Var}(X)+[E(X)]^2+\mathrm{Var}(Y)+[E(Y)]^2+2E(XY)-[E(X)+E(Y)]^2\\&=\frac{21}{4}.\end{aligned}$$

6. 在长度为 1 的线段上任取两点,求两点间的距离的数学期望与标准差.

解 记随机变量 X 和 Y 分别为这两点到线段左端点的距离,显然 X 和 Y 均服从参数为 1 的均匀分布,且相互独立.记随机变量 Z 为两点间的距离,$Z=|X-Y|$.X 和 Y 的联合概率密度函数为

$$f_{X,Y}(x,y)=\begin{cases}1, & 0\leqslant x\leqslant 1,0\leqslant y\leqslant 1,\\0, & \text{其他}.\end{cases}$$

因此随机变量 Z,即两点间的距离的数学期望为

$$E(Z)=\int_{-\infty}^{+\infty}\int_{-\infty}^{+\infty}|x-y|f(x,y)\,\mathrm{d}x\mathrm{d}y=\int_0^1\int_0^1|x-y|\,\mathrm{d}x\mathrm{d}y=\frac{1}{3}.$$

又因为

$$E(Z^2)=\int_{-\infty}^{+\infty}\int_{-\infty}^{+\infty}|x-y|^2f(x,y)\,\mathrm{d}x\mathrm{d}y=\int_0^1\int_0^1(x-y)^2\mathrm{d}x\mathrm{d}y=\frac{1}{6},$$

所以随机变量 Z 即两点间的距离的标准差为

$$\sqrt{\mathrm{Var}(Z)}=\sqrt{E(Z^2)-[E(Z)]^2}=\frac{\sqrt{2}}{6}.$$

7. 假设随机变量 U 在区间$[-2,2]$上服从均匀分布,定义随机变量

$$X=\begin{cases}-1, & U\leqslant -1,\\1, & U>-1,\end{cases}\qquad Y=\begin{cases}-1, & U\leqslant 1,\\1, & U>1.\end{cases}$$

试求:

(1) X 和 Y 的联合分布律;

（2）随机变量的函数 $Z=X+Y$ 的分布律；

（3）$\mathrm{Var}(Z),\mathrm{Corr}(X,Z)$.

解　（1）随机变量 U 的概率密度函数为

$$f(u)=\begin{cases}\dfrac{1}{4}, & -2\leqslant u\leqslant 2,\\ 0, & \text{其他}.\end{cases}$$

X 和 Y 可能取值的概率为

$$P(X=-1,Y=-1)=P(U\leqslant -1,U\leqslant 1)=P(U\leqslant -1)=\int_{-2}^{-1}\frac{1}{4}\mathrm{d}u=\frac{1}{4},$$

$$P(X=-1,Y=1)=P(U\leqslant -1,U>1)=0,$$

$$P(X=1,Y=-1)=P(U>-1,U\leqslant 1)=P(-1<U\leqslant 1)=\int_{-1}^{1}\frac{1}{4}\mathrm{d}u=\frac{1}{2},$$

$$P(X=1,Y=1)=P(U>-1,U>1)=P(U>1)=\int_{1}^{2}\frac{1}{4}\mathrm{d}u=\frac{1}{4}.$$

X 和 Y 的联合分布律为

X	Y	
	-1	1
-1	$\frac{1}{4}$	0
1	$\frac{1}{2}$	$\frac{1}{4}$

（2）随机变量 Z 可能的取值有 $-2,0,2$. 并且

$$P(Z=-2)=P(X=-1,Y=-1)=\frac{1}{4},$$

$$P(Z=0)=P(X=1,Y=-1)+P(X=-1,Y=1)=\frac{1}{2},$$

$$P(Z=2)=P(X=1,Y=1)=\frac{1}{4}.$$

Z 的概率分布为

Z	-2	0	2
P	$\frac{1}{4}$	$\frac{1}{2}$	$\frac{1}{4}$

（3）$E(Z)=-2\times\frac{1}{4}+0\times\frac{1}{2}+2\times\frac{1}{4}=0,E(Z^2)=4\times\frac{1}{4}+0\times\frac{1}{2}+4\times\frac{1}{4}=2$. 因此 $\mathrm{Var}(Z)=E(Z^2)-[E(Z)]^2=2$.

XZ 的分布律为

XZ	0	2
P	$\frac{1}{2}$	$\frac{1}{2}$

因此 XZ 的数学期望为

$$E(XZ)=0\times\frac{1}{2}+2\times\frac{1}{2}=1.$$

由 X 和 Y 的联合分布律可知

$$P(X=-1)=\frac{1}{4},\quad P(X=1)=\frac{1}{4}+\frac{1}{2}=\frac{3}{4}.$$

因此随机变量 X 和 X^2 的数学期望为

$$E(X)=-1\times\frac{1}{4}+1\times\frac{3}{4}=\frac{1}{2},\quad E(X^2)=1\times\frac{1}{4}+1\times\frac{3}{4}=1.$$

根据方差的计算公式

$$\mathrm{Var}(X)=E(X^2)-[E(X)]^2=\frac{3}{4}.$$

根据相关系数的计算公式

$$\mathrm{Corr}(X,Z)=\frac{\mathrm{Cov}(X,Z)}{\sqrt{\mathrm{Var}(X)\mathrm{Var}(Z)}}=\frac{E(XZ)-E(X)E(Z)}{\sqrt{\mathrm{Var}(X)\mathrm{Var}(Z)}}=\frac{\sqrt{6}}{3}.$$

*__8__. 设 $\{X_n\}$ 是独立随机变量序列，且 $P(X_k=2^k)=P(X_k=-2^k)=\frac{1}{2^{2k+1}}$，$P(X_k=0)=1-\frac{1}{2^{2k}}$，试计算 $E(X_iX_j)$，$\mathrm{Var}(X_iX_j)$，$i,j=1,2,\cdots,n,\cdots$.

解

$$E(X_k)=\frac{1}{2^{2k+1}}\times2^k+\frac{1}{2^{2k+1}}\times(-2^k)+0\times\left(1-\frac{1}{2^{2k}}\right)=0,$$

$$E(X_k^2)=\frac{1}{2^{2k+1}}\times2^{2k}+\frac{1}{2^{2k+1}}\times2^{2k}+0\times\left(1-\frac{1}{2^{2k}}\right)=1,$$

$$E(X_k^4)=\frac{1}{2^{2k+1}}\times2^{4k}+\frac{1}{2^{2k+1}}\times2^{4k}+0\times\left(1-\frac{1}{2^{2k}}\right)=2^{2k}.$$

由于 $\{X_n\}$ 是独立随机变量序列，那么 $\{X_n^2\}$ 也是独立的，所以当 $i\neq j,i,j=1,2,\cdots,n,\cdots$，时，

$$E(X_iX_j)=E(X_i)E(X_j)=0,$$

$$\mathrm{Var}(X_iX_j)=E(X_i^2X_j^2)-[E(X_iX_j)]^2=E(X_i^2)E(X_j^2)=1.$$

当 $i=j,i,j=1,2,\cdots,n,\cdots$，时，

$$E(X_iX_j)=E(X_i^2)=1,$$

$$\mathrm{Var}(X_iX_j)=\mathrm{Var}(X_i^2)=E(X_i^4)-[E(X_i^2)]^2=2^{2i}-1.$$

*9. 设随机变量 X 与 Y 相互独立且都服从区间[0,2]上的均匀分布,记随机变量

$$Z=X+Y,\quad U=\begin{cases}1, & X\leqslant Y,\\ 0, & X>Y,\end{cases}\quad V=\begin{cases}1, & X\leqslant 2Y,\\ 0, & X>2Y.\end{cases}$$

试求:

(1) $Z=X+Y$ 的密度函数 $f_Z(z)$;

(2) (U,V)的联合分布律;

(3) U 与 V 的相关系数 $\mathrm{Corr}(U,V)$.

解　(1) 随机变量 X 和 Y 的密度函数分别为

$$f_X(x)=\begin{cases}\dfrac{1}{2}, & 0\leqslant x\leqslant 2,\\ 0, & \text{其他},\end{cases}\quad f_Y(y)=\begin{cases}\dfrac{1}{2}, & 0\leqslant y\leqslant 2,\\ 0, & \text{其他}.\end{cases}$$

因为随机变量 X 与 Y 相互独立,所以 X 和 Y 的联合概率密度函数为

$$f_{X,Y}(x,y)=\begin{cases}\dfrac{1}{4},0\leqslant x\leqslant 2,0\leqslant y\leqslant 2,\\ 0,\text{其他}.\end{cases}$$

$f(x,y)$的非零区域与$\{x+y\leqslant z\}$的交集为图 4.17 阴影部分.

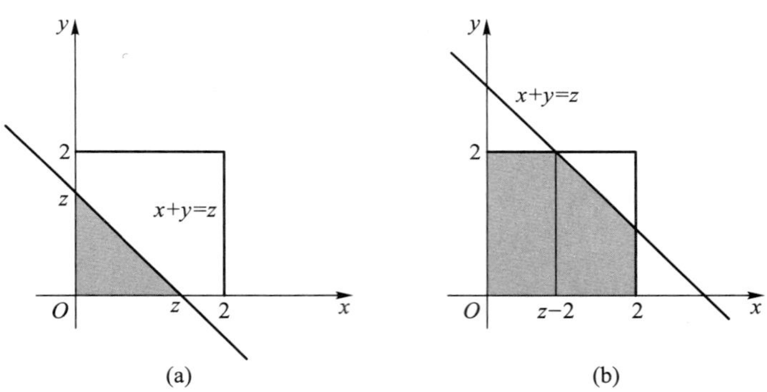

图 4.17

当 $0<z\leqslant 2$ 时,

$$F_Z(z)=P(Z\leqslant z)=P(X+Y\leqslant z)=\int_0^z\int_0^{z-x}\frac{1}{4}\mathrm{d}y\mathrm{d}x=\int_0^z\frac{1}{4}(z-x)\mathrm{d}x=\frac{z^2}{8}.$$

因此

$$f_Z(z)=F_Z'(z)=\frac{z}{4}.$$

当 $2<z<4$ 时,

$$F_Z(z)=P(Z\leqslant z)=P(X+Y\leqslant z)=\int_0^{z-2}\int_0^2\frac{1}{4}\mathrm{d}y\mathrm{d}x+\int_{z-2}^2\int_0^{z-x}\frac{1}{4}\mathrm{d}y\mathrm{d}x$$

$$=\int_0^{z-2}\frac{1}{2}\mathrm{d}x+\int_{z-2}^2\frac{1}{4}(z-x)\mathrm{d}x=-\frac{z^2}{8}+z-1.$$

因此

$$f_Z(z)=F_Z'(z)=-\frac{z}{4}+1.$$

所以 Z 的概率密度函数为

$$f_Z(z)=\begin{cases}\dfrac{z}{4}, & 0<z\leqslant 2,\\ -\dfrac{z}{4}+1, & 2<z<4,\\ 0, & \text{其他}.\end{cases}$$

(2) U 和 V 可能取值的概率为

$$P(U=0,V=0)=P(X>2Y)=\int_0^2\int_0^{\frac{x}{2}}\frac{1}{4}\mathrm{d}y\mathrm{d}x=\frac{1}{4},$$

$$P(U=0,V=1)=P(Y<X\leqslant 2Y)=\int_0^2\int_{\frac{x}{2}}^{x}\frac{1}{4}\mathrm{d}y\mathrm{d}x=\frac{1}{4},$$

$$P(U=1,V=0)=P(X\leqslant Y,X>2Y)=0,$$

$$P(U=1,V=1)=P(X\leqslant Y)=\int_0^2\int_x^2\frac{1}{4}\mathrm{d}y\mathrm{d}x=\frac{1}{2}.$$

U 和 V 的联合分布律为

U	V	
	0	1
0	$\frac{1}{4}$	$\frac{1}{4}$
1	0	$\frac{1}{2}$

(3) 由 U 和 V 的联合分布律可知，

$$P(U=1)=\frac{1}{2},\quad P(V=1)=\frac{1}{4}+\frac{1}{2}=\frac{3}{4},$$

因此 U 和 V 分别服从参数为 $\frac{1}{2},\frac{3}{4}$ 的二项分布，即

$$U\sim B\left(1,\frac{1}{2}\right),\quad V\sim B\left(1,\frac{3}{4}\right).$$

故随机变量 U 和 V 的数学期望和方差分别为

$$E(U)=\frac{1}{2},\quad \mathrm{Var}(U)=\frac{1}{4},\quad E(V)=\frac{3}{4},\quad \mathrm{Var}(V)=\frac{3}{16}.$$

对于随机变量 U 和 V 的乘积 UV,可能的取值为 0,1,并且

$$P(UV=0)=\frac{1}{4}+\frac{1}{4}=\frac{1}{2},\quad P(UV=1)=\frac{1}{2},$$

故 UV 的数学期望为

$$E(UV)=0\times\frac{1}{2}+1\times\frac{1}{2}=\frac{1}{2}.$$

因此 U 与 V 的相关系数为

$$\mathrm{Corr}(U,V)=\frac{\mathrm{Cov}(U,V)}{\sqrt{\mathrm{Var}(U)\mathrm{Var}(V)}}=\frac{E(UV)-E(U)E(V)}{\sqrt{\mathrm{Var}(U)\mathrm{Var}(V)}}=\frac{\sqrt{3}}{3}.$$

10. 已知 X 与 Y 独立同分布,且 $X\sim N(0,\sigma^2)$,记 $\xi=kX+lY,\eta=kX-lY$,其中 k,l 为常数. 求:

(1) 数字特征 $E(\xi),E(\eta),\mathrm{Var}(\xi),\mathrm{Var}(\eta),\mathrm{Corr}(\xi,\eta)$;

(2) η 的密度函数;

(3) 问:常数 k,l 满足什么关系时,随机变量 ξ 与 η 不相关?

解　(1) 由题意得,$E(X)=E(Y)=0,\mathrm{Var}(X)=\mathrm{Var}(Y)=\sigma^2$.因此

$$E(\xi)=E(kX+lY)=kE(X)+lE(Y)=0,$$
$$E(\eta)=E(kX-lY)=kE(X)-lE(Y)=0.$$

又因为 X 与 Y 独立,所以 $\mathrm{Cov}(X,Y)=0$,因此

$$\mathrm{Var}(\xi)=\mathrm{Var}(kX+lY)=k^2\mathrm{Var}(X)+l^2\mathrm{Var}(Y)+2kl\mathrm{Cov}(X,Y)=(k^2+l^2)\sigma^2.$$
$$\mathrm{Var}(\eta)=\mathrm{Var}(kX-lY)=k^2\mathrm{Var}(X)+l^2\mathrm{Var}(Y)-2kl\mathrm{Cov}(X,Y)=(k^2+l^2)\sigma^2.$$

$$\mathrm{Corr}(\xi,\eta)=\frac{\mathrm{Cov}(\xi,\eta)}{\sqrt{\mathrm{Var}(\xi)\mathrm{Var}(\eta)}}=\frac{\mathrm{Cov}(kX+lY,kX-lY)}{\sqrt{\mathrm{Var}(\xi)\mathrm{Var}(\eta)}}=\frac{k^2\mathrm{Var}(X)-l^2\mathrm{Var}(Y)}{\sqrt{\mathrm{Var}(\xi)\mathrm{Var}(\eta)}}=\frac{k^2-l^2}{k^2+l^2}.$$

(2) 由正态分布的可加性,$\eta\sim N(0,(k^2+l^2)\sigma^2)$,因此 η 的密度函数为

$$f(x)=\frac{1}{\sqrt{2\pi(k^2+l^2)}\,\sigma}\mathrm{e}^{-\frac{x^2}{2(k^2+l^2)\sigma^2}},\quad x\in(-\infty,+\infty).$$

(3) 若 ξ,η 不相关,则

$$\mathrm{Corr}(\xi,\eta)=\frac{k^2-l^2}{k^2+l^2}=0.$$

即 $k=\pm l\neq 0$ 时,ξ 与 η 不相关.

11. 设随机变量 (X,Y) 服从区域 $D=\{(x,y):0\leqslant x\leqslant 2,0\leqslant y\leqslant 1\}$ 上的二维均匀分布,记随机变量 $U=\begin{cases}0, & X\leqslant Y,\\ 1, & X>Y,\end{cases}$ $V=\begin{cases}0, & X\leqslant 2Y,\\ 1, & X>2Y.\end{cases}$

(1) 试求(U,V)的联合分布律；

(2) 问随机变量 U 与 V 是否相互独立？请说明理由；

(3) 求随机变量 U 与 V 的相关系数 $\mathrm{Corr}(U,V)$.

解 (1) (X,Y)的联合概率密度函数为

$$f_{X,Y}(x,y)=\begin{cases}\dfrac{1}{2}, & 0\leqslant x\leqslant 2,0\leqslant y\leqslant 1,\\ 0, & 其他.\end{cases}$$

U 和 V 可能取值的概率为

$$P(U=0,V=0)=P(X\leqslant Y)=\int_0^1\int_x^1\frac{1}{2}\mathrm{d}y\mathrm{d}x=\frac{1}{4},$$

$$P(U=1,V=0)=P(Y<X\leqslant 2Y)=\int_0^1\int_y^{2y}\frac{1}{2}\mathrm{d}x\mathrm{d}y=\frac{1}{4},$$

$$P(U=0,V=1)=P(X\leqslant Y,X>2Y)=0,$$

$$P(U=1,V=1)=P(X>2Y)=\int_0^2\int_0^{\frac{x}{2}}\frac{1}{2}\mathrm{d}y\mathrm{d}x=\frac{1}{2}.$$

U 和 V 的联合分布律为

U	V	
	0	1
0	$\frac{1}{4}$	0
1	$\frac{1}{4}$	$\frac{1}{2}$

(2) 由 U 和 V 的联合分布律可知，

$$P(U=1)=\frac{1}{4}+\frac{1}{2}=\frac{3}{4},\quad P(V=1)=\frac{1}{2},$$

故随机变量 U 和 V 分别服从参数为$\frac{3}{4},\frac{1}{2}$的 0-1 分布，即

$$U\sim B\left(1,\frac{3}{4}\right),\quad V\sim B\left(1,\frac{1}{2}\right).$$

因此 U 和 V 的数学期望和方差分别为

$$E(U)=\frac{3}{4},\quad \mathrm{Var}(U)=\frac{3}{16},\quad E(V)=\frac{1}{2},\quad \mathrm{Var}(V)=\frac{1}{4}.$$

对于随机变量 U 和 V 的乘积 UV，可能的取值为 0，1，并且

$$P(UV=0)=\frac{1}{4}+\frac{1}{4}=\frac{1}{2},\quad P(UV=1)=\frac{1}{2},$$

因此 UV 的数学期望为

$$E(UV)=0\times\frac{1}{2}+1\times\frac{1}{2}=\frac{1}{2}.$$

UV 的协方差为

$$\mathrm{Cov}(UV)=E(UV)-E(U)E(V)=\frac{1}{8}\neq 0.$$

因此 U 和 V 不独立.

(3) U 与 V 的相关系数为

$$\begin{aligned}\mathrm{Corr}(U,V)&=\frac{\mathrm{Cov}(U,V)}{\sqrt{\mathrm{Var}(U)\mathrm{Var}(V)}}\\&=\frac{E(UV)-E(U)E(V)}{\sqrt{\mathrm{Var}(U)\mathrm{Var}(V)}}=\frac{\sqrt{3}}{3}.\end{aligned}$$

12. 设二维随机变量 (X,Y) 的联合密度函数为

$$f(x,y)=\begin{cases}1+xy, & |x|<\dfrac{1}{2}\text{且}|y|<\dfrac{1}{2},\\ 0, & \text{其他}.\end{cases}$$

试求协方差 $\mathrm{Cov}(X^2,Y^2)$ 与相关系数 $\mathrm{Corr}(X,Y)$.

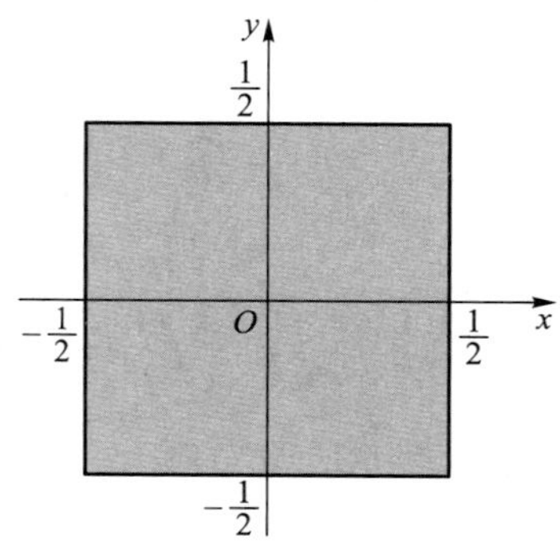

图 4.18

解　$f(x,y)$ 的非零部分如图 4.18 所示.

分别计算 X,Y,X^2,Y^2,XY,X^2Y^2 的数学期望:

$$E(X)=\int_{-\infty}^{+\infty}\int_{-\infty}^{+\infty}xf(x,y)\,\mathrm{d}x\mathrm{d}y=\int_{-\frac{1}{2}}^{\frac{1}{2}}\int_{-\frac{1}{2}}^{\frac{1}{2}}x(1+xy)\,\mathrm{d}x\mathrm{d}y=0,$$

$$E(Y)=\int_{-\infty}^{+\infty}\int_{-\infty}^{+\infty}yf(x,y)\,\mathrm{d}x\mathrm{d}y=\int_{-\frac{1}{2}}^{\frac{1}{2}}\int_{-\frac{1}{2}}^{\frac{1}{2}}y(1+xy)\,\mathrm{d}x\mathrm{d}y=0,$$

$$E(X^2)=\int_{-\infty}^{+\infty}\int_{-\infty}^{+\infty}x^2f(x,y)\,\mathrm{d}x\mathrm{d}y=\int_{-\frac{1}{2}}^{\frac{1}{2}}\int_{-\frac{1}{2}}^{\frac{1}{2}}x^2(1+xy)\,\mathrm{d}x\mathrm{d}y=\frac{1}{12},$$

$$E(Y^2)=\int_{-\infty}^{+\infty}\int_{-\infty}^{+\infty}y^2f(x,y)\,\mathrm{d}x\mathrm{d}y=\int_{-\frac{1}{2}}^{\frac{1}{2}}\int_{-\frac{1}{2}}^{\frac{1}{2}}y^2(1+xy)\,\mathrm{d}x\mathrm{d}y=\frac{1}{12},$$

$$E(XY)=\int_{-\infty}^{+\infty}\int_{-\infty}^{+\infty}xyf(x,y)\,\mathrm{d}x\mathrm{d}y=\int_{-\frac{1}{2}}^{\frac{1}{2}}\int_{-\frac{1}{2}}^{\frac{1}{2}}xy(1+xy)\,\mathrm{d}x\mathrm{d}y=\frac{1}{144},$$

$$E(X^2Y^2)=\int_{-\infty}^{+\infty}\int_{-\infty}^{+\infty}x^2y^2f(x,y)\,\mathrm{d}x\mathrm{d}y=\int_{-\frac{1}{2}}^{\frac{1}{2}}\int_{-\frac{1}{2}}^{\frac{1}{2}}x^2y^2(1+xy)\,\mathrm{d}x\mathrm{d}y=\frac{1}{144}.$$

所以 X^2,Y^2 的协方差为

$$\mathrm{Cov}(X^2,Y^2)=E(X^2Y^2)-E(X^2)E(Y^2)=0.$$

又因为

$$\mathrm{Var}(X)=E(X^2)-[E(X)]^2=\frac{1}{12},\quad \mathrm{Var}(Y)=E(Y^2)-[E(Y)]^2=\frac{1}{12},$$

所以 X 和 Y 的相关系数为

$$\mathrm{Corr}(X,Y)=\frac{\mathrm{Cov}(X,Y)}{\sqrt{\mathrm{Var}(X)\mathrm{Var}(Y)}}=\frac{E(XY)-E(X)E(Y)}{\sqrt{\mathrm{Var}(X)\mathrm{Var}(Y)}}=\frac{1}{12}.$$

13. 设二维随机变量 (X,Y) 的联合密度函数为

$$f(x,y)=\begin{cases}\dfrac{21}{4}x^2y, & x^2\leqslant y\leqslant 1,\\ 0, & \text{其他}.\end{cases}$$

计算 X 和 Y 的相关系数并问 X 和 Y 是否不相关？请说明理由.

解 先计算 X 和 Y 各自的边缘密度函数，

$$f_X(x)=\begin{cases}\displaystyle\int_{x^2}^{1}\frac{21}{4}x^2y\mathrm{d}y, & -1\leqslant x\leqslant 1,\\ 0, & \text{其他}\end{cases}=\begin{cases}\dfrac{21}{8}x^2(1-x^4), & -1\leqslant x\leqslant 1,\\ 0, & \text{其他},\end{cases}$$

$$f_Y(y)=\begin{cases}\displaystyle\int_{-\sqrt{y}}^{\sqrt{y}}\frac{21}{4}x^2y\mathrm{d}x, & 0\leqslant y\leqslant 1,\\ 0, & \text{其他}\end{cases}=\begin{cases}\dfrac{7}{2}y^2\sqrt{y}, & 0\leqslant y\leqslant 1,\\ 0, & \text{其他}.\end{cases}$$

故

$$E(X)=\int_{-1}^{1}\frac{21}{8}x^3(1-x^4)\mathrm{d}x=0\Rightarrow E(X)\cdot E(Y)=0,$$

$$E(XY)=\int_{-1}^{1}\mathrm{d}x\int_{x^2}^{1}\frac{21}{4}x^3y^2\mathrm{d}y=0\Rightarrow \mathrm{Cov}(X,Y)=0\Rightarrow \mathrm{Corr}(X,Y)=0,$$

故 X 和 Y 不相关.

***14.** 设 X_1,X_2 相互独立且服从同一分布，$P(X_1=k)=p(1-p)^k,k=0,1,2,3,\cdots$，记 $Z=X_1+X_2$.求：

(1) Z 的分布律；(2) 条件概率 $P(X_1=k\mid Z=n),k=0,1,2,\cdots,n$；(3) 数学期望 $E(X_1+X_2)$.

解 (1)
$$P(Z=k)=P(X_1+X_2=k)=\sum_{i=0}^{k}P(X_1=i)P(X_2=k-i)$$
$$=\sum_{i=0}^{k}p(1-p)^i\cdot p(1-p)^{k-i}=(k+1)p^2(1-p)^k,$$
$$k=0,1,2,\cdots.$$

(2)
$$P(X_1=k\mid Z=n)=\frac{P(X_1=k,X_1+X_2=n)}{P(Z=n)}=\frac{P(X_1=k,X_2=n-k)}{P(Z=n)}$$
$$=\frac{p(1-p)^k\cdot p(1-p)^{n-k}}{(n+1)p^2(1-p)^n}=\frac{1}{n+1},\quad k=0,1,\cdots,n.$$

(3) $E(X_1+X_2)=E(X_1)+E(X_2)=2E(X_1)=2\sum_{k=0}^{\infty}k(1-p)^k p=2\frac{1-p}{p}$.

15. 设二维随机变量(X,Y)的联合密度函数为

$$f(x,y)=\begin{cases}x^2+\frac{1}{3}xy, & 0<x<1\text{ 且 }0<y<2,\\ 0, & \text{其他}.\end{cases}$$

(1) 分别求 X 和 Y 的边缘密度函数；

(2) 问 X 和 Y 是否相互独立？请说明理由；

(3) 求 X 和 Y 的数学期望 $E(X)$,$E(Y)$及协方差 $\mathrm{Cov}(X,Y)$.

解　(1) 由边缘密度函数定义，

$$f_X(x)=\int_{-\infty}^{+\infty}f(x,y)\,\mathrm{d}y=\begin{cases}\int_0^2\left(x^2+\frac{xy}{3}\right)\mathrm{d}y, & 0<x<1,\\ 0, & \text{其他}\end{cases}=\begin{cases}2x^2+\frac{2}{3}x, & 0<x<1,\\ 0, & \text{其他},\end{cases}$$

$$f_Y(y)=\int_{-\infty}^{+\infty}f(x,y)\,\mathrm{d}x=\begin{cases}\int_0^1\left(x^2+\frac{xy}{3}\right)\mathrm{d}x, & 0<y<2,\\ 0, & \text{其他}\end{cases}=\begin{cases}\frac{1}{3}+\frac{1}{6}y, & 0<y<2,\\ 0, & \text{其他}.\end{cases}$$

(2) 计算知$f\left(\frac{1}{2},\frac{1}{2}\right)=\frac{1}{3}$,$f_X\left(\frac{1}{2}\right)=\frac{5}{6}$,$f_Y\left(\frac{1}{2}\right)=\frac{5}{12}$,故$f\left(\frac{1}{2},\frac{1}{2}\right)\neq f_X\left(\frac{1}{2}\right)\cdot f_Y\left(\frac{1}{2}\right)$,故 X 与 Y 不相互独立；

(3) 计算得 $E(X)=\int_0^1 x\cdot\left(2x^2+\frac{2}{3}x\right)\mathrm{d}x=\frac{13}{18}$，　$E(Y)=\int_0^2 y\cdot\left(\frac{1}{3}+\frac{1}{6}y\right)\mathrm{d}y=\frac{10}{9}$,

$$E(XY)=\int_0^1\mathrm{d}x\int_0^2 xy\cdot\left(x^2+\frac{xy}{3}\right)\mathrm{d}y=\frac{43}{54},$$

故 $\mathrm{Cov}(X,Y)=E(XY)-E(X)E(Y)=-\frac{1}{162}$.

16. 设二维随机变量(X,Y)的联合密度函数为

$$f(x,y)=\begin{cases}x^2+\frac{8}{3}xy, & 0<x<1\text{ 且 }0<y<1,\\ 0, & \text{其他}.\end{cases}$$

(1) 求 X 和 Y 的边缘密度函数；

(2) 问 X 与 Y 是否相互独立？是否不相关？请说明理由；

(3) 计算概率 $P(X+Y>1)$.

解　(1) 由边缘密度函数定义，

$$f_X(x)=\int_{-\infty}^{+\infty}f(x,y)\mathrm{d}y=\begin{cases}\int_0^1\left(x^2+\dfrac{8xy}{3}\right)\mathrm{d}y, & 0<x<1,\\ 0, & \text{其他}\end{cases}=\begin{cases}x^2+\dfrac{4}{3}x, & 0<x<1,\\ 0, & \text{其他}.\end{cases}$$

$$f_Y(y)=\int_{-\infty}^{+\infty}f(x,y)\mathrm{d}x=\begin{cases}\int_0^1\left(x^2+\dfrac{8xy}{3}\right)\mathrm{d}x, & 0<y<1,\\ 0, & \text{其他}\end{cases}=\begin{cases}\dfrac{1}{3}+\dfrac{4}{3}y, & 0<y<1,\\ 0, & \text{其他}.\end{cases}$$

（2）计算知 $f\left(\dfrac{1}{2},\dfrac{1}{3}\right)=\dfrac{25}{36}$，$f_X\left(\dfrac{1}{2}\right)=\dfrac{11}{12}$，$f_Y\left(\dfrac{1}{3}\right)=\dfrac{7}{9}$，故 $f\left(\dfrac{1}{2},\dfrac{1}{3}\right)\neq f_X\left(\dfrac{1}{2}\right)\cdot f_Y\left(\dfrac{1}{3}\right)$，故 X 与 Y 不相互独立；

又 $E(X)=\int_0^1 x\cdot\left(x^2+\dfrac{4}{3}x\right)\mathrm{d}x=\dfrac{25}{36}$，　$E(Y)=\int_0^1 y\cdot\left(\dfrac{1}{3}+\dfrac{4}{3}y\right)\mathrm{d}y=\dfrac{11}{18}$，

$$E(XY)=\int_0^1\mathrm{d}x\int_0^1 xy\cdot\left(x^2+\frac{8xy}{3}\right)\mathrm{d}y=\frac{91}{216},$$

故 $\mathrm{Cov}(X,Y)=E(XY)-E(X)E(Y)=-\dfrac{1}{324}$，所以 X 与 Y 相关；

（3）$P(X+Y>1)=\int_0^1\mathrm{d}x\int_{1-x}^1\left(x^2+\dfrac{8xy}{3}\right)\mathrm{d}y=\dfrac{29}{36}$.

17. 从 $\{1,2,3\}$ 中任意取出一正整数，记这数为 X.再从 $\{1,2,\cdots,X\}$ 中任意取出一正整数，记为 Y.

（1）求 (X,Y) 的联合分布律（要求结果用列表形式表示）；

（2）求 $Z=X+Y$ 的分布律；

（3）求数学期望 $E(X)$，$E(Y)$ 和协方差 $\mathrm{Cov}(X,Y)$.

解　（1）由 $P(X=i,Y=j)=P(X=i)P(Y=j\mid X=i)$，$i,j=1,2,3$ 知

X	Y		
	1	2	3
1	$\frac{1}{3}$	0	0
2	$\frac{1}{6}$	$\frac{1}{6}$	0
3	$\frac{1}{9}$	$\frac{1}{9}$	$\frac{1}{9}$

（2）

$Z=X+Y$	2	3	4	5	6
P	$\frac{1}{3}$	$\frac{1}{6}$	$\frac{5}{18}$	$\frac{1}{9}$	$\frac{1}{9}$

(3) $E(X)=2,E(Y)=\dfrac{3}{2},E(XY)=\dfrac{10}{3},\mathrm{Cov}(X,Y)=E(XY)-E(X)E(Y)=\dfrac{1}{3}$.

18. 设二维随机变量(X,Y)的联合密度函数为

$$f(x,y)=\begin{cases}\dfrac{1}{2}(x+y)\mathrm{e}^{-(x+y)}, & x>0 \text{ 且 } y>0,\\ 0, & \text{其他}.\end{cases}$$

(1) 分别求 X 和 Y 的边缘密度函数；

(2) 问 X 和 Y 是否相互独立？请说明理由；

(3) 求 X 和 Y 的协方差 $\mathrm{Cov}(X,Y)$ 和相关系数 $\mathrm{Corr}(X,Y)$；

(4) 求随机变量 $Z=X+Y$ 的分布函数.

解 (1) $f_X(x)=\displaystyle\int_{-\infty}^{+\infty}f(x,y)\mathrm{d}y=\begin{cases}\dfrac{1}{2}x\mathrm{e}^{-x}+\dfrac{1}{2}\mathrm{e}^{-x}, & x>0,\\ 0, & \text{其他},\end{cases}$

$$f_Y(y)=\int_{-\infty}^{+\infty}f(x,y)\mathrm{d}x=\begin{cases}\dfrac{1}{2}y\mathrm{e}^{-y}+\dfrac{1}{2}\mathrm{e}^{-y}, & y>0,\\ 0, & \text{其他}.\end{cases}$$

(2) 计算知$f(2,2)=2\mathrm{e}^{-4},f_X(2)=\dfrac{3}{2}\mathrm{e}^{-2}=f_Y(2)\Rightarrow f(2,2)\neq f_X(2)f_Y(2)$,故随机变量 X,Y 不相互独立；

(3) 计算得 $E(XY)=\displaystyle\int_0^{\infty}\mathrm{d}x\int_0^{\infty}xy\cdot\frac{1}{2}(x+y)\mathrm{e}^{-(x+y)}\mathrm{d}y=2$,

$$E(X)=\int_0^{\infty}x\cdot\left(\frac{1}{2}x\mathrm{e}^{-x}+\frac{1}{2}\mathrm{e}^{-x}\right)\mathrm{d}x=\frac{3}{2}=E(Y)\Rightarrow\mathrm{Cov}(X,Y)=-\frac{1}{4};$$

同理 $E(X^2)=\displaystyle\int_0^{\infty}x^2\cdot\left(\frac{1}{2}x\mathrm{e}^{-x}+\frac{1}{2}\mathrm{e}^{-x}\right)\mathrm{d}x=4=E(Y^2)\Rightarrow\mathrm{Var}(X)=\frac{7}{4}=\mathrm{Var}(Y)$,故

$$\mathrm{Corr}(X,Y)=\frac{\mathrm{Cov}(X,Y)}{\sqrt{\mathrm{Var}(X)\mathrm{Var}(Y)}}=-\frac{1}{7}.$$

(4) 对任意的 $z>0,F_Z(z)=P(X+Y\leqslant z)=\displaystyle\int_0^{z}\mathrm{d}x\int_0^{z-x}\frac{1}{2}(x+y)\mathrm{e}^{-(x+y)}\mathrm{d}y$

$$=1-\mathrm{e}^{-z}-z\mathrm{e}^{-z}-\frac{1}{2}z^2\mathrm{e}^{-z}.$$

即 $F_Z(z)=\begin{cases}1-\mathrm{e}^{-z}-z\mathrm{e}^{-z}-\dfrac{1}{2}z^2\mathrm{e}^{-z}, & z>0,\\ 0, & z\leqslant 0.\end{cases}$

第五章

大数定律和中心极限定理

§ 5.1 大 数 定 律

一、内容概要

1. 依概率收敛 设 $Y_1, Y_2, \cdots, Y_n, \cdots$ 是随机变量序列，Y 是随机变量，若对于任意正数 $\varepsilon>0$，都有 $\lim\limits_{n\to\infty} P(|Y_n-Y|\geqslant\varepsilon)=0$，则称 Y_n **依概率收敛于** Y，记为 $Y_n \xrightarrow{P} Y$. 特别当 Y 服从退化分布，即 $P(Y=c)=1$ 时，称 Y_n **依概率收敛于** c，记为 $Y_n \xrightarrow{P} c$.

2. 大数定律 设有随机变量序列 $X_1, X_2, \cdots, X_n, \cdots$，记 $\overline{X}=\dfrac{1}{n}\sum\limits_{i=1}^{n} X_i$，若满足 $\overline{X}-E(\overline{X}) \xrightarrow{P} 0$，则称**随机变量序列** $X_1, X_2, \cdots, X_n, \cdots$ **服从大数定律**.

3. 马尔可夫不等式 若 $E(|X|^p)<+\infty$，这里实数 $p>0$，则对任意正数 $\varepsilon>0$，都有

$$P(|X|\geqslant\varepsilon)\leqslant\frac{E(|X|^p)}{\varepsilon^p}.$$

4. 切比雪夫不等式 若 $E(X^2)<+\infty$，则对任意正数 $\varepsilon>0$，都有

$$P(|X-E(X)|\geqslant\varepsilon)\leqslant\frac{\operatorname{Var}(X)}{\varepsilon^2}.$$

5. 马尔可夫大数定律 若随机变量序列 $X_1, X_2, \cdots, X_n, \cdots$ 满足 $\lim\limits_{n\to\infty}\dfrac{1}{n^2}\operatorname{Var}\left(\sum\limits_{i=1}^{n} X_i\right)=0$，则随机变量序列 $X_1, X_2, \cdots, X_n, \cdots$ 服从大数定律.

6. 辛钦大数定律 对于独立同分布的随机变量序列 $X_1, X_2, \cdots, X_n, \cdots$，若 $E(X_1)$

存在，则随机变量序列 $X_1,X_2,\cdots,X_n,\cdots$ 服从大数定律.

7. 伯努利大数定律　对于独立同分布的随机变量序列 $X_1,X_2,\cdots,X_n,\cdots$，且 X_1 服从 0-1 分布 $B(1,p)$，则 $\overline{X}\xrightarrow{P}p$.

注　马尔可夫大数定律和辛钦大数定律适用的范围不同.当分析随机变量序列 $X_1,X_2,\cdots,X_n,\cdots$ 是否服从大数定律时，对于独立同分布的随机变量序列可以考虑用辛钦大数定律，否则可以考虑用马尔可夫大数定律.

二、习题全解

1. 设随机变量 X 服从参数为 λ 的泊松分布，$\lambda>0$，则由切比雪夫不等式，有 $P(|X-\lambda|\geqslant 2\sqrt{\lambda})\leqslant$________.

解　由于随机变量 X 服从参数为 λ 的泊松分布，则 $E(X)=\lambda,\mathrm{Var}(X)=\lambda$.因此

$$P(|X-\lambda|\geqslant 2\sqrt{\lambda})\leqslant\frac{\mathrm{Var}(X)}{(2\sqrt{\lambda})^2}=\frac{\lambda}{4\lambda}=\frac{1}{4}.$$

2. 设随机变量 X 服从参数为 4 的泊松分布，则由切比雪夫不等式，有 $P(|X-4|<6)\geqslant$________.

解　由题意得，$E(X)=4,\mathrm{Var}(X)=4$.因此

$$P(|X-4|<6)=1-P(|X-4|\geqslant 6)\geqslant 1-\frac{4}{6^2}=\frac{8}{9}.$$

3. 设随机变量 X 服从区间 $[0,1]$ 上的均匀分布，则由切比雪夫不等式，有 $P\left(\left|X-\frac{1}{2}\right|<\frac{1}{3}\right)\geqslant$________.

解　由题意得，$E(X)=\frac{1}{2},\mathrm{Var}(X)=\frac{1}{12}$.因此

$$P\left(\left|X-\frac{1}{2}\right|<\frac{1}{3}\right)=1-P\left(\left|X-\frac{1}{2}\right|\geqslant\frac{1}{3}\right)\geqslant 1-\frac{1/12}{(1/3)^2}=\frac{1}{4}.$$

4. 设 $X_1,X_2,\cdots,X_n,\cdots$ 是独立同分布的随机变量序列，且 $E(X_1)=\mu,\mathrm{Var}(X_1)=\sigma^2$，试证明：

$$\frac{2}{n(n+1)}\sum_{i=1}^{n}iX_i\xrightarrow{P}\mu.$$

证明　令

$$Y_n=\frac{2}{n(n+1)}\sum_{i=1}^{n}iX_i,$$

则

$$E(Y_n)=\frac{2}{n(n+1)}\sum_{i=1}^{n}iE(X_i)=\frac{2}{n(n+1)}\sum_{i=1}^{n}i\mu=\mu,$$

$$\operatorname{Var}(Y_n)=\frac{4}{n^2(n+1)^2}\sum_{i=1}^{n}i^2\sigma^2=\frac{4\sigma^2}{(n+1)^2}\sum_{i=1}^{n}\frac{i^2}{n^2}\leqslant\frac{4\sigma^2}{n+1},$$

对于任意的 $\varepsilon>0$,由切比雪夫不等式得

$$0\leqslant P(|Y_n-\mu|\geqslant\varepsilon)\leqslant\frac{\operatorname{Var}(Y_n)}{\varepsilon^2}\leqslant\frac{1}{\varepsilon^2}\cdot\frac{4\sigma^2}{n+1}\to0,\quad n\to+\infty,$$

即

$$Y_n=\frac{2}{n(n+1)}\sum_{i=1}^{n}iX_i\xrightarrow{P}\mu.$$

5. 设 $X_1,X_2,\cdots,X_n,\cdots$ 是独立同分布的随机变量序列,$E(X_1^k)$ 存在,试证明:$\frac{1}{n}\sum_{i=1}^{n}X_i^k\xrightarrow{P}E(X_1^k)$.

证明 由 $X_1,X_2,\cdots,X_n,\cdots$ 独立同分布可知,$\{X_i^k\}$ 仍独立同分布.由于 $E(X_1^k)$ 存在,根据辛钦大数定律可知,

$$\frac{1}{n}\sum_{i=1}^{n}X_i^k\xrightarrow{P}E(X_1^k).$$

6. 设 $X_1,X_2,\cdots,X_n,\cdots$ 是独立同分布的随机变量序列,$X_1\sim N(\mu,\sigma^2)$,问:$\frac{1}{n}\sum_{i=1}^{n}X_i^2$ 依概率收敛于什么值?

解 由 $X_1,X_2,\cdots,X_n,\cdots$ 独立同分布可知,$\{X_i^2\}$ 仍独立同分布,且

$$E(X_i^2)=\operatorname{Var}(X_i)+(EX_i)^2=\sigma^2+\mu^2<+\infty.$$

由辛钦大数定律可知,

$$\frac{1}{n}\sum_{i=1}^{n}X_i^2\xrightarrow{P}\sigma^2+\mu^2.$$

即 $\frac{1}{n}\sum_{i=1}^{n}X_i^2$ 依概率收敛于 $\sigma^2+\mu^2$.

7. 设 $X_1,X_2,\cdots,X_n,\cdots$ 是独立同分布的随机变量序列,且 $P\left(X_1=\frac{2^k}{k^2}\right)=\frac{1}{2^k},k=1,2,\cdots$.试问:$X_1,X_2,\cdots,X_n,\cdots$ 是否服从大数定律?

解 因为

$$E(X_i)=\sum_{k=1}^{\infty}\frac{2^k}{k^2}\cdot\frac{1}{2^k}=\sum_{k=1}^{\infty}\frac{1}{k^2}<+\infty.$$

故 $E(X_i)$ 存在,由辛钦大数定律可知 $X_1,X_2,\cdots,X_n,\cdots$ 服从大数定律.

***8**. 设 $X_1,X_2,\cdots,X_n,\cdots$ 是独立的随机变量序列,且

$$P(X_1=0)=1,P(X_k=\sqrt{\ln k})=P(X_k=-\sqrt{\ln k})=\frac{1}{2},\quad k=2,3,\cdots.$$

试问:$X_1,X_2,\cdots,X_n,\cdots$是否服从大数定律?

解　因为 $X_1,X_2,\cdots$相互独立,且 $E(X_i)=0,\mathrm{Var}(X_1)=0,\mathrm{Var}(X_k)=\ln k,k=2,3,\cdots$,所以

$$\mathrm{Var}\left(\sum_{k=1}^{n}X_k\right)=\sum_{k=2}^{n}\ln k\leqslant(n-1)\ln n.$$

由此可得马尔可夫条件

$$\frac{1}{n^2}\mathrm{Var}\left(\sum_{k=1}^{n}X_k\right)\leqslant\frac{n-1}{n^2}\ln n\to 0,n\to+\infty.$$

由马尔可夫大数定律知,$X_1,X_2,\cdots,X_n,\cdots$服从大数定律.

*9.(切比雪夫大数定律)设 $X_1,X_2,\cdots,X_n,\cdots$是两两不相关的随机变量序列,且存在常数 C,使得 $\mathrm{Var}(X_n)\leqslant C,n=1,2,3,\cdots$. 试证明 $X_1,X_2,\cdots,X_n,\cdots$服从大数定律.

证明　由于 $X_1,X_2,\cdots,X_n,\cdots$两两不相关,那么

$$E\left(\frac{1}{n}\sum_{i=1}^{n}X_i\right)=\frac{1}{n}\sum_{i=1}^{n}E(X_i),$$

$$\mathrm{Var}\left(\frac{1}{n}\sum_{i=1}^{n}X_i\right)=\frac{1}{n^2}\sum_{i=1}^{n}\mathrm{Var}(X_i)\leqslant\frac{1}{n^2}\sum_{i=1}^{n}C=\frac{C}{n}.$$

由切比雪夫不等式可得,对于任意 $\varepsilon>0$,有

$$0\leqslant P\left\{\left|\frac{1}{n}\sum_{i=1}^{n}X_i-\frac{1}{n}\sum_{i=1}^{n}E(X_i)\right|\geqslant\varepsilon\right\}\leqslant\frac{1}{\varepsilon^2}\mathrm{Var}\left(\frac{1}{n}\sum_{i=1}^{n}X_i\right)\leqslant\frac{C}{n\varepsilon^2}.$$

从而有

$$\lim_{n\to+\infty}P\left\{\left|\frac{1}{n}\sum_{i=1}^{n}X_i-\frac{1}{n}\sum_{i=1}^{n}E(X_i)\right|\geqslant\varepsilon\right\}=0.$$

因此 $X_1,X_2,\cdots,X_n,\cdots$服从大数定律.

*10.(泊松大数定律)设 $X_1,X_2,\cdots,X_n,\cdots$是独立的随机变量序列,且 $X_i\sim B(1,p_i)$,$i=1,2,3,\cdots$. 试证明 $X_1,X_2,\cdots,X_n,\cdots$服从大数定律.

证明　由于 $X_1,X_2,\cdots,X_n,\cdots$是独立的随机变量序列,那么

$$E\left(\frac{1}{n}\sum_{i=1}^{n}X_i\right)=\frac{1}{n}\sum_{i=1}^{n}E(X_i),$$

$$\mathrm{Var}\left(\frac{1}{n}\sum_{i=1}^{n}X_i\right)=\frac{1}{n^2}\sum_{i=1}^{n}\mathrm{Var}(X_i)=\frac{1}{n^2}\sum_{i=1}^{n}p_i(1-p_i)\leqslant\frac{1}{n^2}\sum_{i=1}^{n}\frac{1}{4}=\frac{1}{4n}.$$

由切比雪夫不等式可得,对于任意 $\varepsilon>0$,有

$$0\leqslant P\left\{\left|\frac{1}{n}\sum_{i=1}^{n}X_i-\frac{1}{n}\sum_{i=1}^{n}E(X_i)\right|\geqslant\varepsilon\right\}\leqslant\frac{1}{\varepsilon^2}\mathrm{Var}\left(\frac{1}{n}\sum_{i=1}^{n}X_i\right)\leqslant\frac{1}{4n\varepsilon^2}.$$

从而有

$$\lim_{n\to+\infty} P\left\{\left|\frac{1}{n}\sum_{i=1}^{n}X_i - \frac{1}{n}\sum_{i=1}^{n}E(X_i)\right| \geqslant \varepsilon\right\} = 0.$$

因此 $X_1,X_2,\cdots,X_n,\cdots$服从大数定律.

*11. 设 $X_1,X_2,\cdots,X_n,\cdots$是独立的随机变量序列,且 $X_i\sim P(\sqrt{i})$,$i=1,2,3,\cdots$.试问:$X_1,X_2,\cdots,X_n,\cdots$是否服从大数定律?

解 由于 $X_1,X_2,\cdots,X_n,\cdots$是独立的随机变量序列,那么

$$E\left(\frac{1}{n}\sum_{i=1}^{n}X_i\right) = \frac{1}{n}\sum_{i=1}^{n}E(X_i),$$

$$\mathrm{Var}\left(\frac{1}{n}\sum_{i=1}^{n}X_i\right) = \frac{1}{n^2}\sum_{i=1}^{n}\mathrm{Var}(X_i) = \frac{1}{n^2}\sum_{i=1}^{n}\sqrt{i} \leqslant \frac{1}{n^2}\sum_{i=1}^{n}\sqrt{n} = \frac{1}{\sqrt{n}}.$$

由切比雪夫不等式可得,对于任意 $\varepsilon>0$,有

$$0 \leqslant P\left\{\left|\frac{1}{n}\sum_{i=1}^{n}X_i - \frac{1}{n}\sum_{i=1}^{n}E(X_i)\right| \geqslant \varepsilon\right\} \leqslant \frac{1}{\varepsilon^2}\mathrm{Var}\left(\frac{1}{n}\sum_{i=1}^{n}X_i\right) \leqslant \frac{1}{\sqrt{n}\,\varepsilon^2}.$$

从而有

$$\lim_{n\to+\infty} P\left\{\left|\frac{1}{n}\sum_{i=1}^{n}X_i - \frac{1}{n}\sum_{i=1}^{n}E(X_i)\right| \geqslant \varepsilon\right\} = 0.$$

因此 $X_1,X_2,\cdots,X_n,\cdots$服从大数定律.

注 第 9、10、11 题也可直接用马尔可夫大数定律解题.

§5.2 中心极限定理

一、内容概要

1. 依分布收敛 设随机变量 $Y,Y_1,Y_2,\cdots,Y_n,\cdots$的分布函数分别为 $F(x),F_1(x),F_2(x),\cdots,F_n(x),\cdots$. 若对 $F(x)$的任一连续点 x,都有

$$\lim_{n\to\infty}F_n(x) = F(x),$$

则称**随机变量序列$\{Y_n\}$按分布收敛于随机变量** Y,记为 $Y_n \xrightarrow{L} Y$. 特别当 $Y\sim N(0,1)$时,可记为 $Y_n \xrightarrow{L} N(0,1)$.

关于研究随机变量序列 $X_1,X_2,\cdots,X_n,\cdots$成立下列结果:

$$\frac{\sum_{i=1}^{n}X_i - \sum_{i=1}^{n}E(X_i)}{\sqrt{\mathrm{Var}\left(\sum_{i=1}^{n}X_i\right)}} \xrightarrow{L} N(0,1),$$

所需的条件的相关结论常称为**中心极限定理**.

2. 林德伯格-莱维中心极限定理　设 $X_1, X_2, \cdots, X_n, \cdots$ 是独立同分布的随机变量序列，且 $E(X_1)=\mu$，$\mathrm{Var}(X_1)=\sigma^2$，记

$$Y_n=\frac{\sum_{i=1}^{n} X_i-n\mu}{\sqrt{n}\,\sigma},$$

则对任意实数 x，有

$$\lim_{n\to\infty} P(Y_n \leqslant x)=\Phi(x)=\frac{1}{\sqrt{2\pi}}\int_{-\infty}^{x} \mathrm{e}^{-\frac{t^2}{2}}\mathrm{d}t.$$

3. 棣莫弗-拉普拉斯中心极限定理　设 $X_1, X_2, \cdots, X_n, \cdots$ 是独立同分布的随机变量序列，且 X_1 服从 0-1 分布 $B(1,p)$，则对任意实数 x，有

$$\lim_{n\to\infty} P\left(\frac{\sum_{i=1}^{n} X_i-np}{\sqrt{np(1-p)}} \leqslant x\right)=\Phi(x)=\frac{1}{\sqrt{2\pi}}\int_{-\infty}^{x} \mathrm{e}^{-\frac{t^2}{2}}\mathrm{d}t.$$

棣莫弗-拉普拉斯中心极限定理是林德伯格-莱维中心极限定理的特例，棣莫弗-拉普拉斯中心极限定理中 X_1 服从 0-1 分布 $B(1,p)$，且有 $E(X_1)=p$，$\mathrm{Var}(X_1)=p(1-p)$.

二、习题全解

1. 设 X_i 表示某邮局收到的第 i 个邮件的质量(单位：g)，$X_1, X_2, \cdots$ 是独立同分布的随机变量序列，现该邮局收到 10 000 个邮件，记其总质量为 Y.

(1) 若 X_1 服从正态分布 $N(20,81)$，求 $P(Y\leqslant 200\ 900)$ 的值；

(2) 若 X_1 服从指数分布 $E\left(\frac{1}{20}\right)$，求 $P(Y\leqslant 200\ 900)$ 的近似值.

解　(1) 由正态分布的可加性可知，$Y\sim N(200\ 000, 810\ 000)$，那么

$$P(Y\leqslant 200\ 900)=P\left(\frac{Y-200\ 000}{900}\leqslant 1\right)=\Phi(1)=0.841\ 3.$$

(2) $E(X_1)=20$，$\mathrm{Var}(X_1)=400$. 由林德伯格-莱维中心极限定理可得

$$P(Y\leqslant 200\ 900)=P\left(\frac{Y-10\ 000\times 20}{\sqrt{10\ 000\times 400}}\leqslant\frac{200\ 900-10\ 000\times 20}{\sqrt{10\ 000\times 400}}\right)$$
$$\approx\Phi(0.45)=0.673\ 6.$$

2. 将一枚均匀的硬币连掷 100 次，试计算 100 次中出现正面的次数大于 60 的概率的近似值.

解　记随机变量 X 为 100 次中出现正面的次数，则 $X\sim B(100,0.5)$，因此利用棣

莫弗-拉普拉斯中心极限定理可得

$$P(X>60)=P\left(\frac{X-100\times0.5}{\sqrt{100\times0.5\times0.5}}>2\right)=1-P\left(\frac{X-100\times0.5}{\sqrt{100\times0.5\times0.5}}\leqslant2\right)$$
$$\approx1-\Phi(2)=0.022\ 8.$$

即 100 次中出现正面的次数大于 60 的概率为 0.022 8.

3. 有一批钢材,其中 20%的钢材长度小于 4 m,现从中随机地取出 100 根钢材,试求取出的钢材中长度不小于 4 m 的钢材数不超过 84 根的概率的近似值.

解 记随机变量 X 为 100 根钢材中长度不小于 4 m 的钢材数,则 $X\sim B(100,0.8)$,因此利用棣莫弗-拉普拉斯中心极限定理可得

$$P(X\leqslant84)=P\left(\frac{X-100\times0.8}{\sqrt{100\times0.8\times0.2}}\leqslant1\right)\approx\Phi(1)=0.841\ 3,$$

即取出的钢材中长度不小于 4 m 的钢材数不超过 84 根的概率为 0.841 3.

4. 某小家电商场每天接待顾客 10 000 人,设每位顾客的消费金额(单位:元)服从区间[100,1 000]上的均匀分布,各个顾客的消费金额相互独立,求该商场一天的销售金额在 548 万元到 552 万元之间的概率的近似值.

解 记随机变量 X_i 为第 i 个顾客的消费金额,则 $X_i\sim U(100,1\ 000)$,那么 $E(X_i)=550,\mathrm{Var}(X_i)=67\ 500$. 商场一天的销售金额 $Y=\sum\limits_{i=1}^{10\ 000}X_i$.利用林德伯格-莱维中心极限定理

$$P(5\ 480\ 000\leqslant Y\leqslant5\ 520\ 000)$$
$$=P\left(\frac{5\ 480\ 000-10\ 000\times550}{\sqrt{10\ 000\times67\ 500}}\leqslant\frac{Y-10\ 000\times550}{\sqrt{10\ 000\times67\ 500}}\leqslant\frac{5\ 520\ 000-10\ 000\times550}{\sqrt{10\ 000\times67\ 500}}\right)$$
$$\approx2\Phi(0.77)-1=0.558\ 8,$$

即该商场一天的销售金额在 548 万元到 552 万元之间的概率为 0.558 8.

5. 某厂生产的某型号的螺丝钉的质量为随机变量 X,已知 X 的期望和标准差分别为 $E(X)=5,\sqrt{\mathrm{Var}(X)}=0.5$ (单位:g),某家具厂采购了一批该厂这种型号的螺丝钉,假设组装一套家具需要这种型号的螺丝钉 100 个,各螺丝钉的质量相互独立.求组装 100 套家具所用的 10 000 个螺丝钉的总质量在 50 kg 至 50.1 kg 之间的概率的近似值.

解 记随机变量 $Y=\sum\limits_{i=1}^{10\ 000}X_i$ 为 10 000 个螺丝钉的总质量,由林德伯格-莱维中心极限定理可知,

$$P(50\ 000\leqslant Y\leqslant50\ 100)$$
$$=P\left(\frac{50\ 000-10\ 000\times5}{\sqrt{10\ 000}\times0.5}\leqslant\frac{Y-10\ 000\times5}{\sqrt{10\ 000}\times0.5}\leqslant\frac{50\ 100-10\ 000\times5}{\sqrt{10\ 000}\times0.5}\right)$$

$$\approx \Phi(2)-\Phi(0)=0.477\ 2.$$

因此所用的 10 000 个螺丝钉的总质量在 50 kg 至 50.1 kg 之间的概率为 0.477 2.

6. 设某品牌电脑的寿命服从指数分布 $E(\ln 3)$（单位：10^4 h）.

（1）若某大学数学系有 3 位同学购买了这个品牌的电脑，求其中至少有一位同学购买的电脑的寿命超过 10 000 h 的概率；

（2）若某大学有 200 位同学购买了这个品牌的电脑，求其中至少有 70 位同学购买的电脑的寿命超过 10 000 h 的概率的近似值.

解　（1）设 X_i 为第 i 位同学的电脑的寿命，则 X_1,X_2,X_3 独立同分布且 $X_1\sim E(\ln 3)$. 要求其中至少有一位同学购买的电脑的寿命超过 10 000 h 的概率，即求

$$P(X_{(3)}>1)=1-P(X_{(3)}\leqslant 1)=1-(P(X_1\leqslant 1))^3=1-(1-\mathrm{e}^{-\ln 3})^3=\frac{19}{27}.$$

（2）令

$$Y=\begin{cases}1, & \text{电脑的寿命超过 10 000 h},\\ 0, & \text{电脑的寿命没有超过 10 000 h},\end{cases}$$

即 $Y\sim B(1,p)$，其中 $p=P(X_1>1)=1-P(X_1\leqslant 1)=1-(1-\mathrm{e}^{-\ln 3})=\dfrac{1}{3}$.

记 Y_i 为第 i 个同学的电脑寿命情况，因此利用林德伯格-莱维中心极限定理可得

$$P\left(\sum_{i=1}^{200}Y_i\geqslant 70\right)=P\left(\frac{\sum\limits_{i=1}^{200}Y_i-200\times\dfrac{1}{3}}{\sqrt{200\times\dfrac{1}{3}\times\dfrac{2}{3}}}\geqslant 0.5\right)=1-P\left(\frac{\sum\limits_{i=1}^{200}Y_i-200\times\dfrac{1}{3}}{\sqrt{200\times\dfrac{1}{3}\times\dfrac{2}{3}}}<0.5\right)$$

$$\approx 1-\Phi(0.5)=1-0.691\ 5=0.308\ 5.$$

则其中至少有 70 位同学购买的电脑的寿命超过 10 000 h 的概率为 0.308 5.

7. 有一个复杂系统由 n 个相互独立起作用的部件组成. 每个部件的可靠性（即部件正常工作的概率）为 0.8，且必须至少有 75% 的部件正常工作时整个系统才能正常工作. 问：n 至少为多大才能使整个系统正常工作的概率不低于 0.95？

解　记随机变量 X 为正常工作的部件数，则 $X\sim B(n,0.8)$，由于当有 25% 的部件不工作时系统就不能正常工作，因此若设 $N=0.75n$（取整），则当正常工作的部件数大于等于 N 时，系统就能正常工作. 因此利用棣莫弗-拉普拉斯中心极限定理可得

$$P(X\geqslant N)=1-P(X<N)=1-P\left(\frac{X-n\times 0.8}{\sqrt{n\times 0.8\times 0.2}}<\frac{N-n\times 0.8}{\sqrt{n\times 0.8\times 0.2}}\right)=0.95.$$

即 $\Phi\left(\dfrac{N-n\times 0.8}{\sqrt{n\times 0.8\times 0.2}}\right)=\Phi\left(\dfrac{-0.05n}{0.4\sqrt{n}}\right)=0.05=\Phi(-1.65)$，因此 $\dfrac{-0.05n}{0.4\sqrt{n}}=-1.65$，解得 $n=174.24$，n 至少为 175 才能使整个系统正常工作的概率不低于 0.95.

8. 小明在商业广场摆了个小吃摊,假设今天有 400 位顾客光顾了小明的摊位,每人在摊位上的花费金额 $X_1,X_2,\cdots,X_{400}$(单位:元)相互独立且服从同一分布,已知 $E(X_1)=20$,$\mathrm{Var}(X_1)=100$. 求今天小明的小吃摊的总营业额超过 7 800 元的概率的近似值.

解 记随机变量 Y 为总营业额,则 $E(Y)=8\ 000$,$\mathrm{Var}(Y)=40\ 000$,因此利用林德伯格-莱维中心极限定理可得

$$P(Y>7\ 800)=1-P(Y\leqslant 7\ 800)=1-P\left(\frac{Y-8\ 000}{\sqrt{40\ 000}}\leqslant\frac{7\ 800-8\ 000}{\sqrt{40\ 000}}\right)$$
$$\approx 1-\Phi(-1)=\Phi(1)=0.841\ 3.$$

今天小明的小吃摊的总营业额超过 7 800 元的概率的近似值为 0.841 3.

9. 某大型汽车商城每天出售的汽车数量服从参数为 40 的泊松分布. 若该商城一年有 360 天在经营汽车销售,且每天出售的汽车数量相互独立. 求一年中该汽车商城至少售出 14 280 辆的概率的近似值.

解 记 X_i 为第 i 天出售的汽车数量,则 $Y=X_1+X_2+\cdots+X_{360}$ 为一年的总销售量,由 $E(X_i)=\mathrm{Var}(X_i)=40$,则 $E(Y)=\mathrm{Var}(Y)=40\times 360=14\ 400$,因此利用林德伯格-莱维中心极限定理可得

$$P(Y\geqslant 14\ 280)=1-P(Y<14\ 280)=1-P\left(\frac{Y-14\ 400}{\sqrt{14\ 400}}<\frac{14\ 280-14\ 400}{\sqrt{14\ 400}}\right)$$
$$\approx 1-\Phi(-1)=\Phi(1)=0.841\ 3.$$

一年中该汽车商城至少售出 14 280 辆的概率的近似值为 0.841 3.

10. 设 $X_1,X_2,X_3,\cdots$ 是独立同分布的随机变量序列,X_1 服从区间 $[-\sqrt{3},\sqrt{3}]$ 上的均匀分布,求 $\lim\limits_{n\to\infty}P\left(\left|\sum\limits_{i=1}^{n}X_i\right|\leqslant\sqrt{n}\right)$ 的值.

解 $E(X_i)=0$,$\mathrm{Var}(X_i)=1$,因此 $E\left(\sum\limits_{i=1}^{n}X_i\right)=0$,$\mathrm{Var}\left(\sum\limits_{i=1}^{n}X_i\right)=n$.

$$P\left(\left|\sum_{i=1}^{n}X_i\right|\leqslant\sqrt{n}\right)=P\left(-\sqrt{n}\leqslant\sum_{i=1}^{n}X_i\leqslant\sqrt{n}\right)=P\left(-\frac{\sqrt{n}}{\sqrt{n}}\leqslant\frac{1}{\sqrt{n}}\sum_{i=1}^{n}X_i\leqslant\frac{\sqrt{n}}{\sqrt{n}}\right).$$

因此利用林德伯格-莱维中心极限定理可得

$$\lim_{n\to+\infty}P\left(\left|\sum_{i=1}^{n}X_i\right|\leqslant\sqrt{n}\right)=2\Phi(1)-1=0.682\ 6.$$

第六章

统计量及其分布

§6.1 数据、数据的整理与分析

一、内容概要

1. 数据 数据分为**连续性的变量数据**和**分类变量数据**两种类型.分类变量数据又分为**无序分类变量数据**和**有序分类变量数据**.

2. 数据的整理和分析 直方图和茎叶图等是对数据进行整理分析的常用方法.

二、习题全解

1. 某大型建筑和出租公司在本地区有一种统一的公寓出租,为分析潜在消费者的消费行为,该公司汇总了每月的房屋租金数据,共 120 个样本,如表 6.1 所示.

表 6.1 某公司房屋租金数据 单位:元

1 170	1 207	1 581	1 277	1 305	1 472	1 077	1 319	1 537	1 849
1 332	1 418	1 949	1 403	1 744	1 532	1 219	896	1 500	1 671
1 471	1 399	1 041	1 379	821	1 558	1 118	1 533	1 510	1 760
1 826	1 309	1 426	1 288	1 394	1 545	1 032	1 289	695	803
1 440	1 421	1 329	1 407	718	1 457	1 449	1 455	2 051	1 677
1 119	1 020	1 400	1 442	1 593	1 962	1 263	1 788	1 501	1 668
1 352	1 340	1 459	1 823	1 451	1 138	1 592	982	1 981	1 091
1 428	1 603	1 699	1 237	1 325	1 590	1 142	1 425	1 550	913
1 470	1 783	1 618	1 431	1 557	896	1 662	1 591	1 551	1 612
1 249	1 419	2 162	1 373	1 542	1 631	1 567	1 221	1 972	1 714
949	1 539	1 634	1 637	1 649	1 607	1 640	1 739	1 540	2 187
1 752	1 648	1 978	640	1 736	1 222	1 790	1 188	2 091	1 829

(1) 试画出直方图;(2) 从该直方图中可以得到什么结论?

解 (1) 直方图如图 6.1 所示.

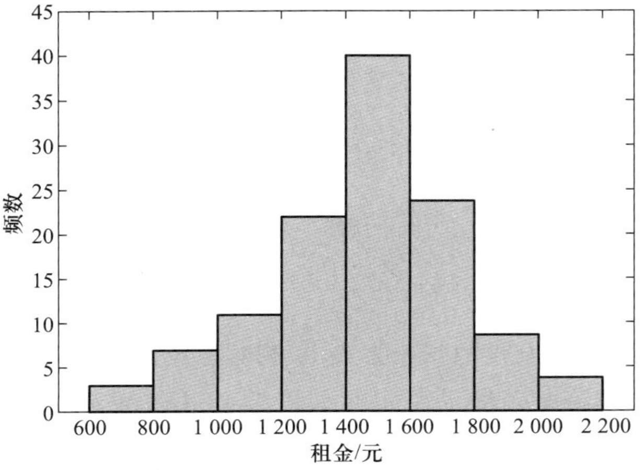

图 6.1

(2) 从直方图中可以看出数据比较集中,本地区大型建筑和出租公司出租的公寓每月的房屋租金金额主要集中在 1 200 元至 1 800 元,其中 1 400 元到 1 600 元的租金占比最大(占比 32.5%),其次是 1 600 元至 1 800 元和 1 200 元至 1 400 元,低于 800 元和高于 2 000 元的租金占比很小.

2. 金属线缠在塑料卷轴上以制作马达的线圈,当电流通过金属线时塑料会发热.一位工程师想比较新旧两种类型塑料的温度.他从新旧两种塑料产品中独立地各随机挑选 30 个卷轴,对于每个卷轴记录了电流通过之后卷轴的温度,其数据如表 6.2 和表 6.3 所示.试用茎叶图来表示其分布.

表 6.2 新型塑料(X)的温度 单位:℃

45.6	45.7	45.9	46.0	46.2	46.4	46.4	46.6	46.6	46.7
47.0	47.0	47.1	47.2	47.2	47.3	47.4	47.4	47.6	47.6
47.6	47.7	47.7	47.8	47.9	47.9	48.0	48.1	48.2	49.1

表 6.3 旧型塑料(Y)的温度 单位:℃

44.7	44.7	45.0	45.1	45.3	45.3	45.4	45.7	45.8	45.8
45.9	45.9	45.9	46.0	46.0	46.1	46.2	46.2	46.3	46.4
46.5	46.5	46.5	46.7	46.7	47.0	47.2	47.4	48.1	50.6

(1) 分别画出新型塑料(X)的温度和旧型塑料(Y)的温度数据的茎叶图;

(2) 分析新型塑料(X)的温度和旧型塑料(Y)的温度的差异.

解　(1)新型塑料(X)的温度数据的茎叶图如图 6.2 所示.

旧型塑料(Y)的温度数据的茎叶图如图 6.3 所示.

茎	叶
45	6 7 9
46	0 2 4 4 6 6 7
47	0 0 1 2 2 3 4 4 6 6 6 7 7 8 9 9
48	0 1 2
49	1

图 6.2

茎	叶
44	7 7
45	0 1 3 3 4 7 8 8 9 9 9
46	0 0 1 2 2 3 4 5 5 5 7 7
47	0 2 4
48	1
50	6

图 6.3

(2) 新型塑料(X)的温度数据较为集中,相对稳定,其中 47℃ 至 48℃ 占比最大;旧型塑料的温度数据跨度更大,不稳定性更高,其中 45℃ 至 47℃ 占比最大.因此从大多数来看,旧型塑料上升的温度比新型塑料更低.

3. 1978 年英国科学家卡文迪什仔细测量了地球的密度,记录的地球密度是水密度的某个倍数,测量结果如表 6.4 所示.

表 6.4　卡文迪什测量结果

5.50	5.61	4.88	5.07	5.26	5.55	5.36	5.29	5.58	5.65
5.57	5.53	5.62	5.29	5.44	5.34	5.79	5.10	5.27	5.39
5.42	5.47	5.63	5.34	5.46	5.30	5.75	5.68	5.85	

试用直方图或茎叶图来表示这些数据.

解　直方图如图 6.4 所示.

茎叶图如图 6.5 所示.

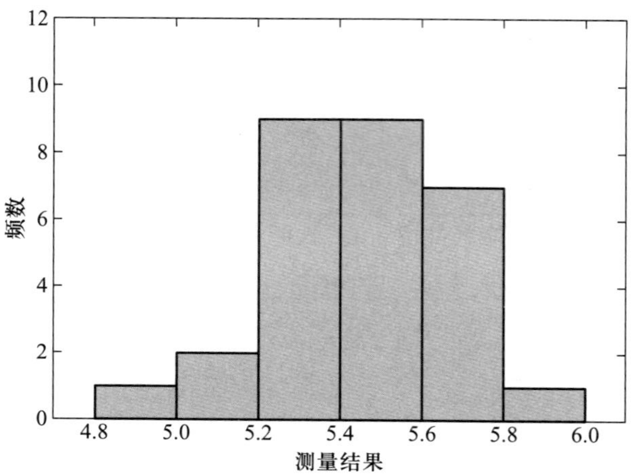

图 6.4

茎	叶
4.8	8
5.0	7
5.1	0
5.2	6 7 9 9
5.3	0 4 4 6 9
5.4	2 4 6 7
5.5	0 3 5 7 8
5.6	1 2 3 5 8
5.7	5 9
5.8	5

图 6.5

4. 表 6.5 数据是在一个 50 人的样本中,一周时间内使用个人计算机的时数.

表 6.5　一周时间内使用个人计算机的时数　　　　单位:h

4.1	1.5	10.4	5.9	3.4	5.7	1.6	6.1	3.0	3.7
3.1	4.8	2.0	14.8	5.4	4.2	3.9	4.1	11.1	3.5
4.1	4.1	8.8	5.6	4.3	3.3	7.1	10.3	6.2	7.6
10.8	2.8	9.5	12.9	12.1	0.7	4.0	9.2	4.4	5.7
7.2	6.1	5.7	5.9	4.7	3.9	3.7	3.1	6.1	3.1

(1) 试画出直方图;

(2) 试画出茎叶图;

(3) 从上述数据能得到什么有用信息?

解　(1) 直方图如图 6.6 所示.

(2) 茎叶图如图 6.7 所示.

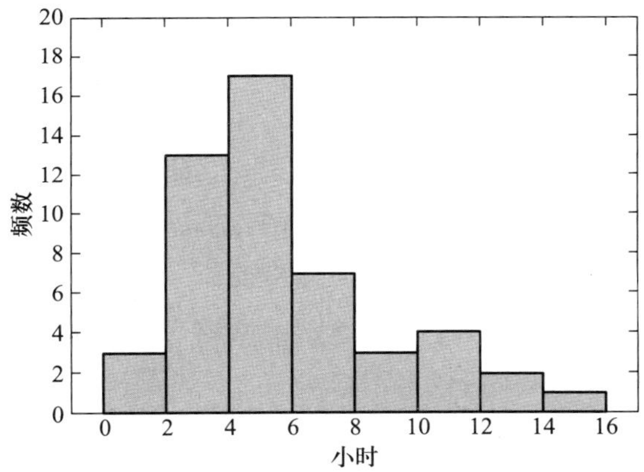

图 6.6

茎	叶
0	7
1	5 6
2	0 8
3	0 1 1 1 3 4 5 7 7 9 9
4	0 1 1 1 1 2 3 4 7 8
5	4 6 7 7 7 9 9
6	1 1 1 2
7	1 2 6
8	8
9	2 5
10	3 4 8
11	1
12	1 9
14	8

图 6.7

(3) 从上述数据可以看出,个人计算机在家的使用情况比较分散,存在两极分化的情况.该样本中使用计算机的时间主要集中在 2 至 6 h,其中每天使用电脑 4 至 6 h 的人占比最大(占比 34%),超过 14 h 的人占比很小.

§6.2　总体、个体与样本

一、内容概要

1. 总体和个体　常把研究对象的全体称为**总体**,把构成总体的每个成员称为个体.为研究方便,我们常把感兴趣总体的指标 X 称为总体 X,总体指标 X 的分布称为**总体分布**,并用总体分布的名称称呼总体. 例如总体分布为正态分布的总体称为**正态总体**.若总体指标 X 是离散型随机变量,则称总体指标 X 的分布律为**总体分布律**;若总体指标 X 是连续型随机变量,则称总体指标 X 的密度函数为**总体密度函数**.

2. 样本　为了推测总体分布相关的信息,可以从总体中抽取一些个体,通过了解这些个体的指标值来得到相关信息,帮助我们推测总体分布相关的信息.从总体中按照一定的规则抽取一些个体,通过观测得到这些个体的指标值,这些个体的指标值称为**样本**,得到样本的这一过程称为**抽样**.

3. 简单随机样本　**简单随机样本**$(X_1,X_2,\cdots,X_n)$满足:

(1) **同分布性**:$X_1,X_2,\cdots,X_n$ 服从相同的分布,且每个 X_i 与总体指标 X 服从相同的分布;

(2) **独立性**:$X_1,X_2,\cdots,X_n$ 相互独立.

今后没有特别说明,样本$(X_1,X_2,\cdots,X_n)$都是指简单随机样本,并简记为 X_1, $X_2,\cdots,X_n$.

4. 样本观测值　抽样完成后,得到 n 个数据 $x_1,x_2,\cdots,x_n$,这些数据称为**样本观测值**,n 称为**样本容量**或**样本大小**.

5. 数理统计学　**数理统计学**是统计学分支学科,它以概率论为理论基础,对受随机因素影响的不确定性现象进行大量的观测或试验,以有效的方法获取样本、提取信息,进而对随机现象的统计规律(如参数、分布、相关性等)做出推断.

6. 样本 $X_1,X_2,\cdots,X_n$ 的联合密度函数　设总体 X 的密度函数为 $f(x;\theta)$,其中 θ 为未知参数,则样本 $X_1,X_2,\cdots,X_n$ 的联合密度函数为

$$f(x_1,x_2,\cdots,x_n;\theta)=\prod_{i=1}^{n} f(x_i;\theta).$$

7. 样本 $X_1,X_2,\cdots,X_n$ 的联合分布律　设总体 X 的分布律为 $f(x;\theta)=P(X=x)$,其中 θ 为未知参数,则样本 $X_1,X_2,\cdots,X_n$ 的联合分布律为

$$\begin{aligned} f(x_1,x_2,\cdots,x_n;\theta)&=P(X_1=x_1,X_2=x_2,\cdots,X_n=x_n)\\ &=\prod_{i=1}^{n}P(X_i=x_i)=\prod_{i=1}^{n}P(X=x_i)=\prod_{i=1}^{n}f(x_i;\theta). \end{aligned}$$

二、习题全解

1. 设 $X_1,X_2,\cdots,X_n$ 是取自总体 X 的样本,其中 X 服从参数为 λ 的指数分布,$\lambda>0$,求样本 $X_1,X_2,\cdots,X_n$ 的联合密度函数.

解　总体 X 的密度函数为 $f(x;\lambda)=\lambda e^{-\lambda x}$,$x>0$,则样本 $X_1,X_2,\cdots,X_n$ 的联合密度函数为

$$p(x_1,x_2,\cdots,x_n;\lambda)=\prod_{i=1}^{n}f(x_i;\lambda)=\lambda^n e^{-\lambda\sum_{i=1}^{n}x_i},x_i>0,i=1,2,\cdots,n.$$

2. 设 $X_1,X_2,\cdots,X_n$ 是取自总体 X 的样本，其中 X 服从区间 $[0,\theta]$ 上的均匀分布，$\theta>0$，求样本 $X_1,X_2,\cdots,X_n$ 的联合密度函数.

解　总体 X 的密度函数为 $f(x;\theta)=\dfrac{1}{\theta}$，$0<x<\theta$，则样本 $X_1,X_2,\cdots,X_n$ 的联合密度函数为

$$p(x_1,x_2,\cdots,x_n;\theta)=\prod_{i=1}^{n}f(x_i;\theta)=\frac{1}{\theta^n},\quad 0<x_i<\theta,i=1,2,\cdots,n.$$

3. 设 $X_1,X_2,\cdots,X_n$ 是取自总体 X 的样本，其中 X 服从参数为 p 的 0-1 分布 $B(1,p)$，$0<p<1$，求样本 $X_1,X_2,\cdots,X_n$ 的联合分布律.

解　总体 X 的总体分布律为 $P(X=x)=p^x(1-p)^{1-x}$，$x=0,1$，则样本 $X_1,X_2,\cdots,X_n$ 的联合分布律为

$$\begin{aligned}p(x_1,x_2,\cdots,x_n;p)&=P(X_1=x_1,X_2=x_2,\cdots,X_n=x_n)=\prod_{i=1}^{n}P(X_i=x_i)\\&=p^{\sum_{i=1}^{n}x_i}(1-p)^{n-\sum_{i=1}^{n}x_i},x_i=0,1,i=1,2,\cdots,n.\end{aligned}$$

4. 设 $X_1,X_2,\cdots,X_n$ 是取自总体 X 的样本，其中 X 服从参数为 p 的几何分布 $Ge(p)$，$0<p<1$，求样本 $X_1,X_2,\cdots,X_n$ 的联合分布律.

解　总体 X 的总体分布律为 $P(X=x)=(1-p)^{x-1}p$，$x=1,2,\cdots$，则样本 $X_1,X_2,\cdots,X_n$ 的联合分布律为

$$\begin{aligned}p(x_1,x_2,\cdots,x_n;p)&=P(X_1=x_1,X_2=x_2,\cdots,X_n=x_n)=\prod_{i=1}^{n}P(X_i=x_i)\\&=(1-p)^{\sum_{i=1}^{n}x_i-n}p^n,\quad x_i=1,2,\cdots,\quad i=1,2,\cdots,n.\end{aligned}$$

§6.3　统计量和经验分布函数

一、内容概要

1. 统计量　任何样本的函数 $h(X_1,X_2,\cdots,X_n)$，只要不直接包含未知参数，都称为统计量.

解释一下“不直接包含”的含义：一旦得到样本观测值 $x_1,x_2,\cdots,x_n$，可以计算出 $h(x_1,x_2,\cdots,x_n)$ 的具体数值.

2. 经验分布函数　对应于样本 $X_1,X_2,\cdots,X_n$，定义**经验分布函数**为

$$F_n(x)=\frac{1}{n}\sum_{i=1}^{n}I_{\{X_i\leqslant x\}}\ .$$

经验分布函数的性质　若记总体 X 的分布函数为 $F(x)$，则对于任意实数 x 和任意正数 ε，

$$\lim_{n\to\infty}P(\left|F_n(x)-F(x)\right|\geqslant\varepsilon)=0,$$

等价地，成立如下等式

$$\lim_{n\to\infty}P(\left|F_n(x)-F(x)\right|<\varepsilon)=1\ .$$

这表明：$F_n(x)\xrightarrow{P}F(x)$.

对应于样本观测值 $x_1,x_2,\cdots,x_n$，$\widetilde{F}_n(x)=\frac{1}{n}\sum_{i=1}^{n}I_{\{x_i\leqslant x\}}$ 称为**经验分布函数的一个实现**.

二、习题全解

1. 设 $X_1,X_2,\cdots,X_n$ 是取自总体 X 的样本 $(n\geqslant2)$，其中 X 服从参数为 λ 的指数分布，$\lambda>0$ 为未知参数，问：下列随机变量哪些是统计量？

(1) $\frac{1}{n}\sum_{i=1}^{n}X_i$；　(2) $\frac{1}{n}\sum_{i=1}^{n}(X_i-\lambda)^2$；　(3) X_2-X_1；

(4) $\min(X_1,X_2,\cdots,X_n)$；　(5) $\dfrac{\sum_{i=1}^{n}X_i-n\lambda}{\sqrt{n\lambda}}$；　(6) $\max(X_1,X_2)$.

解　(1) $\frac{1}{n}\sum_{i=1}^{n}X_i$ 不包含未知参数，因此是统计量；(2) $\frac{1}{n}\sum_{i=1}^{n}(X_i-\lambda)^2$ 包含未知参数 λ，因此不是统计量；(3) X_2-X_1 不包含未知参数，因此是统计量；(4) $\min(X_1,X_2,\cdots,X_n)$ 不包含未知参数，因此是统计量；(5) $\dfrac{\sum_{i=1}^{n}X_i-n\lambda}{\sqrt{n\lambda}}$ 包含未知参数 λ，因此不是统计量；(6) $\max(X_1,X_2)$ 不包含未知参数，因此是统计量.

综上所述，(1)(3)(4)(6) 是统计量.

2. 设 $X_1,X_2,\cdots,X_n$ 是取自正态总体 $N(\mu,\sigma^2)$ 的样本 $(n\geqslant2)$，其中 μ,σ^2 为未知参数，问：下列随机变量哪些是统计量？

(1) $\frac{1}{n}\sum_{i=1}^{n}(X_i-\mu)^2$；　(2) $\frac{1}{\sigma^2}\sum_{i=1}^{n}X_i^2$；　(3) $\max(X_1,X_2,\cdots,X_n)$；

(4) $\dfrac{\sum_{i=1}^{n}X_i-n\mu}{\sqrt{n\sigma^2}}$；　(5) $\min(X_1,X_2)$.

解 (1) $\frac{1}{n}\sum_{i=1}^{n}(X_i-\mu)^2$ 包含未知参数 μ,因此不是统计量;(2) $\frac{1}{\sigma^2}\sum_{i=1}^{n}X_i^2$ 包含未知参数 σ,因此不是统计量;(3) $\max(X_1,X_2,\cdots,X_n)$ 不包含未知参数,因此是统计量;(4) $\frac{\sum_{i=1}^{n}X_i-n\mu}{\sqrt{n\sigma^2}}$ 包含未知参数 μ,σ,因此不是统计量;(5) $\min(X_1,X_2)$不包含未知参数,因此是统计量.

综上所述,(3)(5)是统计量.

3. 从总体 X 中抽取样本,得到样本观测值 1.5, 1.2, 1.3, 2.6, 3.9, 3.9,求经验分布函数的一个实现$\widetilde{F}_6(x)$.

解 对应于样本 $X_1,X_2,\cdots,X_n$,定义经验分布函数为

$$F_n(x)=\frac{1}{n}\sum_{i=1}^{n}I_{\{X_i\leqslant x\}}.$$

对于样本观测值,容易计算出经验分布函数的一个实现为

$$\widetilde{F}_6(x)=\begin{cases}0, & x<1.2,\\ \frac{1}{6}, & 1.2\leqslant x<1.3,\\ \frac{1}{3}, & 1.3\leqslant x<1.5,\\ \frac{1}{2}, & 1.5\leqslant x<2.6,\\ \frac{2}{3}, & 2.6\leqslant x<3.9,\\ 1, & x\geqslant 3.9.\end{cases}$$

4. 从总体 X 中抽取样本,得到样本观测值 105,112,112,123,206,206,319,350,225,求经验分布函数的一个实现$\widetilde{F}_9(x)$.

解 对应于样本 $X_1,X_2,\cdots,X_n$,定义经验分布函数为

$$F_n(x)=\frac{1}{n}\sum_{i=1}^{n}I_{\{X_i\leqslant x\}}.$$

对于样本观测值,容易计算出经验分布函数的一个实现为

$$\widetilde{F}_9(x)=\begin{cases}0, & x<105,\\ \dfrac{1}{9}, & 105\leqslant x<112,\\ \dfrac{1}{3}, & 112\leqslant x<123,\\ \dfrac{4}{9}, & 123\leqslant x<206,\\ \dfrac{2}{3}, & 206\leqslant x<225,\\ \dfrac{7}{9}, & 225\leqslant x<319,\\ \dfrac{8}{9}, & 319\leqslant x<350,\\ 1, & x\geqslant 350.\end{cases}$$

§6.4　常用统计量

一、内容概要

1. 样本原点矩和样本中心矩　样本均值 $\overline{X}=\dfrac{1}{n}\sum\limits_{i=1}^{n}X_i$，样本方差 $S^2=\dfrac{1}{n-1}\sum\limits_{i=1}^{n}(X_i-\overline{X})^2$，样本标准差 $S=\sqrt{S^2}$，样本 k 阶原点矩 $A_k=\dfrac{1}{n}\sum\limits_{i=1}^{n}X_i^k$，样本 k 阶中心矩 $B_k=\dfrac{1}{n}\sum\limits_{i=1}^{n}(X_i-\overline{X})^k,k=1,2,\cdots$. $S_n^2=\dfrac{1}{n}\sum\limits_{i=1}^{n}(X_i-\overline{X})^2=B_2$ 也是一个常用的估计总体分布方差的统计量.

样本原点矩和样本中心矩的性质　设 $X_1,X_2,\cdots,X_n$ 是取自总体 X 的样本，则

(1) $\sum\limits_{i=1}^{n}(X_i-\overline{X})=0$，即 $B_1=0$；

(2) $\sum\limits_{i=1}^{n}(X_i-\overline{X})^2=\sum\limits_{i=1}^{n}(X_i-c)^2-n(\overline{X}-c)^2$，其中 c 为任意实数. 特别当 $c=0$ 时，有 $\sum\limits_{i=1}^{n}(X_i-\overline{X})^2=\sum\limits_{i=1}^{n}X_i^2-n(\overline{X})^2$；

(3) 对总体 X 而言，若 $E(X^2)<+\infty$，则 $E(\overline{X})=E(X)$，$\mathrm{Var}(\overline{X})=\dfrac{\mathrm{Var}(X)}{n}$，$E(S^2)=$

$\mathrm{Var}(X)$.

2. 样本变异系数、样本偏度系数和样本峰度系数 样本变异系数 $\delta_X=\dfrac{S}{|\overline{X}|}$，样本偏度系数 $\hat{\beta}_S=\dfrac{B_3}{B_2^{\frac{3}{2}}}$，样本峰度系数 $\hat{\beta}_k=\dfrac{B_4}{B_2^2}-3$.

3. 样本混合矩 如果总体指标是二维随机变量 (X,Y)，抽样得到的样本为 $(X_1,Y_1),(X_2,Y_2),\cdots,(X_n,Y_n)$，可以定义**样本 (k,l) 阶混合矩**

$$C_{k,l}=\frac{1}{n}\sum_{i=1}^{n}(X_i-\overline{X})^k(Y_i-\overline{Y})^l,\quad k,l=1,2,\cdots.$$

$C_{1,1}$ 称为**样本协方差**，它可以用来近似总体的协方差 $\mathrm{Cov}(X,Y)$.

由于相关系数 $\mathrm{Corr}(X,Y)=\dfrac{\mathrm{Cov}(X,Y)}{\sqrt{\mathrm{Var}(X)\mathrm{Var}(Y)}}$，因此可以定义**样本相关系数**

$$R=\frac{\sum_{i=1}^{n}(X_i-\overline{X})(Y_i-\overline{Y})}{\sqrt{\sum_{i=1}^{n}(X_i-\overline{X})^2}\sqrt{\sum_{i=1}^{n}(Y_i-\overline{Y})^2}}.$$

样本相关系数的大小可以衡量 X 与 Y 的线性相关程度. $R\approx 1$ 表明 X 与 Y 呈近似完全正相关，$R\approx -1$ 表明 X 与 Y 呈近似完全负相关，$R\approx 0$ 表明 X 与 Y 近似不相关.

4. 次序统计量 设 $x_1,x_2,\cdots,x_n$ 为一组样本观测值，可以将其按照从小到大进行重排为

$$x_{(1)}\leqslant x_{(2)}\leqslant\cdots\leqslant x_{(n)},$$

由此得到 $(x_{(1)},x_{(2)},\cdots,x_{(n)})$，对应于样本 $X_1,X_2,\cdots,X_n$，按照从小到大进行重排也可以得到 $(X_{(1)},X_{(2)},\cdots,X_{(n)})$，由于 $X_1,X_2,\cdots,X_n$ 是随机变量，因此 $(X_{(1)},X_{(2)},\cdots,X_{(n)})$ 是 n 维随机变量，称 $(X_{(1)},X_{(2)},\cdots,X_{(n)})$ 为**次序统计量**，其中 $X_{(1)}=\min(X_1,X_2,\cdots,X_n)$ 称为**最小次序统计量**，$X_{(n)}=\max(X_1,X_2,\cdots,X_n)$ 称为**最大次序统计量**.

5. 样本极差和样本分位数 利用次序统计量可以定义**样本极差**：

$$R_X=X_{(n)}-X_{(1)},$$

样本极差反映了样本数据的分散程度. 样本极差越大，数据越分散.

对应于总体分布的中位数，可以定义**样本中位数**：

$$M_{0.5}=\begin{cases}\dfrac{1}{2}\left(X_{\left(\frac{n}{2}\right)}+X_{\left(\frac{n}{2}+1\right)}\right), & n\text{ 为偶数},\\ X_{\left(\frac{n+1}{2}\right)}, & n\text{ 为奇数}.\end{cases}$$

进一步可以定义**样本的 p 分位数**：

$$M_p=\begin{cases}\dfrac{1}{2}(X_{(np)}+X_{(np+1)}), & np\text{ 为整数},\\ X_{([np+1])}, & np\text{ 不为整数}.\end{cases}$$

这里$[np+1]$表示 $np+1$ 的整数部分.

6. 第一四分位数、第三四分位数和四分位极差　$M_{0.25}$,$M_{0.75}$分别被称为**第一四分位数(或下四分位数)**和**第三四分位数(或上四分位数)**.称

$$IQR=M_{0.75}-M_{0.25}$$

为**四分位极差**.和样本极差相比较,四分位极差具有稳健性,而样本极差易受离群值的影响.

7. 五数总括和箱线图　得到样本观测值以后可以算出最小次序统计量值 $x_{(1)}$、第一四分位数 $m_{0.25}$、样本中位数 $m_{0.5}$、第三四分位数 $m_{0.75}$和最大次序统计量值 $x_{(n)}$,把这五个数值称为**五数总括**.通过五数总括,我们对数据的分布情况有了大致的了解.用五数总括可以画出**箱线图**.**箱线图**中的盒的上下底分别表示四分位数 $m_{0.75}$和 $m_{0.25}$,盒中间的线表征了中位数 $m_{0.5}$,盒的上下直线延展出去直到最大值和最小值.

二、习题全解

1. 设 $X_1,X_2,\cdots,X_n(n\geqslant 2)$ 是独立同分布的随机变量,$X_1\sim U(0,2)$,记 $\overline{X}=\dfrac{1}{n}\sum\limits_{i=1}^{n}X_i$, $S^2=\dfrac{1}{n-1}\sum\limits_{i=1}^{n}(X_i-\overline{X})^2$, $A_2=\dfrac{1}{n}\sum\limits_{i=1}^{n}X_i^2$,则 $E(\overline{X})=$ ________, $\mathrm{Var}(\overline{X})=$ ________, $E(S^2)=$ ________, $E(A_2)=$ ________.

解　由于 $X_1,X_2,\cdots,X_n$ 独立同分布且 $X_1\sim U(0,2)$,故 $E(X_i)=1,\mathrm{Var}(X_i)=\dfrac{1}{3}$.

$$E(\overline{X})=E(X_1)=1,\quad \mathrm{Var}(\overline{X})=\frac{1}{n}\mathrm{Var}(X)=\frac{1}{3n},\quad E(S^2)=\mathrm{Var}(X_1)=\frac{1}{3}.$$

$$\begin{aligned}E(A_2)&=E\left(\frac{1}{n}\sum_{i=1}^{n}X_i^2\right)=\frac{1}{n}\sum_{i=1}^{n}E(X_i^2)\\&=\frac{1}{n}\sum_{i=1}^{n}(\mathrm{Var}(X_i)+[E(X_i)]^2)=\frac{1}{n}\sum_{i=1}^{n}\left(\frac{1}{3}+1\right)=\frac{4}{3}.\end{aligned}$$

2. 设(X_1,X_2,X_3)是取自总体 X 的样本,下列随机变量中是次序统计量的是(　　).

A. $\overline{X}=\dfrac{1}{3}\sum\limits_{i=1}^{3}X_i$　　　　B. $\min(X_1,X_2)$

C. $\min(X_1,X_2,X_3)$　　　　D. $\max(X_1,X_2,X_3)$

解　选 C 和 D,分别对应于最小次序统计量和最大次序统计量.

3. 表 6.6 是两个变量 X 和 Y 的 20 次观测结果.

表 6.6 X 和 Y 的 20 次观测结果

观测次数	X	Y	观测次数	X	Y
1	-22	22	11	-37	48
2	-33	49	12	34	-29
3	2	8	13	9	-18
4	29	-16	14	-33	31
5	-13	10	15	20	-16
6	21	-28	16	-3	14
7	-13	27	17	-15	18
8	-23	35	18	12	17
9	14	-5	19	-20	-11
10	3	-3	20	-7	-22

(1) 求 X 和 Y 的样本相关系数;

(2) 试分别计算 X 和 Y 各自的数字特征:样本均值、样本方差、最大次序统计量值、最小次序统计量值、样本极差、四分位极差.

解 (1) X 和 Y 的样本相关系数为

$$R=\frac{\sum_{i=1}^{n}(x_i-\overline{x})(y_i-\overline{y})}{\sqrt{\sum_{i=1}^{n}(x_i-\overline{x})^2}\sqrt{\sum_{i=1}^{n}(y_i-\overline{y})^2}}=-0.813\ 4.$$

(2) X 的样本均值为

$$\overline{x}=\frac{1}{n}\sum_{i=1}^{n}x_i=\frac{1}{20}(-22+\cdots-7)=-3.75.$$

X 的样本方差为

$$S_x^2=\frac{1}{n-1}\sum_{i=1}^{n}(x_i-\overline{x})^2=\frac{1}{19}[(-22+3.75)^2+\cdots+(-7+3.75)^2]=451.144\ 7.$$

X 的最大次序统计量值为 $x_{(20)}=34$,X 的最小次序统计量值为 $x_{(1)}=-37$.

X 的极差为 $x_{(20)}-x_{(1)}=34+37=71$.

X 的四分位极差为$\frac{1}{2}(x_{(15)}+x_{(16)})-\frac{1}{2}(x_{(5)}+x_{(6)})=13+21=34$.

Y 的样本均值为

$$\overline{y}=\frac{1}{n}\sum_{i=1}^{n}y_i=\frac{1}{20}(22+\cdots-22)=6.55.$$

Y 的样本方差为

$$S_y^2=\frac{1}{n-1}\sum_{i=1}^{n}(y_i-\overline{y})^2=\frac{1}{19}[(22-6.55)^2+\cdots+(-22-6.55)^2]=595.734\ 2.$$

Y 的极大值为 $y_{(20)}=49$，Y 的极小值为 $y_{(1)}=-29$.

Y 的极差为 $y_{(20)}-y_{(1)}=49+29=78$.

Y 的四分位极差为 $\frac{1}{2}(y_{(15)}+y_{(16)})-\frac{1}{2}(y_{(5)}+y_{(6)})=24.5+16=40.5$.

4. 假设样本观测值为 1.2,2.5,3.6,3.8,4.1,6.8,8.9,12.5,16.4,20.1,你认为图 6.8 中的哪个箱线图可能是这组样本观测值的箱线图？(　　)

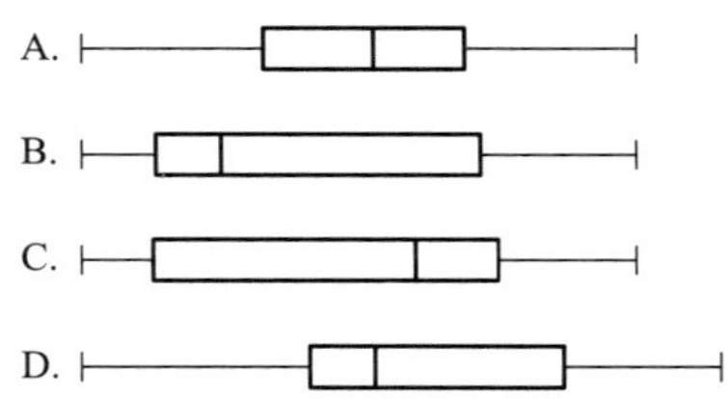

图 6.8

解　选 B.这组样本的极小值为 1.2,第一四分位数为 3.6,中位数为 5.45,第三四分位数为 12.5,极大值为 20.1,因此 B 选项可能是这组样本观测值的箱线图.

*§ 6.5　充分统计量和相合统计量

一、内容概要

1. 充分统计量　设 $X_1,X_2,\cdots,X_n$ 是取自总体 X 的样本,总体分布函数为 $F(x;\theta)$,其中 θ 是未知参数,若当给定统计量 $T(X_1,X_2,\cdots,X_n)=t$ 时,$(X_1,X_2,\cdots,X_n)$ 的联合条件分布(联合条件分布函数,或联合条件密度函数,或联合条件分布律)与参数 θ 无关,则称统计量 $T(X_1,X_2,\cdots,X_n)$ 为 θ 的**充分统计量**.

2. 因子分解定理　设 $X_1,X_2,\cdots,X_n$ 是取自总体 X 的样本,总体分布函数为 $F(x;\theta)$,其中 θ 是未知参数,则统计量 $T(X_1,X_2,\cdots,X_n)$ 是 θ 的充分统计量的充要条件为:$(X_1,X_2,\cdots,X_n)$ 的联合密度函数(或联合分布律)可以写成如下形式:

$$f(x_1,x_2,\cdots,x_n;\theta)=g(T(x_1,x_2,\cdots,x_n),\theta)h(x_1,x_2,\cdots,x_n),$$

其中 $g(T(x_1,x_2,\cdots,x_n),\theta)$ 是关于统计量 $T(X_1,X_2,\cdots,X_n)$ 和 θ 的函数,$h(x_1,x_2,\cdots,x_n)$ 是与 θ 无关的函数.

3. 相合统计量　如果统计量 $T=T(X_1,X_2,\cdots,X_n)$ 依概率收敛于参数 θ,称统计量

$T=T(X_1,X_2,\cdots,X_n)$为参数θ的**相合统计量**,或称统计量$T=T(X_1,X_2,\cdots,X_n)$具有**相合性**.

4. 判定相合统计量的充分条件 若统计量$T=T(X_1,X_2,\cdots,X_n)$满足条件:

$$\lim_{n\to\infty}E[T(X_1,X_2,\cdots,X_n)]=\theta,\quad \lim_{n\to\infty}\mathrm{Var}(T(X_1,X_2,\cdots,X_n))=0,$$

则统计量$T=T(X_1,X_2,\cdots,X_n)$是参数θ的相合统计量.

二、习题全解

1. 设$X_1,X_2,\cdots,X_n(n\geqslant 2)$是取自正态总体$N(\mu,\sigma^2)$的样本.

(1) 如果μ为未知参数,σ^2已知,试证明样本均值$\overline{X}$为μ的充分统计量和相合统计量;

(2) 如果σ^2为未知参数,μ已知,试证明统计量$\widehat{\sigma^2}=\frac{1}{n}\sum_{i=1}^{n}(X_i-\mu)^2$为$\sigma^2$的充分统计量和相合统计量;

(3) 如果μ,σ^2为未知参数,试证明样本均值和样本方差$(\overline{X},S^2)$为$\theta=(\mu,\sigma^2)$的充分统计量.

证明 (1) 当σ^2已知时,样本的联合密度函数为

$$\begin{aligned}p(x_1,x_2,\cdots,x_n;\mu)&=(2\pi\sigma^2)^{-\frac{n}{2}}\exp\left\{-\frac{1}{2\sigma^2}\sum_{i=1}^{n}(x_i-\mu)^2\right\}\\&=(2\pi\sigma^2)^{-\frac{n}{2}}\exp\left\{-\frac{1}{2\sigma^2}\sum_{i=1}^{n}x_i^2\right\}\exp\left\{-\frac{1}{2\sigma^2}\left(n\mu^2-2\mu\sum_{i=1}^{n}x_i\right)\right\}.\end{aligned}$$

样本均值$\overline{x}=\frac{1}{n}\sum_{i=1}^{n}x_i$,取

$$g(\overline{x};\mu)=\exp\left\{-\frac{1}{2\sigma^2}(n\mu^2-2n\mu\overline{x})\right\},$$

$$h(x_1,x_2,\cdots,x_n)=(2\pi\sigma^2)^{-\frac{n}{2}}\exp\left\{-\frac{1}{2\sigma^2}\sum_{i=1}^{n}x_i^2\right\},$$

则$p(x_1,x_2,\cdots,x_n;\mu)=g(\overline{x};\mu)h(x_1,x_2,\cdots,x_n)$. 由因子分解定理,$\overline{X}$为$\mu$的充分统计量.由于$E(\overline{X})=\frac{1}{n}\sum_{i=1}^{n}E(X_i)=\mu$,$\lim_{n\to+\infty}\mathrm{Var}(\overline{X})=\lim_{n\to+\infty}\frac{1}{n^2}\mathrm{Var}(X)=\lim_{n\to+\infty}\frac{\sigma^2}{n^2}=0$. 因此$\overline{X}$为$\mu$的相合统计量.

(2) 当μ已知时,样本的联合密度函数为

$$p(x_1,x_2,\cdots,x_n;\sigma^2)=(2\pi\sigma^2)^{-\frac{n}{2}}\exp\left\{-\frac{1}{2\sigma^2}\sum_{i=1}^{n}(x_i-\mu)^2\right\}.$$

统计量 $T=\widehat{\sigma^2}=\frac{1}{n}\sum_{i=1}^{n}(X_i-\mu)^2$,取

$$g(t;\sigma^2)=(2\pi\sigma^2)^{-\frac{n}{2}}\exp\left\{-\frac{nt}{2\sigma^2}\right\},\quad h(x_1,x_2,\cdots,x_n)=1.$$

则 $p(x_1,x_2,\cdots,x_n;\sigma^2)=g(t;\sigma^2)h(x_1,x_2,\cdots,x_n)$. 由因子分解定理,$\widehat{\sigma^2}$为 σ^2 的充分统计量.

另一方面,由于 $\lim\limits_{n\to+\infty}E(\widehat{\sigma^2})=\lim\limits_{n\to+\infty}E\left(\frac{1}{n}\sum_{i=1}^{n}X_i^2-\mu^2\right)=\lim\limits_{n\to+\infty}\frac{1}{n}\sum_{i=1}^{n}E(X_i^2)-\mu^2=\sigma^2$, $\frac{1}{\sigma^2}\sum_{i=1}^{n}(X_i-\mu)^2\sim\chi^2(n)$,因此 $\lim\limits_{n\to+\infty}\mathrm{Var}(\widehat{\sigma^2})=\lim\limits_{n\to+\infty}\mathrm{Var}\left(\frac{\sigma^2}{n}\times\frac{1}{\sigma^2}\sum_{i=1}^{n}(X_i-\mu)^2\right)=\lim\limits_{n\to+\infty}\frac{\sigma^4}{n^2}\times 2n=0$. 即$\widehat{\sigma^2}$为 σ^2 的相合统计量.

(3) 样本联合密度函数为

$$\begin{aligned}p(x_1,x_2,\cdots,x_n;\mu,\sigma^2)&=(2\pi\sigma^2)^{-\frac{n}{2}}\exp\left\{-\frac{1}{2\sigma^2}\sum_{i=1}^{n}(x_i-\mu)^2\right\}\\&=(2\pi\sigma^2)^{-\frac{n}{2}}\exp\left\{-\frac{1}{2\sigma^2}\sum_{i=1}^{n}[(x_i-\bar{x})+(\bar{x}-\mu)]^2\right\}\\&=(2\pi\sigma^2)^{-\frac{n}{2}}\exp\left\{-\frac{1}{2\sigma^2}\sum_{i=1}^{n}[(x_i-\bar{x})^2+(\bar{x}-\mu)^2]\right\}\\&=(2\pi\sigma^2)^{-\frac{n}{2}}\exp\left\{-\frac{1}{2\sigma^2}\sum_{i=1}^{n}[(n-1)s^2+(\bar{x}-\mu)^2]\right\},\end{aligned}$$

统计量 $T=(\overline{X},S^2)$,取

$g(t;\theta)=(2\pi\sigma^2)^{-\frac{n}{2}}\exp\left\{-\frac{1}{2\sigma^2}\sum_{i=1}^{n}[(n-1)s^2+(\bar{x}-\mu)^2]\right\}$,$h(x_1,x_2,\cdots,x_n)=1$,则 $p(x_1,x_2,\cdots,x_n;\mu,\sigma^2)=g(t;\theta)h(x_1,x_2,\cdots,x_n)$. 由因子分解定理,$(\overline{X},S^2)$为 $\theta=(\mu,\sigma^2)$的充分统计量.

2. 设 $X_1,X_2,\cdots,X_n$ 是取自总体 X 的样本,其中 X 服从参数为 λ 的指数分布,$\lambda>0$ 为未知参数,求参数 λ 的充分统计量.

解　总体 X 的密度函数为

$$p(x,\lambda)=\begin{cases}\lambda\mathrm{e}^{-\lambda x}, & x>0,\\0, & \text{其他},\end{cases}$$

于是样本的联合密度函数为

$$p(x_1,x_2,\cdots,x_n;\lambda)=\begin{cases}\lambda^n\mathrm{e}^{-\lambda\sum\limits_{i=1}^{n}x_i}, & x>0,\\0, & \text{其他},\end{cases}$$

令 $T=\sum_{i=1}^{n}X_i$，取

$$g(t;\lambda)=\lambda^n e^{-\lambda t},\quad h(x_1,x_2,\cdots,x_n)=1,$$

则 $p(x_1,x_2,\cdots,x_n;\lambda)=g(t;\lambda)h(x_1,x_2,\cdots,x_n)$. 由因子分解定理，$T=\sum_{i=1}^{n}X_i$ 为 λ 的充分统计量.

3. 设 $X_1,X_2,\cdots,X_n$ 是取自总体 X 的样本，其中 X 服从区间 $[0,\theta]$ 上的均匀分布，$\theta>0$ 为未知参数，求参数 θ 的充分统计量.

解 总体 X 的密度函数为

$$p(x,\theta)=\begin{cases}\dfrac{1}{\theta}, & 0<x<\theta,\\ 0, & \text{其他},\end{cases}$$

于是样本的联合密度函数为

$$p(x_1,x_2,\cdots,x_n;\theta)=\begin{cases}\left(\dfrac{1}{\theta}\right)^n, & 0<x_{(1)}\leqslant x_{(n)}<\theta,\\ 0, & \text{其他},\end{cases}$$

即 $p(x_1,x_2,\cdots,x_n;\theta)=\left(\dfrac{1}{\theta}\right)^n I_{(0<x_{(1)}\leqslant x_{(n)}<\theta)}$，令 $t=X_{(n)}$，取

$$g(t;\theta)=\left(\frac{1}{\theta}\right)^n I_{(t<\theta)},\quad h(x_1,x_2,\cdots,x_n)=I_{(0<x(1))},$$

则 $p(x_1,x_2,\cdots,x_n;\theta)=g(t;\theta)h(x_1,x_2,\cdots,x_n)$. 由因子分解定理，$T=X_{(n)}$ 为 θ 的充分统计量.

4. 设 $X_1,X_2,\cdots,X_n$ 是取自总体 X 的样本，其中 X 服从参数为 p 的 0-1 分布 $B(1,p)$，$0<p<1$ 为未知参数. 求：(1) 参数 p 的充分统计量；(2) $p(1-p)$ 的一个相合统计量.

解 (1) 总体 X 的分布律为 $P(X=x)=p^x(1-p)^{1-x}$，$x=0,1$，则样本 $(X_1,X_2,\cdots,X_n)$ 的联合分布律为

$$\begin{aligned}p(x_1,x_2,\cdots,x_n;p)&=P(X_1=x_1,X_2=x_2,\cdots,X_n=x_n)=\prod_{i=1}^{n}P(X_i=x_i)\\&=p^{\sum_{i=1}^{n}x_i}(1-p)^{n-\sum_{i=1}^{n}x_i},\quad x_i=0,1,i=1,2,\cdots,n.\end{aligned}$$

令 $T=\sum_{i=1}^{n}X_i$，$t=\sum_{i=1}^{n}x_i$，取

$$g(t;p)=p^t(1-p)^{n-t},\quad h(x_1,\cdots,x_n)=1.$$

则 $p(x_1,x_2,\cdots,x_n;p)=g(t;p)h(x_1,\cdots,x_n)$. 由因子分解定理，$T=\sum_{i=1}^{n}X_i$ 为 p 的充分统计量.

(2) 教材中提及:样本的 k 阶中心矩 $B_k=\frac{1}{n}\sum_{i=1}^{n}(X_i-\overline{X})^k$ 是总体 X 的 k 阶中心矩 $E[(X-E(X))^k]$ 的相合统计量. 因此当 $k=2$ 时 B_2 依概率收敛到 $\mathrm{Var}(X)=p(1-p)$ .B_2 是 $p(1-p)$ 的相合统计量.

以下证明:$S^2=\frac{1}{n-1}\sum_{i=1}^{n}(X_i-\overline{X})^2=\frac{n}{n-1}B_2$ 依概率收敛到 $\mathrm{Var}(X)=p(1-p)$.因为 $\frac{n}{n-1}B_2-p(1-p)=\frac{1}{n-1}B_2+(B_2-p(1-p))$,所以,

$$\left|\frac{n}{n-1}B_2-p(1-p)\right|\leqslant\left|\frac{1}{n-1}B_2\right|+|B_2-p(1-p)|,\text{对于任意 }\varepsilon>0,\text{有}$$

$$\left\{\left|\frac{n}{n-1}B_2-p(1-p)\right|\geqslant\varepsilon\right\}\subseteq\left\{\left|\frac{1}{n-1}B_2\right|\geqslant\frac{\varepsilon}{2}\right\}\cup\left\{|B_2-p(1-p)|\geqslant\frac{\varepsilon}{2}\right\},$$

由此得到

$$P\left\{\left|\frac{n}{n-1}B_2-p(1-p)\right|\geqslant\varepsilon\right\}\leqslant P\left\{\left|\frac{1}{n-1}B_2\right|\geqslant\frac{\varepsilon}{2}\right\}+P\left\{|B_2-p(1-p)|\geqslant\frac{\varepsilon}{2}\right\}.$$

由前文得到 $\lim\limits_{n\to\infty}P\left\{|B_2-p(1-p)|\geqslant\frac{\varepsilon}{2}\right\}=0$.应用马尔可夫不等式,当 $n\to\infty$ 时,有

$$0\leqslant P\left\{\left|\frac{1}{n-1}B_2\right|\geqslant\frac{\varepsilon}{2}\right\}=P\left\{|B_2|\geqslant(n-1)\frac{\varepsilon}{2}\right\}\leqslant\frac{E(B_2)}{(n-1)\frac{\varepsilon}{2}}=\frac{\frac{n-1}{n}p(1-p)}{(n-1)\frac{\varepsilon}{2}}=\frac{2p(1-p)}{n\varepsilon}\to 0,$$

因此,$\lim\limits_{n\to\infty}P\left\{\left|\frac{n}{n-1}B_2-p(1-p)\right|\geqslant\varepsilon\right\}=0$.即 $S^2=\frac{1}{n-1}\sum_{i=1}^{n}(X_i-\overline{X})^2=\frac{n}{n-1}B_2$ 也是 $p(1-p)$ 的相合统计量.

§6.6　χ^2 分布、t 分布和 F 分布

一、内容概要

1. χ^2 **分布**　设 $X_1,X_2,\cdots,X_n$ 为相互独立且服从同一分布的随机变量,X_1 服从标准正态分布,则称随机变量 $U=\sum_{i=1}^{n}X_i^2$ 服从自由度为 n 的 **χ^2 分布**,记为 $U\sim\chi^2(n)$.

2. χ^2 **分布具有可加性**　设 $U_1\sim\chi^2(m)$,$U_2\sim\chi^2(n)$,且 U_1 与 U_2 相互独立,则 $U_1+U_2\sim\chi^2(m+n)$.

3. t **分布**　若随机变量 X 与 Y 相互独立,且 $X\sim N(0,1)$,$Y\sim\chi^2(n)$,则称随机变量

$T=\dfrac{X}{\sqrt{Y/n}}$服从自由度为 n 的 t **分布**,记为 $T\sim t(n)$.

$t(n)$分布的 p 分位数记为 $t_p(n)$. 当 $T\sim t(n)$时,$P(T\leqslant t_p(n))=p,0<p<1$.

由 t 分布的密度函数具有对称性,可知

$$t_p(n)=-t_{1-p}(n).$$

4. F **分布**　若随机变量 U 与 V 独立,且 $U\sim\chi^2(m)$,$V\sim\chi^2(n)$,则称随机变量 $F=\dfrac{U/m}{V/n}$服从自由度为(m,n)的 F **分布**,记为 $F\sim F(m,n)$.

服从 F 分布的随机变量的倒数还服从 F 分布,即当 $F\sim F(m,n)$时,$\dfrac{1}{F}\sim F(n,m)$.

$F(m,n)$分布的 p 分位数记为 $F_p(m,n)$,当 $F\sim F(m,n)$时,

$$P(F\leqslant F_p(m,n))=p,0<p<1.$$

p 较小时可以利用下面的公式得到 $F_p(m,n)$的值:

$$F_p(m,n)=\frac{1}{F_{1-p}(n,m)}.$$

二、习题全解

1. 设 X_1,X_2,X_3,X_4,X_5 是独立同分布的随机变量,$X_1\sim N(0,1)$,记 $Y=C_1(X_1+X_2+X_3)^2+C_2(X_4+X_5)^2$,其中 C_1,C_2 为非零常数,那么,当 $C_1=$________,$C_2=$________时,Y 服从自由度为________的χ^2 分布.

解　由正态分布具有可加性知

$$X_1+X_2+X_3\sim N(0,3),X_4+X_5\sim N(0,2).$$

因此

$$\frac{1}{\sqrt{3}}(X_1+X_2+X_3)\sim N(0,1),\quad \frac{1}{\sqrt{2}}(X_4+X_5)\sim N(0,1).$$

且两者相互独立,由χ^2 分布的定义,当 $C_1=\left(\dfrac{1}{\sqrt{3}}\right)^2=\dfrac{1}{3}$,$C_2=\left(\dfrac{1}{\sqrt{2}}\right)^2=\dfrac{1}{2}$时,

$$\begin{aligned}&C_1(X_1+X_2+X_3)^2+C_2(X_4+X_5)^2\\=&\left(\frac{1}{\sqrt{3}}(X_1+X_2+X_3)\right)^2+\left(\frac{1}{\sqrt{2}}(X_4+X_5)\right)^2\sim\chi^2(2).\end{aligned}$$

2. 已知随机变量 $Y\sim t(10)$,试问:当 c 为何值时,$P(|Y|>c)=0.05$,并把 c 用分位数记号表示出来.

解　由于 $P(|Y|>c)=1-P(|Y|\leqslant c)=0.05$,所以 $P(|Y|\leqslant c)=0.95$,

$P(|Y|\leqslant c)=P(Y\leqslant c)-P(Y\leqslant -c)=P(Y\leqslant c)-(1-P(Y\leqslant c))=2P(Y\leqslant c)-1=0.95$,

从而 $P(Y\leqslant c)=0.975$,故 $c=t_{0.975}(10)=2.228$.

3. 试求下列分位数的值:$\chi_{0.99}^{2}(12)$,$t_{0.05}(12)$,$F_{0.05}(3,8)$.

解　查表可知

$$\chi_{0.99}^{2}(12)=26.22,t_{0.05}(12)=-t_{0.95}(12)=-1.782\ 3,$$

$$F_{0.05}(3,8)=\frac{1}{F_{0.95}(8,3)}=\frac{1}{8.85}=0.113\ 0.$$

4. 设随机变量 X 与 Y 相互独立,且 $X\sim N(0,4)$,$Y\sim\chi^{2}(4)$,问:非零常数 C 取何值时,随机变量 $Z=C\dfrac{X}{\sqrt{Y}}$服从 t 分布? 并指出其自由度.

解　由 $X\sim N(0,4)$可知$\dfrac{1}{2}X\sim N(0,1)$,则当 $C=1$ 时,

$$Z=C\frac{X}{\sqrt{Y}}=\frac{\frac{1}{2}X}{\sqrt{Y/4}}\sim t(4).$$

因此,当 $C=1$ 时,随机变量 $Z=C\dfrac{X}{\sqrt{Y}}$服从 t 分布,自由度为 4.

5. 设随机变量 X 服从 F 分布,且 $F_{0.9}(6,5)=3.4$,求 $F_{0.1}(5,6)$的值.

解　由 F 分布的性质可知,

$$F_{0.1}(5,6)=\frac{1}{F_{0.9}(6,5)}=\frac{1}{3.4}=0.294\ 1.$$

6. 设总体 X 服从正态分布 $N(0,\sigma^{2})$,$X_1,X_2,\cdots,X_6$ 是来自总体 X 的样本,则非零常数 c 取________时,随机变量 $Y=c\dfrac{X_1+X_2+X_3+X_4}{\sqrt{X_5^2+X_6^2}}$服从自由度为________的 t 分布.

解　由总体 X 服从正态分布 $N(0,\sigma^{2})$可知,$\dfrac{1}{\sigma}X_i\sim N(0,1)$. 由正态分布具有可加性,得到 $X_1+X_2+X_3+X_4\sim N(0,4\sigma^{2})$, 那么

$$\frac{1}{2\sigma}(X_1+X_2+X_3+X_4)\sim N(0,1),$$

由χ^{2} 分布定义,

$$\left(\frac{X_5}{\sigma}\right)^2+\left(\frac{X_6}{\sigma}\right)^2\sim\chi^{2}(2).$$

且$\dfrac{1}{2\sigma}(X_1+X_2+X_3+X_4)$与$\left(\dfrac{X_5}{\sigma}\right)^2+\left(\dfrac{X_6}{\sigma}\right)^2$ 相互独立,按照 t 分布的定义,当 $c=\dfrac{\sqrt{2}}{2}$时,

$$Y=c\frac{X_1+X_2+X_3+X_4}{\sqrt{X_5^2+X_6^2}}=\frac{\frac{1}{2\sigma}(X_1+X_2+X_3+X_4)}{\sqrt{\left[\left(\frac{X_5}{\sigma}\right)^2+\left(\frac{X_6}{\sigma}\right)^2\right]\Big/2}}\sim t(2).$$

所以当非零常数 c 取 $\frac{\sqrt{2}}{2}$ 时，随机变量 $Y=c\frac{X_1+X_2+X_3+X_4}{\sqrt{X_5^2+X_6^2}}$ 服从自由度为 2 的 t 分布.

7. 设 $T\sim t(n)$，证明：$T^2\sim F(1,n)$.

证明　由 $T\sim t(n)$ 可知，

$$T=\frac{U}{\sqrt{\frac{\chi^2(n)}{n}}},$$

其中 $U\sim N(0,1)$.$\chi^2(n)$ 表示服从自由度为 n 的 χ^2 分布的随机变量，且它与 U 相互独立.由 χ^2 分布定义得到 $U^2\sim\chi^2(1)$，因此按照 F 分布的定义，有

$$T^2=\frac{U^2}{\chi^2(n)/n}\sim F(1,n).$$

8. 设 $X_1,X_2\cdots,X_6$ 相互独立且服从相同的分布，且 X_1 服从正态分布 $N(0,9)$，记 $T=a\left(\frac{X_1+X_2}{\sqrt{\sum\limits_{i=3}^{6}X_i^2}}\right)$，其中 a 为非零常数，则当 $a=$________时，T^2 服从自由度为________的 F 分布.

解　由 $T=a\left(\frac{X_1+X_2}{\sqrt{\sum\limits_{i=3}^{6}X_i^2}}\right)$ 可知，

$$T^2=\frac{a^2(X_1+X_2)^2}{\sum\limits_{i=3}^{6}X_i^2}.$$

由于 $X_1,X_2,\cdots,X_6$ 独立同分布且 $X_1\sim N(0,9)$，根据方差的定义和正态分布的可加性

$$\frac{1}{3}X_i\sim N(0,1),\quad \frac{1}{3\sqrt{2}}(X_1+X_2)\sim N(0,1),$$

因此

$$\frac{1}{18}(X_1+X_2)^2\sim\chi^2(1),\quad \frac{1}{9}\sum_{i=3}^{6}X_i^2\sim\chi^2(4).$$

因为两者相互独立，所以按照 F 分布的定义

$$\frac{\frac{1}{18}(X_1+X_2)^2/1}{\frac{1}{9}\sum_{i=3}^{6}X_i^2/4}\sim F(1,4).$$

故当 $a=\sqrt{2}$ 或 $a=-\sqrt{2}$ 时,

$$T^2=\frac{2(X_1+X_2)^2}{\sum_{i=3}^{6}X_i^2}=\frac{\frac{1}{18}(X_1+X_2)^2/1}{\frac{1}{9}\sum_{i=3}^{6}X_i^2/4}\sim F(1,4).$$

9. 设 $X_1,X_2,\cdots,X_5$ 是取自正态总体 $N(0,\sigma^2)$ 的样本,$T=c\dfrac{(X_1+X_2+X_3)^2}{(X_4+X_5)^2}$,其中 c 为非零常数,问:当 c 取何值时,T 服从 F 分布? 指出其自由度.

解　$X_1,X_2,\cdots,X_5$ 独立同分布且服从 $N(0,\sigma^2)$ 的正态分布,所以

$$\frac{1}{\sigma}X_i\sim N(0,1),\quad i=1,2,3,4,5.$$

根据正态分布的可加性和方差的性质

$$\frac{1}{\sqrt{3}\sigma}(X_1+X_2+X_3)\sim N(0,1),\quad \frac{1}{\sqrt{2}\sigma}(X_4+X_5)\sim N(0,1).$$

根据 χ^2 分布的定义

$$\frac{1}{3\sigma^2}(X_1+X_2+X_3)^2\sim\chi^2(1),\quad \frac{1}{2\sigma^2}(X_4+X_5)^2\sim\chi^2(1).$$

且两者相互独立,按照 F 分布的定义

$$\frac{\frac{1}{3\sigma^2}(X_1+X_2+X_3)^2/1}{\frac{1}{2\sigma^2}(X_4+X_5)^2/1}\sim F(1,1).$$

当 $c=\dfrac{2}{3}$ 时,

$$T=\frac{2}{3}\frac{(X_1+X_2+X_3)^2}{(X_4+X_5)^2}=\frac{\frac{1}{3\sigma^2}(X_1+X_2+X_3)^2/1}{\frac{1}{2\sigma^2}(X_4+X_5)^2/1}\sim F(1,1).$$

因此当 $c=\dfrac{2}{3}$ 时,T 服从 F 分布,自由度为$(1,1)$.

10. 设二维随机变量(X,Y)服从二维正态分布 $N(\mu_1,\mu_2,\sigma_1^2,\sigma_2^2,\rho)$,且已知 $\mu_1=\mu_2=\rho=0,\sigma_1^2=\sigma_2^2=1$,问:$\dfrac{X}{|Y|}$服从什么分布? $\left(\text{提示}:\dfrac{X}{|Y|}=\dfrac{X}{\sqrt{Y^2/1}}.\right)$

解 多元正态分布的边际分布仍是正态分布,且分量不相关等价于他们相互独立.由题意得 $X \sim N(0,1)$, $Y \sim N(0,1)$,且 X 和 Y 独立.

根据 χ^2 分布的定义, $Y^2 \sim \chi^2(1)$,且 X 和 Y^2 仍独立,因此

$$\frac{X}{|Y|}=\frac{X}{\sqrt{Y^2/1}} \sim t(1).$$

$\frac{X}{|Y|}$服从自由度为 1 的 t 分布.

§6.7 正态总体下的抽样分布

一、内容概要

1. 单正态总体下抽样分布基本定理

设 $X_1, X_2, \cdots, X_n$ 是取自正态总体 $N(\mu, \sigma^2)$ 的样本,样本均值为 $\overline{X}=\frac{1}{n}\sum_{i=1}^{n} X_i$,样本方差为 $S^2=\frac{1}{n-1}\sum_{i=1}^{n}(X_i-\overline{X})^2$,则有

(1) $\overline{X} \sim N\left(\mu, \frac{\sigma^2}{n}\right)$,即$\frac{\sqrt{n}(\overline{X}-\mu)}{\sigma} \sim N(0,1)$;

(2) $\frac{(n-1)S^2}{\sigma^2} \sim \chi^2(n-1)$;

(3) $\overline{X}$与 S^2 相互独立.

2. 基本定理的推论

设 $X_1, X_2, \cdots, X_n$ 为来自正态总体 $N(\mu, \sigma^2)$ 的样本,则有

$$T=\frac{\sqrt{n}(\overline{X}-\mu)}{S} \sim t(n-1).$$

***3. 双正态总体下抽样分布定理**

设 $X_1, X_2, \cdots, X_m$ 为取自总体 $X \sim N(\mu_1, \sigma_1^2)$ 的样本, $Y_1, Y_2, \cdots, Y_n$ 为取自总体 $Y \sim N(\mu_2, \sigma_2^2)$ 的样本. 假设样本 $X_1, X_2, \cdots, X_m, Y_1, Y_2, \cdots, Y_n$ 相互独立. 记

$$\overline{X}=\frac{1}{m}\sum_{i=1}^{m} X_i, \overline{Y}=\frac{1}{n}\sum_{i=1}^{n} Y_i, S_X^2=\frac{1}{m-1}\sum_{i=1}^{m}(X_i-\overline{X})^2, S_Y^2=\frac{1}{n-1}\sum_{i=1}^{n}(Y_i-\overline{Y})^2,$$

$S_w^2=\frac{1}{m+n-2}\left[\sum_{i=1}^{m}(X_i-\overline{X})^2+\sum_{i=1}^{n}(Y_i-\overline{Y})^2\right]=\frac{1}{m+n-2}[(m-1)S_X^2+(n-$

$1)S_Y^2]$, $S_w=\sqrt{S_w^2}$，则有

(1) $$\frac{\overline{X}-\overline{Y}-(\mu_1-\mu_2)}{\sqrt{\frac{\sigma_1^2}{m}+\frac{\sigma_2^2}{n}}}\sim N(0,1);$$

(2) $$\frac{\frac{S_X^2}{S_Y^2}}{\frac{\sigma_1^2}{\sigma_2^2}}\sim F(m-1,n-1);$$

(3) $$\frac{\frac{\frac{1}{m}\sum_{i=1}^{m}(X_i-\mu_1)^2}{\frac{1}{n}\sum_{i=1}^{n}(Y_i-\mu_2)^2}}{\frac{\sigma_1^2}{\sigma_2^2}}\sim F(m,n).$$

进一步，当 $\sigma_1^2=\sigma_2^2$ 时，则有

(4) $$T=\frac{\overline{X}-\overline{Y}-(\mu_1-\mu_2)}{S_w\sqrt{\frac{1}{m}+\frac{1}{n}}}\sim t(m+n-2);$$

(5) $$F=\frac{S_X^2}{S_Y^2}\sim F(m-1,n-1).$$

二、习题全解

1. 已知$\chi^2_{0.92}(16)=24$，$\chi^2_{0.05}(16)=8$，$\chi^2_{0.94}(15)=24$，$\chi^2_{0.056}(15)=8$，设 $X_1,X_2,\cdots,X_{16}$ 是取自正态总体 $N(\mu,\sigma^2)$ 的样本，那么

$$P\left(\frac{\sigma^2}{2}\leqslant\frac{1}{16}\sum_{i=1}^{16}(X_i-\mu)^2\leqslant\frac{3}{2}\sigma^2\right)=\_\_\_\_\_\_.$$

解　由χ^2 分布的定义，记 $U=\sum_{i=1}^{16}\left(\frac{X_i-\mu}{\sigma}\right)^2\sim\chi^2(16)$.

$$\begin{aligned}&P\left(\frac{\sigma^2}{2}\leqslant\frac{1}{16}\sum_{i=1}^{16}(X_i-\mu)^2\leqslant\frac{3}{2}\sigma^2\right)\\&=P\left(8\leqslant\sum_{i=1}^{16}\left(\frac{X_i-\mu}{\sigma}\right)^2\leqslant 24\right)\\&=P(\chi^2_{0.05}(16)\leqslant U\leqslant\chi^2_{0.92}(16))\\&=0.92-0.05=0.87.\end{aligned}$$

2. 设 $X_1,X_2,\cdots,X_n$ 是取自正态总体 $N(\mu,36)$ 的样本，问：n 至少为多大时，有 $P(|\overline{X}-\mu|<1)\geqslant 0.95$？

解　样本均值 $\overline{X}\sim N\left(\mu,\dfrac{36}{n}\right)$，因此

$$P(|\overline{X}-\mu|<1)=P\left(\frac{|\overline{X}-\mu|}{6/\sqrt{n}}<\frac{1}{6/\sqrt{n}}\right)\geqslant 0.95.$$

即 $2\Phi\left(\dfrac{\sqrt{n}}{6}\right)-1\geqslant 0.95$，所以 $\Phi\left(\dfrac{\sqrt{n}}{6}\right)\geqslant 0.975$，查表可知，$\Phi(1.96)=0.975$，故 $\dfrac{\sqrt{n}}{6}\geqslant 1.96$，即 $n\geqslant 138.297\ 6$，因此样本量至少为 139.

3. 设随机变量 $X_1,X_2,\cdots,X_{36}$ 是取自正态总体 $N(\mu,\sigma^2)$ 的样本，$\overline{X},S$ 分别为样本均值和样本标准差，求常数 k 使得 $P(\overline{X}>\mu+kS)=0.95$.

解　在正态总体下，总有 $\dfrac{\sqrt{n}(\overline{X}-\mu)}{S}\sim t(n-1)$，所以

$$P(\overline{X}>\mu+kS)=P\left(\frac{\overline{X}-\mu}{S}>k\right)=P\left(\frac{\sqrt{n}(\overline{X}-\mu)}{S}>k\sqrt{n}\right)=0.95.$$

即

$$P\left(\frac{\sqrt{n}(\overline{X}-\mu)}{S}\leqslant k\sqrt{n}\right)=0.05.$$

故 $k\sqrt{n}$ 是自由度为 $n-1$ 的 t 分布的 0.05 分位数，即 $k\sqrt{n}=t_{0.05}(n-1)$，由于 $n=36$，查表知 $t_{0.05}(35)=-1.689\ 6$，从而 $k=\dfrac{-1.689\ 6}{\sqrt{36}}=-0.281\ 6$.

4. 设 $X_1,X_2,\cdots,X_n(n\geqslant 2)$ 是取自正态总体 $N(1,\sigma^2)$ 的样本，$\widehat{\sigma^2}=\dfrac{1}{n}\sum\limits_{i=1}^{n}(X_i-1)^2$，$S^2=\dfrac{1}{n-1}\sum\limits_{i=1}^{n}(X_i-\overline{X})^2$，则下列选项中正确的是(　　).

A. $\operatorname{Var}(\widehat{\sigma^2})>\operatorname{Var}(S^2)$

B. $\operatorname{Var}(\widehat{\sigma^2})<\operatorname{Var}(S^2)$

C. $\operatorname{Var}(\widehat{\sigma^2})=\operatorname{Var}(S^2)$

D. $\operatorname{Var}(\widehat{\sigma^2})$ 和 $\operatorname{Var}(S^2)$ 的大小关系无法确定

解　选 B. 对于样本 $X_1,X_2,\cdots,X_n$，

$$\frac{\sum\limits_{i=1}^{n}(X_i-\mu)^2}{\sigma^2}=\frac{\sum\limits_{i=1}^{n}(X_i-1)^2}{\sigma^2}\sim\chi^2(n),\qquad \frac{(n-1)S^2}{\sigma^2}\sim\chi^2(n-1),$$

记 $T=\dfrac{n\widehat{\sigma^2}}{\sigma^2}=\dfrac{\sum\limits_{i=1}^{n}(X_i-1)^2}{\sigma^2}\sim\chi^2(n)$，$U=\dfrac{(n-1)S^2}{\sigma^2}\sim\chi^2(n-1)$. 由 χ^2 分布的方差可知，$\mathrm{Var}(T)=2n$，$\mathrm{Var}(U)=2(n-1)$，那么

$$\mathrm{Var}(\widehat{\sigma^2})=\mathrm{Var}\left(\frac{\sigma^2}{n}T\right)=\frac{\sigma^4}{n^2}\mathrm{Var}(T)=\frac{2\sigma^4}{n},$$

$$\mathrm{Var}(S^2)=\mathrm{Var}\left(\frac{\sigma^2}{n-1}U\right)=\frac{\sigma^4}{(n-1)^2}\mathrm{Var}(U)=\frac{2\sigma^4}{n-1}.$$

所以 $\mathrm{Var}(\widehat{\sigma^2})<\mathrm{Var}(S^2)$.

5. 设 $X_1,X_2,\cdots,X_n,X_{n+1}$ 是取自正态总体 $N(\mu,\sigma^2)$ 的样本，$\overline{X}_n=\dfrac{1}{n}\sum\limits_{i=1}^{n}X_i$，$S_n^2=\dfrac{1}{n-1}\sum\limits_{i=1}^{n}(X_i-\overline{X}_n)^2$，$S_n=\sqrt{S_n^2}$，则当非零常数 $c=$________时，$c\dfrac{X_{n+1}-\overline{X}_n}{S_n}$ 服从自由度为________的 t 分布.

解　由条件，$X_{n+1}\sim N(\mu,\sigma^2)$，$\overline{X}_n\sim N\left(\mu,\dfrac{\sigma^2}{n}\right)$，$\dfrac{(n-1)S_n^2}{\sigma^2}\sim\chi^2(n-1)$，且 X_{n+1}，$\overline{X}_n$ 和 S_n^2 相互独立，故 $X_{n+1}-\overline{X}_n\sim N\left(0,\dfrac{n+1}{n}\sigma^2\right)$，因此

$$\frac{X_{n+1}-\overline{X}_n}{\sqrt{\dfrac{n+1}{n}\sigma^2}}\sim N(0,1).$$

由 t 分布的定义

$$\frac{\dfrac{X_{n+1}-\overline{X}_n}{\sqrt{\dfrac{n+1}{n}\sigma^2}}}{\sqrt{\dfrac{(n-1)S_n^2}{\sigma^2}\Big/(n-1)}}=\sqrt{\frac{n}{n+1}}\frac{X_{n+1}-\overline{X}_n}{S_n}\sim t(n-1).$$

因此当 $c=\sqrt{\dfrac{n}{n+1}}$ 时，$c\dfrac{X_{n+1}-\overline{X}_n}{S_n}$ 服从自由度为 $n-1$ 的 t 分布.

6. 设 $X_1,X_2,\cdots,X_{2n}$ 是取自正态总体 $N(\mu,\sigma^2)$ 的样本，其样本均值 $\overline{X}_{2n}=\dfrac{1}{2n}\sum\limits_{i=1}^{2n}X_i$，求统计量 $T=\sum\limits_{i=1}^{n}(X_i+X_{n+i}-2\overline{X}_{2n})^2$ 的数学期望和方差.

（提示：记 $Y_i=X_i+X_{n+i}$，$i=1,2,\cdots,n$，则 $Y_1,Y_2,\cdots,Y_n$ 可视为取自正态总体 $N(2\mu,2\sigma^2)$

的样本，$\overline{Y}_n = \frac{1}{n}\sum_{i=1}^{n} Y_i = \frac{1}{n}\sum_{i=1}^{n}(X_i + X_{n+i}) = 2 \times \frac{1}{2n}\sum_{i=1}^{2n} X_i = 2\overline{X}_{2n}$.）

解 记 $Y_i = X_i + X_{n+i}, i=1,2,\cdots,n$，则 $Y_1, Y_2, \cdots, Y_n$ 可视为取自正态总体 $N(2\mu, 2\sigma^2)$ 的样本，

$$\overline{Y}_n = \frac{1}{n}\sum_{i=1}^{n} Y_i = \frac{1}{n}\sum_{i=1}^{n}(X_i + X_{n+i}) = 2 \cdot \frac{1}{2n}\sum_{i=1}^{2n} X_i = 2\overline{X}_{2n}.$$

那么 $Y_i - \overline{Y}_n = X_i + X_{n+i} - 2\overline{X}_{2n}$，因此，由正态总体下抽样分布的基本定理，有

$$U = \frac{T}{2\sigma^2} = \sum_{i=1}^{n} \frac{(Y_i - \overline{Y}_n)^2}{2\sigma^2} \sim \chi^2(n-1).$$

则根据 χ^2 分布的性质，$E(U) = n-1$，$\mathrm{Var}(U) = 2(n-1)$. 因此

$$E(T) = E(2\sigma^2 U) = 2(n-1)\sigma^2,$$

$$\mathrm{Var}(T) = \mathrm{Var}(2\sigma^2 U) = 4\sigma^4 \mathrm{Var}(U) = 8(n-1)\sigma^4.$$

7. 设 $X_1, X_2, \cdots, X_{2n}$ 是取自正态总体 $N(1, \sigma^2)$ 的样本，求统计量 $T = \sum_{i=1}^{n}(X_i + X_{n+i} - 2)^2$ 的数学期望.

解 $Y_i = X_i + X_{n+i}, i=1,2,\cdots,n$，则 $Y_1, Y_2, \cdots, Y_n$ 可视为取自正态总体 $N(2, 2\sigma^2)$ 的样本. 则 $X_i + X_{n+i} - 2 \sim N(0, 2\sigma^2)$，因此

$$\frac{X_i + X_{n+i} - 2}{\sqrt{2\sigma^2}} \sim N(0,1),$$

记

$$U = \sum_{i=1}^{n}\left(\frac{X_i + X_{n+i} - 2}{\sqrt{2\sigma^2}}\right)^2 \sim \chi^2(n).$$

则根据 χ^2 分布的性质，$E(U) = n$. 因此

$$E(T) = E(2\sigma^2 U) = 2n\sigma^2.$$

8. 设 $X_1, X_2, \cdots, X_9$ 是取自正态总体 $N(\mu_1, \sigma^2)$ 的样本，$Y_1, Y_2, \cdots, Y_9$ 是取自正态总体 $N(\mu_2, \sigma^2)$ 的样本，且 $X_1, X_2, \cdots, X_9, Y_1, Y_2, \cdots, Y_9$ 相互独立，则 $T = 2\overline{X} + 3\overline{Y}$ 服从的分布是（　　）.

A. $N\left(2\mu_1 + 3\mu_2, \frac{12}{9}\sigma^2\right)$　　B. $N\left(2\mu_1 + \mu_2, \frac{10}{9}\sigma^2\right)$

C. $N\left(2\mu_1 + 3\mu_2, \frac{13}{9}\sigma^2\right)$　　D. $N\left(2\mu_1 + \mu_2, \frac{11}{9}\sigma^2\right)$

解 选 C. 因为 $\overline{X} \sim N\left(\mu_1, \frac{\sigma^2}{9}\right)$，$\overline{Y} \sim N\left(\mu_2, \frac{\sigma^2}{9}\right)$，且 $X_1, X_2, \cdots, X_9, Y_1, Y_2, \cdots, Y_9$ 相

互独立，所以 $T=2\overline{X}+3\overline{Y}\sim N\left(2\mu_1+3\mu_2,\frac{13}{9}\sigma^2\right)$.

9. 设 $X_1,X_2,\cdots,X_n$ 是取自正态总体 $N(\mu_1,\sigma^2)$ 的样本，$Y_1,Y_2,\cdots,Y_n$ 是取自正态总体 $N(\mu_2,\sigma^2)$ 的样本，且 $X_1,X_2,\cdots,X_n,Y_1,Y_2,\cdots,Y_n$ 相互独立，$S_w=\sqrt{\frac{1}{2n-2}\left[\sum_{i=1}^{n}(X_i-\overline{X})^2+\sum_{i=1}^{n}(Y_i-\overline{Y})^2\right]}$，已知常数 a,b 的值且满足 $ab\neq0$，则当常数 $c=$________时，统计量 $T=c\frac{a(\overline{X}-\mu_1)+b(\overline{Y}-\mu_2)}{S_w}$ 服从自由度为________的 t 分布.

解　$\overline{X}-\mu_1\sim N\left(0,\frac{\sigma^2}{n}\right)$，$\overline{Y}-\mu_2\sim N\left(0,\frac{\sigma^2}{n}\right)$，因此

$$a(\overline{X}-\mu_1)+b(\overline{Y}-\mu_2)\sim N\left(0,\frac{(a^2+b^2)\sigma^2}{n}\right),$$

即

$$\frac{a(\overline{X}-\mu_1)+b(\overline{Y}-\mu_2)}{\sqrt{\frac{(a^2+b^2)\sigma^2}{n}}}\sim N(0,1).$$

又因为 $\sum_{i=1}^{n}\left(\frac{X_i-\overline{X}}{\sigma}\right)^2\sim\chi^2(n-1)$，$\sum_{i=1}^{n}\left(\frac{Y_i-\overline{Y}}{\sigma}\right)^2\sim\chi^2(n-1)$.并且 $\sum_{i=1}^{n}\left(\frac{X_i-\overline{X}}{\sigma}\right)^2$ 和 $\sum_{i=1}^{n}\left(\frac{Y_i-\overline{Y}}{\sigma}\right)^2$ 相互独立，且 χ^2 分布具有可加性，所以，

$$\sum_{i=1}^{n}\left(\frac{X_i-\overline{X}}{\sigma}\right)^2+\sum_{i=1}^{n}\left(\frac{Y_i-\overline{Y}}{\sigma}\right)^2\sim\chi^2(2n-2).$$

由 t 分布的定义

$$\frac{\dfrac{a(\overline{X}-\mu_1)+b(\overline{Y}-\mu_2)}{\sqrt{\frac{(a^2+b^2)\sigma^2}{n}}}}{\sqrt{\left[\sum_{i=1}^{n}\left(\frac{X_i-\overline{X}}{\sigma}\right)^2+\sum_{i=1}^{n}\left(\frac{Y_i-\overline{Y}}{\sigma}\right)^2\right]\Big/(2n-2)}}$$

$$=\sqrt{\frac{n}{a^2+b^2}}\,\frac{a\left(\overline{X}-\mu_1\right)+b(\overline{Y}-\mu_2)}{S_w}\sim t(2n-2).$$

因此当 $c=\sqrt{\frac{n}{a^2+b^2}}$ 时，统计量 $T=c\frac{a(\overline{X}-\mu_1)+b(\overline{Y}-\mu_2)}{S_w}$ 服从自由度为 $2n-2$ 的 t 分布.

10. 设 $X_1,X_2,\cdots,X_7$ 是取自正态总体 $N(\mu_1,\sigma^2)$ 的样本，$Y_1,Y_2,\cdots,Y_7$ 是取自正态总体 $N(\mu_2,\sigma^2)$ 的样本，且 $X_1,X_2,\cdots,X_7,Y_1,Y_2,\cdots,Y_7$ 相互独立，求概率 $P\left(\sum\limits_{i=1}^{7}(X_i-\overline{X})^2>\sigma^2\chi^2_{0.95}(6),\sum\limits_{i=1}^{7}(Y_i-\overline{Y})^2<\sigma^2\chi^2_{0.95}(6)\right)$.

解　令

$$U=\frac{\sum\limits_{i=1}^{7}(X_i-\overline{X})^2}{\sigma^2}=\frac{(n-1)S_x^2}{\sigma^2}\sim\chi^2(6),$$

$$V=\frac{\sum\limits_{i=1}^{7}(Y_i-\overline{Y})^2}{\sigma^2}=\frac{(n-1)S_y^2}{\sigma^2}\sim\chi^2(6),$$

由于 $X_1,X_2,\cdots,X_7,Y_1,Y_2,\cdots,Y_7$ 相互独立，故

$$\begin{aligned}&P\left(\sum_{i=1}^{7}(X_i-\overline{X})^2>\sigma^2\chi^2_{0.95}(6),\sum_{i=1}^{7}(Y_i-\overline{Y})^2<\sigma^2\chi^2_{0.95}(6)\right)\\&=P\left(\sum_{i=1}^{7}(X_i-\overline{X})^2>\sigma^2\chi^2_{0.95}(6)\right)P\left(\sum_{i=1}^{7}(Y_i-\overline{Y})^2<\sigma^2\chi^2_{0.95}(6)\right)\\&=P(U>\chi^2_{0.95}(6))P(V<\chi^2_{0.95}(6))\\&=[1-P(U\leqslant\chi^2_{0.95}(6))]P(V<\chi^2_{0.95}(6))=0.047\ 5.\end{aligned}$$

§ 6.8　非正态总体下的抽样分布

一、内容概要

1. 次序统计量的分布　假设总体 X 的分布函数为 $F(x)$，则 $X_{(1)}$ 的分布函数为

$$F_{X_{(1)}}(x)=1-[1-F(x)]^n,$$

$X_{(n)}$ 的分布函数为

$$F_{X_{(n)}}(x)=[F(x)]^n.$$

进一步，若总体 X 有密度函数 $f(x)$，则 $X_{(1)}$ 的密度函数为

$$f_{X_{(1)}}(x)=n[1-F(x)]^{n-1}f(x),$$

$X_{(n)}$ 的密度函数为

$$f_{X_{(n)}}(x)=n[F(x)]^{n-1}f(x).$$

假设总体 X 的分布函数为 $F(x)$，总体 X 有密度函数 $f(x)$，则 $X_{(k)}$ 的密度函数为

$$f_{X_{(k)}}(x)=\frac{n!}{(k-1)!(n-k)!}[F(x)]^{k-1}[1-F(x)]^{n-k}f(x),\quad k=1,2,\cdots,n.$$

*2. **指数分布总体下的抽样分布**　设 $X_1,X_2,\cdots,X_n$ 是取自指数分布总体 $X\sim E(\lambda)$ 的样本,样本均值为 $\overline{X}=\frac{1}{n}\sum_{i=1}^{n}X_i$,则 $2\lambda n\overline{X}\sim\chi^2(2n)$.

3. **统计量的渐近正态性**　记总体分布中的未知参数为 θ,如果存在 $\nu(\theta)>0$,使得统计量 $T(X_1,X_2,\cdots,X_n)$ 满足 $\sqrt{n}[T(X_1,X_2,\cdots,X_n)-g(\theta)]\xrightarrow{L}Z\sim N(0,\nu(\theta))$,则称统计量 $T(X_1,X_2,\cdots,X_n)$ 为**渐近正态的**,亦称 $T(X_1,X_2,\cdots,X_n)$ **渐近服从**正态分布 $N\left(g(\theta),\frac{\nu(\theta)}{n}\right)$,或称 $N\left(g(\theta),\frac{\nu(\theta)}{n}\right)$为统计量 $T(X_1,X_2,\cdots,X_n)$ 的**渐近分布**.

由于 $\frac{\sqrt{n}(\overline{X}-\mu)}{\sigma}=\frac{\sum_{i=1}^{n}X_i-n\mu}{\sqrt{n}\sigma}$,根据中心极限定律,对于一般的总体 X 而言,记 $E(X)=\mu,\mathrm{Var}(X)=\sigma^2$,$\frac{\sqrt{n}(\overline{X}-\mu)}{\sigma}$按分布收敛于 $Y\sim N(0,1)$.当样本容量 n 较大时,样本均值$\overline{X}$渐近服从正态分布 $N\left(\mu,\frac{\sigma^2}{n}\right)$,或称 $N\left(\mu,\frac{\sigma^2}{n}\right)$为统计量$\overline{X}$的渐近分布.

如果 $X_1,X_2,\cdots,X_n$ 是取自 0-1 分布 $B(1,p)$ 总体的简单随机样本,根据棣莫弗-拉普拉斯中心极限定理,对任意实数 x,有

$$\lim_{n\to\infty}P\left(\frac{\sum_{i=1}^{n}X_i-np}{\sqrt{np(1-p)}}\leqslant x\right)=\Phi(x)=\frac{1}{\sqrt{2\pi}}\int_{-\infty}^{x}\mathrm{e}^{-\frac{t^2}{2}}\mathrm{d}t.$$

即当样本容量 n 较大时,样本均值$\overline{X}$渐近服从正态分布 $N\left(p,\frac{p(1-p)}{n}\right)$.

二、习题全解

1. 设 $X_1,X_2,\cdots,X_n$ 是取自总体 X 的样本,总体 X 服从区间$[0,\theta]$上的均匀分布,其中 $\theta>0$,分别求最大次序统计量 $X_{(n)}$ 和最小次序统计量 $X_{(1)}$ 的密度函数.

解　X 服从区间$[0,\theta]$上的均匀分布,所以其分布函数和密度函数分别为

$$F(x)=\begin{cases}0, & x\leqslant 0,\\ \dfrac{x}{\theta}, & 0<x<\theta,\\ 1, & x>\theta,\end{cases}$$

$$f(x)=\begin{cases}\dfrac{1}{\theta}, & 0\leqslant x\leqslant\theta,\\ 0, & \text{其他}.\end{cases}$$

可以得到 $X_{(1)}$ 的密度函数和 $X_{(n)}$ 的密度函数分别为

$$f_{X_{(1)}}(x)=n(1-F(x))^{n-1}f(x)=\begin{cases}\dfrac{n(\theta-x)^{n-1}}{\theta^n}, & 0\leqslant x\leqslant\theta,\\ 0, & \text{其他},\end{cases}$$

$$f_{X_{(n)}}(x)=n(F(x))^{n-1}f(x)=\begin{cases}\dfrac{nx^{n-1}}{\theta^n}, & 0\leqslant x\leqslant\theta,\\ 0, & \text{其他}.\end{cases}$$

2. 设 X_1,X_2,X_3,X_4 是取自总体 X 的样本，$X\sim U(0,\theta)$，$\theta>0$，θ 未知，则 $P(X_{(1)}>0.5\theta)=$ ________，$P(X_{(4)}>0.5\theta)=$ ________.

解

$$P(X_{(1)}>0.5\theta)=(P(X_1>0.5\theta))^4=\left(\frac{\theta-0.5\theta}{\theta-0}\right)^4=\frac{1}{16},$$

$$\begin{aligned}P(X_{(4)}>0.5\theta)&=1-P(X_{(4)}\leqslant0.5\theta)=1-(P(X_1\leqslant0.5\theta))^4\\&=1-\left(\frac{0.5\theta-0}{\theta-0}\right)^4=\frac{15}{16}.\end{aligned}$$

3. 设 $X_1,X_2,\cdots,X_n$ 是取自正态总体 $N(\mu,\sigma^2)$ 的样本，分别求最大次序统计量 $X_{(n)}$ 和最小次序统计量 $X_{(1)}$ 的密度函数.

解 总体 X 服从正态总体 $N(\mu,\sigma^2)$，所以其分布函数和密度函数分别为

$$F(x)=\int_{-\infty}^{x}\frac{1}{\sqrt{2\pi}\sigma}e^{-\frac{(t-\mu)^2}{2\sigma^2}}dt,$$

$$f(x)=\frac{1}{\sqrt{2\pi}\sigma}e^{-\frac{(x-\mu)^2}{2\sigma^2}}.$$

可以得到 $X_{(1)}$ 的密度函数和 $X_{(n)}$ 的密度函数分别为

$$\begin{aligned}f_{X_{(1)}}(x)&=n(1-F(x))^{n-1}f(x)\\&=n\frac{1}{\sqrt{2\pi}\sigma}e^{-\frac{(x-\mu)^2}{2\sigma^2}}\left(1-\int_{-\infty}^{x}\frac{1}{\sqrt{2\pi}\sigma}e^{-\frac{(t-\mu)^2}{2\sigma^2}}dt\right)^{n-1}\\&=n\frac{1}{\sqrt{2\pi}\sigma}e^{-\frac{(x-\mu)^2}{2\sigma^2}}\left(1-\Phi\left(\frac{x-\mu}{\sigma}\right)\right)^{n-1},\end{aligned}$$

$$f_{X_{(n)}}(x)=n(F(x))^{n-1}f(x)=n\frac{1}{\sqrt{2\pi}\sigma}e^{-\frac{(x-\mu)^2}{2\sigma^2}}\left(\Phi\left(\frac{x-\mu}{\sigma}\right)\right)^{n-1}.$$

4. 设 $X_1,X_2,\cdots,X_n$ 是取自总体 X 的样本，其中 X 服从参数为 λ 的泊松分布，且 $\lambda>0$，求概率 $P(X_{(n)}\leqslant1)$ 和 $P(X_{(1)}\geqslant1)$ 的值.

解
$$P(X_{(n)}\leqslant 1)=(P(X_1\leqslant 1))^n=(P(X_1=0)+P(X_1=1))^n$$
$$=(e^{-\lambda}+\lambda e^{-\lambda})^n=(\lambda+1)^n e^{-n\lambda},$$
$$P(X_{(1)}\geqslant 1)=(P(X_1\geqslant 1))^n=(1-P(X_1=0))^n=(1-e^{-\lambda})^n.$$

5. 设 $X_1,X_2,\cdots,X_n$ 是取自总体 X 的样本,其中 X 服从参数为 p 的几何分布 $Ge(p)$,且 $0<p<1$,求概率 $P(X_{(n)}\leqslant 2)$ 和 $P(X_{(1)}\geqslant 2)$ 的值.

解
$$P(X_{(n)}\leqslant 2)=(P(X_1\leqslant 2))^n=(P(X_1=1)+P(X_1=2))^n$$
$$=(p+p(1-p))^n=p^n(2-p)^n,$$
$$P(X_{(1)}\geqslant 2)=(P(X_1\geqslant 2))^n=(1-P(X_1=1))^n=(1-p)^n.$$

***6**. 设 $X_1,X_2,\cdots,X_6$ 是取自指数分布总体 $E(\lambda)$ 的样本,样本均值为 $\overline{X}=\dfrac{1}{6}\sum\limits_{i=1}^{6}X_i$,求概率 $P(12\lambda\overline{X}>\chi^2_{0.05}(12))$ 的值.

解　由教材定理 6.11 可知,$2\lambda n\overline{X}\sim\chi^2(2n)$,即 $U=12\lambda\overline{X}\sim\chi^2(12)$,因此
$$P(12\lambda\overline{X}>\chi^2_{0.05}(12))=1-P(U\leqslant\chi^2_{0.05}(12))=0.95.$$

7. 设 $X_1,X_2,\cdots,X_n$ 是取自总体 X 的样本,X 服从指数分布 $E(\lambda)$,$\lambda>0$,试证明:$\overline{X}=\dfrac{1}{n}\sum\limits_{i=1}^{n}X_i$ 是渐近正态的,并给出其渐近分布.

解　由于 $X_1,X_2,\cdots,X_n$ 相互独立且服从指数分布 $E(\lambda)$,并且具有有限的数学期望 $E(X)=\dfrac{1}{\lambda}$ 和方差 $\mathrm{Var}(X)=\dfrac{1}{\lambda^2}$,因此
$$E(\overline{X})=E(X)=\frac{1}{\lambda},\quad \mathrm{Var}(\overline{X})=\frac{1}{n}\mathrm{Var}(X)=\frac{1}{n\lambda^2}.$$
根据中心极限定理,当样本容量 n 较大时,样本均值 $\overline{X}$ 渐近服从正态分布 $N\left(\dfrac{1}{\lambda},\dfrac{1}{n\lambda^2}\right)$.

8. 设 $X_1,X_2,\cdots,X_n$ 是取自总体 X 的样本,X 服从泊松分布 $P(\lambda)$,$\lambda>0$,试证明:$\overline{X}=\dfrac{1}{n}\sum\limits_{i=1}^{n}X_i$ 是渐近正态的,并给出其渐近分布.

解　由于 $X_1,X_2,\cdots,X_n$ 相互独立且服从泊松分布 $P(\lambda)$,并且具有有限的数学期望 $E(X)=\lambda$ 和方差 $\mathrm{Var}(X)=\lambda$,因此
$$E(\overline{X})=E(X)=\lambda,\quad \mathrm{Var}(\overline{X})=\frac{1}{n}\mathrm{Var}(X)=\frac{\lambda}{n}.$$
根据中心极限定理,当样本容量 n 较大时,样本均值 $\overline{X}$ 渐近服从正态分布 $N\left(\lambda,\dfrac{\lambda}{n}\right)$.

9. 设 $X_1,X_2,\cdots,X_n$ 是取自总体 X 的样本,X 服从泊松分布 $P(\lambda)$,$\lambda>0$,试证明:

$A_2=\frac{1}{n}\sum_{i=1}^{n}X_i^2$ 是渐近正态的，并给出其渐近分布.

解 由于 $X_1,X_2,\cdots,X_n$ 相互独立且服从泊松分布 $P(\lambda)$，那么 $X_1^2,X_2^2,\cdots,X_n^2$ 相互独立.

$$E(X^2)=\mathrm{Var}(X)+(E(X))^2=\lambda+\lambda^2,$$

$$\begin{aligned}E(X^4)&=\sum_{k=0}^{\infty}k^4\frac{\lambda^k}{k!}\mathrm{e}^{-\lambda}=\sum_{k=1}^{\infty}k^3\frac{\lambda^k}{(k-1)!}\mathrm{e}^{-\lambda}\\&=\sum_{k=1}^{\infty}(k-1+1)^3\frac{\lambda^k}{(k-1)!}\mathrm{e}^{-\lambda}\\&=\sum_{k=1}^{\infty}(k-1)^3\frac{\lambda^k}{(k-1)!}\mathrm{e}^{-\lambda}+3\sum_{k=1}^{\infty}(k-1)^2\frac{\lambda^k}{(k-1)!}\mathrm{e}^{-\lambda}+\\&\quad 3\sum_{k=1}^{\infty}(k-1)\frac{\lambda^k}{(k-1)!}\mathrm{e}^{-\lambda}+\sum_{k=1}^{\infty}\frac{\lambda^k}{(k-1)!}\mathrm{e}^{-\lambda}\\&=\sum_{k=2}^{\infty}(k-1)^2\frac{\lambda^k}{(k-2)!}\mathrm{e}^{-\lambda}+3\sum_{k=1}^{\infty}(k-1)^2\frac{\lambda^k}{(k-1)!}\mathrm{e}^{-\lambda}+\\&\quad 3\sum_{k=1}^{\infty}(k-1)\frac{\lambda^k}{(k-1)!}\mathrm{e}^{-\lambda}+\lambda,\end{aligned}$$

$$\begin{aligned}\sum_{k=2}^{\infty}(k-1)^2\frac{\lambda^k}{(k-2)!}\mathrm{e}^{-\lambda}&=\sum_{k=2}^{\infty}(k-2)^2\frac{\lambda^k}{(k-2)!}\mathrm{e}^{-\lambda}+\\&\quad 2\sum_{k=2}^{\infty}(k-2)\frac{\lambda^k}{(k-2)!}\mathrm{e}^{-\lambda}+\sum_{k=2}^{\infty}\frac{\lambda^k}{(k-2)!}\mathrm{e}^{-\lambda}\\&=\lambda^2E(X^2)+2\lambda^2E(X)+\lambda^2=\lambda^4+3\lambda^3+\lambda^2,\end{aligned}$$

由此得到

$$\begin{aligned}E(X^4)&=\lambda^4+3\lambda^3+\lambda^2+3\lambda E(X^2)+3\lambda E(X)+\lambda\\&=\lambda^4+3\lambda^3+\lambda^2+3\lambda(\lambda+\lambda^2)+3\lambda^2+\lambda\\&=\lambda^4+6\lambda^3+7\lambda^2+\lambda,\end{aligned}$$

$$\begin{aligned}\mathrm{Var}(X^2)&=E(X^4)-(E(X^2))^2=\lambda^4+6\lambda^3+7\lambda^2+\lambda-(\lambda+\lambda^2)^2\\&=4\lambda^3+6\lambda^2+\lambda.\end{aligned}$$

即 $X_1^2,X_2^2,\cdots,X_n^2$ 具有有限的数学期望和方差，又有

$$E(A_2)=\frac{1}{n}\sum_{i=1}^{n}E(X_i^2)=\frac{1}{n}\sum_{i=1}^{n}(\mathrm{Var}(X_i)+(EX_i)^2)=\lambda+\lambda^2,$$

$$\mathrm{Var}(A_2)=\frac{1}{n^2}\mathrm{Var}\left(\sum_{i=1}^{n}X_i^2\right)=\frac{1}{n}\mathrm{Var}(X_i^2)=\frac{4\lambda^3+6\lambda^2+\lambda}{n}.$$

根据中心极限定理，当样本容量 n 较大时，$A_2=\frac{1}{n}\sum_{i=1}^{n}X_i^2$ 渐近服从正态分布 $N\left(\lambda+\lambda^2,\right.$

$\left.\frac{4\lambda^3+6\lambda^2+\lambda}{n}\right)$.

10. 设 $X_1, X_2, \cdots, X_n$ 是取自总体 X 的样本, X 服从均匀分布 $U(0,\theta)$, $\theta>0$, 试证明: $A_2=\frac{1}{n}\sum_{i=1}^{n}X_i^2$ 是渐近正态的,并给出其渐近分布.

解　由于 $X_1, X_2, \cdots, X_n$ 相互独立且服从均匀分布 $U(0,\theta)$, 因此 $X_1^2, X_2^2, \cdots, X_n^2$ 相互独立.

$$E(X^2)=\operatorname{Var}(X)+(E(X))^2=\frac{\theta^2}{12}+\left(\frac{\theta}{2}\right)^2=\frac{\theta^2}{3},$$

$$\operatorname{Var}(X^2)=E(X^4)-(E(X^2))^2=\int_0^{\theta}x^4\frac{1}{\theta}\mathrm{d}x-\left(\frac{\theta^2}{3}\right)^2=\frac{4\theta^4}{45},$$

即 $X_1^2, X_2^2, \cdots, X_n^2$ 具有有限的数学期望和方差,又有

$$E(A_2)=\frac{1}{n}\sum_{i=1}^{n}E(X_i^2)=\frac{1}{n}\sum_{i=1}^{n}(\operatorname{Var}(X_i)+(EX_i)^2)=\frac{\theta^2}{3},$$

$$\operatorname{Var}(A_2)=\frac{1}{n^2}\operatorname{Var}\left(\sum_{i=1}^{n}X_i^2\right)=\frac{1}{n}\operatorname{Var}(X_i^2)=\frac{4\theta^4}{45n}.$$

根据中心极限定理,当样本容量 n 较大时, $A_2=\frac{1}{n}\sum_{i=1}^{n}X_i^2$ 渐近服从正态分布 $N\left(\frac{\theta^2}{3},\frac{4\theta^4}{45n}\right)$.

第七章 参数估计

§7.1 参数估计问题

内容概要

1. 点估计

总体 X 的样本 $X_1,X_2,\cdots,X_n$ 独立同分布，样本的联合密度函数(或联合分布律)为 $\prod_{i=1}^{n} f(x_i;\theta)$，$\theta\in\Theta$. 称统计量 $\hat{\theta}=\hat{\theta}(X_1,X_2,\cdots,X_n)$ 为 θ 的**点估计量**，一旦有了样本观测值 $x_1,x_2,\cdots,x_n$，称 $\hat{\theta}=\hat{\theta}(x_1,x_2,\cdots,x_n)$ 为 θ 的**点估计值**.

2. 区间估计

设 $X_1,X_2,\cdots,X_n$ 是取自总体 X 的样本，总体 $X\sim f(x;\theta)$，$\theta\in\Theta$ 未知，对任意 α，$0<\alpha<1$，若两个统计量满足 $\underline{\theta}\xlongequal{\text{def}}\underline{\theta}(X_1,X_2,\cdots,X_n)<\overline{\theta}(X_1,X_2,\cdots,X_n)\xlongequal{\text{def}}\overline{\theta}$，使得 $P_\theta(\underline{\theta}\leqslant\theta\leqslant\overline{\theta})\geqslant 1-\alpha$，$\theta\in\Theta$，则称 $[\underline{\theta},\overline{\theta}]$ 为 θ 的**双侧 $1-\alpha$ 置信区间**，$\underline{\theta}$，$\overline{\theta}$ 分别称为 θ 的**双侧 $1-\alpha$ 置信下限和置信上限**，$1-\alpha$ 称为置信水平. 一旦有了样本观测值 x_1，$x_2,\cdots,x_n$，代入 $\underline{\theta}$ 和 $\overline{\theta}$，则称相应的区间 $[\underline{\theta}(x_1,x_2,\cdots,x_n),\overline{\theta}(x_1,x_2,\cdots,x_n)]$ 为 $1-\alpha$ **置信区间的观测值**. 若仅有单侧，$P_\theta(\theta\leqslant\overline{\theta})\geqslant 1-\alpha$，$\theta\in\Theta$(或 $P_\theta(\theta\geqslant\underline{\theta})\geqslant 1-\alpha$，$\theta\in\Theta$)，则称 $(-\infty,\overline{\theta}(X_1,X_2,\cdots,X_n)]$(或 $[\underline{\theta}(X_1,X_2,\cdots,X_n),+\infty)$)为 θ 的**单侧 $1-\alpha$ 置信区间**，$\overline{\theta}(X_1,X_2,\cdots,X_n)$ 或($\underline{\theta}(X_1,X_2,\cdots,X_n)$)为 θ 的**单侧 $1-\alpha$ 置信上限**(或**下限**).

§7.2　矩估计与最大似然估计

一、内容概要

1. 矩估计

样本矩近似总体矩，进而找出未知参数的估计，即为矩估计法的思想.样本的 k 阶原点矩 $A_k=\frac{1}{n}\sum_{j=1}^{n}X_j^k$，$k=1,2,\cdots,p$. 若未知参数 $\theta=\varphi(\mu_1,\mu_2,\cdots,\mu_p)$，则 θ 的**矩估计量**为 $\hat{\theta}=\varphi(A_1,A_2,\cdots,A_p)$，若代入的是样本 k 阶原点矩的观测值，也就是 $a_k=\frac{1}{n}\sum_{j=1}^{n}x_j^k$，则 $\hat{\theta}(x_1,x_2,\cdots,x_n)=\varphi(a_1,a_2,\cdots,a_m)$ 称为 θ 的**矩估计值**. 替换原则是尽可能采用低阶矩替换.

2. 最大似然估计

最大似然估计的思想就是以出现现有样本值概率最大的参数值作为参数的估计值.设总体 X 的密度函数（或分布律）为 $f(x;\theta)$，$\theta\in\Theta$，θ 可以是一维或多维.$X_1,X_2,\cdots,X_n$ 为取自总体 X 的一个样本，其观测值记为 $x_1,x_2,\cdots,x_n$.则样本的联合密度函数（或联合分布律）为 $\prod_{i=1}^{n}f(x_i;\theta)=f(x_1;\theta)f(x_2;\theta)\cdots f(x_n;\theta)$，这里参数 θ 未知，$x_1,x_2,\cdots,x_n$ 为变化值. 定义 $L(\theta)=f(x_1;\theta)f(x_2;\theta)\cdots f(x_n;\theta)$，$\theta\in\Theta$，称 $L(\theta)$ 为**似然函数**. 若有 $\hat{\theta}$ 使得 $L(\hat{\theta})=\max_{\theta\in\Theta}L(\theta)$，则称 $\hat{\theta}=\hat{\theta}(x_1,x_2,\cdots,x_n)$ 为 θ 的**最大似然估计值**，称 $\hat{\theta}=\hat{\theta}(X_1,X_2,\cdots,X_n)$ 为 θ 的**最大似然估计量**，统称为**最大似然估计**.

3. 最大似然估计的不变原理

若所求的不是分布中的未知参数 θ 的最大似然估计量，而是未知参数函数 $g(\theta)$ 的最大似然估计量，则可以采用替换原理，用未知参数 θ 的最大似然估计量 $\hat{\theta}$ 代替函数 $g(\theta)$ 中的未知参数 θ，从而得到函数 $g(\theta)$ 的最大似然估计量 $g(\hat{\theta})$.

二、习题全解

1. 设 $X_1,X_2,\cdots,X_n$ 是取自总体 X 的样本，X 的密度函数为

$$f(x,a)=\begin{cases}\frac{2}{a^2}(a-x), & 0<x<a,\\ 0, & 其他,\end{cases}$$

求 a 的矩估计量.

解 由于 $E(X)=\int_0^a xf(x,a)\mathrm{d}x$，即 $\frac{a}{3}=\overline{X}$.故 a 的矩估计量为 $\hat{a}=3\overline{X}$.

2. 设 $X_1,X_2,\cdots,X_n$ 是取自总体 X 的样本，X 的密度函数为

$$f(x,\theta)=\begin{cases}\frac{2x}{\theta^2}, & 0<x<\theta,\\ 0, & \text{其他},\end{cases}$$

其中，θ 未知，$\theta>0$. 试求 θ 的矩估计.

解 由于 $E(X)=\int_0^\theta xf(x,\theta)\mathrm{d}x$，即 $\frac{2\theta}{3}=\overline{X}$.故 θ 的矩估计量为 $\hat{\theta}=\frac{3\overline{X}}{2}$.

3. 设 $X_1,X_2,\cdots,X_n$ 是取自总体 X 的样本，其中总体 X 服从参数为 λ 的泊松分布，λ 未知，$\lambda>0$，

(1) 求 λ 的矩估计量与最大似然估计量；

(2) 如得到如下一组样本观测值：

X	0	1	2	3	4
频数	17	20	10	2	1

求 λ 的矩估计值与最大似然估计值.

解 (1) 由于 $E(X)=\lambda$，故 λ 的矩估计量为 $\widehat{\lambda}_1=\overline{X}$.

泊松分布的密度函数为 $P(X=k)=\frac{\lambda^k}{k!}\mathrm{e}^{-\lambda}$，$k=0,1,\cdots$，对样本观测值 $x_1,x_2,\cdots,x_n$，其似然函数为

$$L(x_1,x_2,\cdots,x_n;\lambda)=\mathrm{e}^{-n\lambda}\prod_{i=1}^{n}\frac{\lambda^{x_i}}{x_i!},$$

取对数似然函数为

$$\ln L=-n\lambda+\sum_{i=1}^{n}(x_i\ln\lambda-\ln x_i!),$$

对数似然方程为

$$\frac{\mathrm{d}\ln L}{\mathrm{d}\lambda}=-n+\frac{\sum_{i=1}^{n}x_i}{\lambda}=0,$$

解得

$$\lambda=\frac{\sum_{i=1}^{n}x_i}{n}=\overline{x},$$

故 λ 的最大似然估计值为$\hat{\lambda}=\bar{x}$,最大似然估计量为$\hat{\lambda}=\bar{X}$.

(2)由样本观测值可得$\bar{x}=1$,因此 λ 的矩估计值$\widehat{\lambda_1}=\bar{x}=1$,最大似然估计值$\hat{\lambda}=\bar{x}=1$.

4. 设$X_1,X_2,\cdots,X_n$是取自总体 X 的样本.在下列两种情形下,试求总体参数的矩估计和最大似然估计.

(1) $X\sim B(1,p)$,其中 p 未知,$0<p<1$;

(2) $X\sim E(\lambda)$, 其中 λ 未知,$\lambda>0$.

解　(1)由于 $E(X)=p$,故 p 的矩估计量为$\widehat{p_1}=\bar{X}$.

两点分布 X 的密度函数为$f(x)=p^x(1-p)^{1-x}$,$x=0,1$,故似然函数为

$$L(x_1,x_2,\cdots,x_n;p)=p^{\sum\limits_{i=1}^n x_i}(1-p)^{n-\sum\limits_{i=1}^n x_i},$$

取对数似然函数为

$$\ln L=\ln p\sum_{i=1}^n x_i+\ln(1-p)\left(n-\sum_{i=1}^n x_i\right),$$

对数似然方程为

$$\frac{\mathrm{d}\ln L}{\mathrm{d}p}=\frac{\sum\limits_{i=1}^n x_i}{p}+\frac{n-\sum\limits_{i=1}^n x_i}{p-1}=0,$$

解得

$$p=\frac{\sum\limits_{i=1}^n x_i}{n}=\bar{x},$$

故 p 的最大似然估计值为$\hat{p}=\bar{x}$,最大似然估计量为$\hat{p}=\bar{X}$.

(2)由于 $E(X)=\dfrac{1}{\lambda}$,故 λ 的矩估计量为$\widehat{\lambda_1}=\dfrac{1}{\bar{X}}$.

指数分布的密度函数为$f(x)=\lambda\mathrm{e}^{-\lambda x}$,$x>0$,故似然函数为

$$L(x_1,x_2,\cdots,x_n;\lambda)=\lambda^n\mathrm{e}^{-\lambda\sum\limits_{i=1}^n x_i},$$

取对数似然函数为

$$\ln L=n\ln\lambda-\lambda\sum_{i=1}^n x_i,$$

对数似然方程为

$$\frac{\mathrm{d}\ln L}{\mathrm{d}\lambda}=\frac{n}{\lambda}-\sum_{i=1}^n x_i=0,$$

解得

$$\lambda = \frac{n}{\sum_{i=1}^{n} x_i} = \frac{1}{\overline{x}},$$

故 λ 的最大似然估计值为$\hat{\lambda} = \frac{1}{\overline{x}}$,$\lambda$ 的最大似然估计量为$\hat{\lambda} = \frac{1}{\overline{X}}$.

5. 设$X_1, X_2, \cdots, X_n$是取自总体 X 的一个样本,X 的分布函数为

$$F(x) = \begin{cases} 1 - x^{-\theta}, & x \geqslant 1, \\ 0, & x < 1, \end{cases}$$

其中 θ 未知,$\theta>1$.试求 θ 的矩估计和最大似然估计.

解　X 的概率密度函数为

$$f(x) = F'(x) = \begin{cases} \theta x^{-\theta-1}, & x \geqslant 1, \\ 0, & x < 1, \end{cases}$$

由于 $E(X) = \int_1^{+\infty} xf(x)\,\mathrm{d}x$,即$\overline{X} = \frac{\theta}{\theta-1}$,故 θ 的矩估计量为$\widehat{\theta_1} = \frac{\overline{X}}{\overline{X}-1}$,似然函数

$$L(x_1, x_2, \cdots, x_n; \theta) = \prod_{i=1}^{n} f(x_i; \theta) = \theta^n \cdot \left(\prod_{i=1}^{n} x_i \right)^{-\theta-1},$$

取对数似然函数为

$$\ln L = n\ln \theta + (-\theta - 1) \sum_{i=1}^{n} \ln x_i,$$

对数似然方程为

$$\frac{\mathrm{d}\ln L}{\mathrm{d}\theta} = \frac{n}{\theta} - \sum_{i=1}^{n} \ln x_i = 0,$$

解得

$$\theta = \frac{n}{\sum_{i=1}^{n} \ln x_i},$$

故 θ 的最大似然估计值为$\hat{\theta} = \dfrac{n}{\sum_{i=1}^{n} \ln x_i}$,$\theta$ 的最大似然估计量为$\hat{\theta} = \dfrac{n}{\sum_{i=1}^{n} \ln X_i}$.

6. 设$X_1, X_2, \cdots, X_n$是取自总体 X 的样本,X 的密度函数为

$$f(x) = \begin{cases} (\theta+1) x^{\theta}, & 0<x<1, \\ 0, & \text{其他}, \end{cases}$$

其中 θ 未知,$\theta>-1$,求 θ 的矩估计和最大似然估计.

解　由于 $E(X) = \int_0^1 xf(x)\,\mathrm{d}x$,即$\overline{X} = \frac{\theta+1}{\theta+2}$,故 θ 的矩估计量为$\widehat{\theta_1} = \frac{1-2\overline{X}}{\overline{X}-1}$,似然函数

$$L(x_1,x_2,\cdots,x_n;\theta)=\prod_{i=1}^{n}f(x_i;\theta)=(\theta+1)^n\cdot\left(\prod_{i=1}^{n}x_i\right)^{\theta},$$

取对数似然函数为

$$\ln L=n\ln(\theta+1)+\theta\sum_{i=1}^{n}\ln x_i,$$

对数似然方程为

$$\frac{\mathrm{d}\ln L}{\mathrm{d}\theta}=\frac{n}{\theta+1}+\sum_{i=1}^{n}\ln x_i=0,$$

解得

$$\theta=-1-\frac{n}{\sum_{i=1}^{n}\ln x_i},$$

故 θ 的最大似然估计值为 $\hat{\theta}=-1-\dfrac{n}{\sum_{i=1}^{n}\ln x_i}$，$\theta$ 的最大似然估计量为 $\hat{\theta}=-1-\dfrac{n}{\sum_{i=1}^{n}\ln X_i}$.

7. 设 $X_1,X_2,\cdots,X_n$ 是取自总体 X 的样本，X 的密度函数为

$$f(x)=\begin{cases}\dfrac{x}{\theta}\mathrm{e}^{-\frac{x^2}{2\theta}}, & x>0,\\ 0, & x\leqslant 0,\end{cases}$$

其中 θ 未知，$\theta>0$，求 θ 的矩估计和最大似然估计.

解　由于 $E(X)=\int_0^{+\infty}xf(x)\,\mathrm{d}x$，即 $\overline{X}=\sqrt{\dfrac{\theta\pi}{2}}$，故 θ 的矩估计量为 $\widehat{\theta_1}=\dfrac{2(\overline{X})^2}{\pi}$. 似然函数

$$L(x_1,x_2,\cdots,x_n;\theta)=\prod_{i=1}^{n}f(x_i;\theta)=\frac{\prod_{i=1}^{n}x_i}{\theta^n}\mathrm{e}^{-\frac{\sum_{i=1}^{n}x_i^2}{2\theta}},$$

取对数似然函数为

$$\ln L=\sum_{i=1}^{n}\ln x_i-n\ln\theta-\frac{\sum_{i=1}^{n}x_i^2}{2\theta},$$

对数似然方程为

$$\frac{\mathrm{d}\ln L}{\mathrm{d}\theta}=-\frac{n}{\theta}+\frac{\sum_{i=1}^{n}x_i^2}{2\theta^2}=0,$$

解得

$$\theta = \frac{\sum_{i=1}^{n} x_i^2}{2n},$$

故 θ 的最大似然估计值为$\hat{\theta} = \frac{\sum_{i=1}^{n} x_i^2}{2n}$，$\theta$ 的最大似然估计量为$\hat{\theta} = \frac{\sum_{i=1}^{n} X_i^2}{2n}$.

8. 设$X_1, X_2, \cdots, X_n$是取自总体 X 的样本，$X \sim U(\theta, 1)$，其中 θ 未知，$\theta<1$.

(1) 求 θ 的矩估计；

(2) 求 θ 的最大似然估计.

解 (1) 由于 $E(X) = \frac{\theta+1}{2}$，故 θ 的矩估计量为$\widehat{\theta_1} = 2\bar{X} - 1$.

(2) 均匀分布的密度函数为$f(x) = \frac{1}{1-\theta}, \theta \leqslant x \leqslant 1$，故似然函数为

$$L(x_1, x_2, \cdots, x_n; \theta) = \frac{1}{(1-\theta)^n} I_{\{\theta \leqslant x_{(1)}\}},$$

当 $\theta \leqslant x_{(1)}$ 时，该函数为 θ 的增函数.因此当 $\theta = x_{(1)}$ 时有最大值，故 θ 的最大似然估计值为$\hat{\theta} = x_{(1)}$，θ 的最大似然估计量为$\hat{\theta} = X_{(1)}$.

9. 设$X_1, X_2, \cdots, X_n$是取自总体 X 的样本，X 的密度函数为

$$f(x) = \frac{x}{2\theta} \mathrm{e}^{-\frac{|x|}{\theta}}, -\infty < x < \infty,$$

其中 θ 未知，$\theta>0$，

(1) 求 θ 的矩估计；

(2) 求 θ 的最大似然估计.

解 (1) 由于 $E(X) = \int_{-\infty}^{+\infty} x f(x) \mathrm{d}x$，即$\bar{X} = 2\theta^2$，故 θ 的矩估计量为$\widehat{\theta_1} = \sqrt{\frac{\bar{X}}{2}}$.

(2) 似然函数

$$L(x_1, x_2, \cdots, x_n; \theta) = \prod_{i=1}^{n} f(x_i; \theta) = \frac{\prod_{i=1}^{n} x_i}{(2\theta)^n} \cdot \mathrm{e}^{-\frac{\sum_{i=1}^{n} |x_i|}{\theta}},$$

取对数似然函数为

$$\ln L = \sum_{i=1}^{n} \ln x_i - n \ln 2\theta - \frac{\sum_{i=1}^{n} |x_i|}{\theta},$$

对数似然方程为

$$\frac{\mathrm{d}\ln L}{\mathrm{d}\theta}=-\frac{n}{\theta}+\frac{\sum_{i=1}^{n}|x_i|}{\theta^2}=0,$$

解得

$$\theta=\frac{\sum_{i=1}^{n}|x_i|}{n},$$

故 θ 的最大似然估计值为 $\hat{\theta}=\frac{\sum_{i=1}^{n}|x_i|}{n}$，$\theta$ 的最大似然估计量为 $\hat{\theta}=\frac{\sum_{i=1}^{n}|X_i|}{n}$.

10. 设 $X_1,X_2,\cdots,X_n$ 是取自总体 X 的一个样本，X 的分布函数为

$$F(x)=\begin{cases}1-\dfrac{\theta}{x}, & x\geqslant\theta,\\ 0, & x<\theta,\end{cases}$$

其中 θ 未知，$\theta>0$. 试求 θ 的最大似然估计.

解　X 的概率密度函数为

$$f(x)=F'(x)=\begin{cases}\dfrac{\theta}{x^2}, & x\geqslant\theta,\\ 0, & x<\theta,\end{cases}$$

似然函数为

$$L(x_1,x_2,\cdots,x_n;\theta)=\prod_{i=1}^{n}f(x_i;\theta)=\frac{\theta^n}{\left(\prod_{i=1}^{n}X_i\right)^2}I(x_{(1)}\geqslant\theta),$$

当 $\theta\leqslant x_{(1)}$ 时，该函数为 θ 的单调递增函数.因此当 $\theta=x_{(1)}$ 时有最大值.故 θ 的最大似然估计值为 $\hat{\theta}=x_{(1)}$，θ 的最大似然估计量为 $\hat{\theta}=X_{(1)}$.

§7.3　估计量的评选标准

一、内容概要

1. 无偏性　设 $\hat{\theta}=\hat{\theta}(X_1,X_2,\cdots,X_n)$ 是 θ 的一个估计量，θ 的参数空间为 Θ. 若对任意的 $\theta\in\Theta$，有 $E[\hat{\theta}(X_1,X_2,\cdots,X_n)]=\theta$，则称 $\hat{\theta}=\hat{\theta}(X_1,X_2,\cdots,X_n)$ 是 θ 的一个**无偏估计**；否则称为有偏估计，其**偏差**（也称为**偏倚**）为 $[\hat{\theta}(X_1,X_2,\cdots,X_n)]-\theta$；

2. 渐近无偏估计　若$\hat{\theta}$是 θ 的一个有偏估计，但$\lim\limits_{n\to+\infty}E[\hat{\theta}(X_1,X_2,\cdots,X_n)]=\theta$，则称$\hat{\theta}=\hat{\theta}(X_1,X_2,\cdots,X_n)$是 θ 的一个**渐近无偏估计**；

3. 设$X_1,X_2,\cdots,X_n$是取自总体 X 的样本，总体均值 $E(X)\stackrel{\triangle}{=}\mu$，总体方差 $\mathrm{Var}(X)\stackrel{\triangle}{=}\sigma^2$，$\mu$ 与σ^2均未知，则样本均值$\overline{X}$是总体均值 μ 的无偏估计，样本方差S^2是σ^2的无偏估计，S_n^2不是σ^2的无偏估计；

4. 有效性　设$\widehat{\theta_1},\widehat{\theta_2}$是 θ 的两个无偏估计，若对任意的 $\theta\in\Theta$，有 $\mathrm{Var}(\widehat{\theta_1})\leqslant\mathrm{Var}(\widehat{\theta_2})$，且至少有一个$\theta_0\in\Theta$ 使得上述不等式严格成立，则称$\widehat{\theta_1}$比$\widehat{\theta_2}$有效；

5. 相合性　设$\hat{\theta}=\hat{\theta}(X_1,X_2,\cdots,X_n)$是 θ 的一个估计量，若对任意的 $\varepsilon>0$，有 $\lim\limits_{n\to+\infty}P(|\hat{\theta}-\theta|\geqslant\varepsilon)=0$，则称$\hat{\theta}$是 θ 的一个**相合估计**（或**一致估计**）.

二、习题全解

1. 设$X_1,X_2,\cdots,X_n$是来自总体 X 的样本，$X\sim B(1,p)$，其中 p 未知，$0<p<1$，试证

（1）X_1是 p 的无偏估计；

（2）X_1^2不是p^2的无偏估计；

（3）当 $n\geqslant 2$ 时，X_1X_2是p^2的无偏估计.

证明　（1）$E(X_1)=E(X)=p$. 因此X_1是 p 的无偏估计.

（2）$E(X_1^2)=[E(X_1)]^2+\mathrm{Var}(X_1)=p^2+p(1-p)\neq p^2$. 因此$X_1^2$不是$p^2$的无偏估计.

（3）当 $n\geqslant 2$ 时，因为X_1和X_2相互独立，所以$E(X_1X_2)=E(X_1)E(X_2)=p^2$. 因此$X_1X_2$是$p^2$的无偏估计.

2. 设$X_1,X_2,\cdots,X_n$是取自总体 X 的一个样本，X 的分布律如下表所示：

X	-1	0	1
P	$\dfrac{\theta}{2}$	$1-\theta$	$\dfrac{\theta}{2}$

其中 θ 未知，$0<\theta<1$，试求 θ 的最大似然估计并讨论无偏性. 若不是无偏估计，试修正为无偏估计.

解　随机变量 X 的分布律为 $P(X=x)=\left(\dfrac{\theta}{2}\right)^{|x|}(1-\theta)^{1-|x|}$，$x=-1,0,1$. 似然函数为

$$L(x_1,x_2,\cdots,x_n;\theta)=\prod_{i=1}^{n}P(X=x_i)=\left(\frac{\theta}{2}\right)^{\sum\limits_{i=1}^{n}|x_i|}(1-\theta)^{n-\sum\limits_{i=1}^{n}|x_i|},$$

取对数似然函数为

$$\ln L=\sum_{i=1}^{n}|x_i|\ln\theta-\sum_{i=1}^{n}|x_i|\ln 2+\left(n-\sum_{i=1}^{n}|x_i|\right)\ln(1-\theta),$$

对数似然方程为

$$\frac{\mathrm{d}\ln L}{\mathrm{d}\theta}=\frac{\sum_{i=1}^{n}|x_i|}{\theta}+\frac{n-\sum_{i=1}^{n}|x_i|}{\theta-1}=0,$$

解得

$$\theta=\frac{\sum_{i=1}^{n}|x_i|}{n},$$

故 θ 的最大似然估计量为$\hat{\theta}=\dfrac{\sum_{i=1}^{n}|X_i|}{n}$.由于

$$E\left[\frac{\sum_{i=1}^{n}|X_i|}{n}\right]=E[|X|]=1\times\frac{\theta}{2}+0\times(1-\theta)+1\times\frac{\theta}{2}=\theta,$$

所以$\hat{\theta}=\dfrac{\sum_{i=1}^{n}|X_i|}{n}$是 θ 的无偏估计.

3. 设$X_1,X_2,\cdots,X_n$是取自总体 X 的样本,X 的密度函数为

$$f(x)=\begin{cases}\dfrac{kx^{k-1}}{\theta^k}, & 0\leqslant x\leqslant\theta,\\ 0, & \text{其他},\end{cases}$$

其中 θ 未知,$\theta>1$,k 是一指定的正整数.

(1) 求 θ 的矩估计;

(2) 求 θ 的最大似然估计并讨论无偏性;

(3) 试求常数 c,使得 $c\sum_{i=1}^{n}X_i^2$成为θ^2的无偏估计;

(4) 试求 $P(X<\sqrt{\theta})$的矩估计,并证明当 $n=1$ 时它不具有无偏性.

解　(1) 由于 $E(X)=\int_0^{\theta}xf(x)\,\mathrm{d}x$,即$\overline{X}=\dfrac{k\theta}{k+1}$,故 θ 的矩估计量为$\widehat{\theta_1}=\dfrac{\overline{X}(k+1)}{k}$.

(2) 似然函数

$$L(x_1,x_2,\cdots,x_n;\theta)=\prod_{i=1}^{n}f(x_i;\theta)=\frac{k^n}{(\theta)^{nk}}\cdot\left(\prod_{i=1}^{n}x_i\right)^{k-1}I_{\{x_{(n)}\leqslant\theta\}},$$

当 $\theta\geqslant x_{(n)}$时,$L(\theta)$为 θ 的单调递减函数.因此当 $\theta=x_{(n)}$时有最大值.故 θ 的最大似然估

计量为$\widehat{\theta_2}=X_{(n)}$. X 的分布函数为

$$F(x)=\begin{cases}0, & x<0,\\ \dfrac{x^k}{\theta^k}, & 0\leqslant x<\theta,\\ 1, & x\geqslant\theta.\end{cases}$$

因此$X_{(n)}$的密度函数为

$$f_{X_{(n)}}(x)=n\left[F(x)\right]^{n-1}f(x)=\begin{cases}\dfrac{nkx^{nk-1}}{\theta^{nk}}, & 0\leqslant x\leqslant\theta,\\ 0, & \text{其他}.\end{cases}$$

由于 $E(\hat{\theta})=E(X_{(n)})=\int_0^\theta x f_{X_{(n)}}(x)\,\mathrm{d}x=\dfrac{nk\theta}{nk+1}\neq\theta$,因此$\widehat{\theta_2}$不是 θ 的无偏估计.

(3) $E\left(c\sum\limits_{i=1}^n X_i^2\right)=c\sum\limits_{i=1}^n E(X_i^2)=c\sum\limits_{i=1}^n\left[\int_0^\theta x^2f(x)\,\mathrm{d}x\right]=cn\dfrac{k\theta^2}{k+2}=\theta^2$.解得 $c=\dfrac{k+2}{kn}$.

(4) $P(X<\sqrt{\theta})=\int_0^{\sqrt{\theta}}f(x)\,\mathrm{d}x=\int_0^{\sqrt{\theta}}\dfrac{kx^{k-1}}{\theta^k}\mathrm{d}x=\dfrac{1}{\theta^{\frac{k}{2}}}$,故 $P(X<\sqrt{\theta})$ 的矩估计为

$$\widehat{P(X<\sqrt{\theta})}=\left(\frac{k}{k+1}\right)^{k/2}\cdot\frac{1}{\overline{X}^{k/2}}.$$

当 $n=1$ 时,

$$\widehat{P(X<\sqrt{\theta})}=\left(\frac{k}{k+1}\right)^{k/2}\cdot\frac{1}{X_1^{\ k/2}},$$

$E\left(\dfrac{1}{X_1^{\ k/2}}\right)=\int_0^\theta\dfrac{1}{x^{k/2}}\dfrac{kx^{k-1}}{\theta^k}\mathrm{d}x=\int_0^\theta\dfrac{kx^{k/2-1}}{\theta^k}\mathrm{d}x=\dfrac{2}{\theta^{k/2}}$,即 $E(\widehat{P(X<\sqrt{\theta})})\neq\dfrac{1}{\theta^{k/2}}$,即当 $n=1$ 时它不具有无偏性.

4. 设$\widehat{\theta_1}$和$\widehat{\theta_2}$都是未知参数 θ 的无偏估计,且$\widehat{\theta_1}$与$\widehat{\theta_2}$相互独立,$\mathrm{Var}(\widehat{\theta_1})=4\mathrm{Var}(\widehat{\theta_2})$. 试确定常数$c_1$与$c_2$,使得$c_1\widehat{\theta_1}+c_2\widehat{\theta_2}$仍是 θ 的无偏估计,且在这类无偏估计中方差达到最小.

解 $E(c_1\widehat{\theta_1}+c_2\widehat{\theta_2})=c_1E(\widehat{\theta_1})+c_2E(\widehat{\theta_2})=(c_1+c_2)\theta$, 要使$c_1\widehat{\theta_1}+c_2\widehat{\theta_2}$仍是 θ 的无偏估计,则$(c_1+c_2)\theta=\theta$, 即$c_1+c_2=1$.

另一方面,由于$\widehat{\theta_1}$与$\widehat{\theta_2}$相互独立且 $\mathrm{Var}(\widehat{\theta_1})=4\mathrm{Var}(\widehat{\theta_2})$,因此

$$\mathrm{Var}(c_1\widehat{\theta_1}+c_2\widehat{\theta_2})=c_1^2\mathrm{Var}(\widehat{\theta_1})+c_2^2\mathrm{Var}(\widehat{\theta_2})=(5c_1^2-2c_1+1)\mathrm{Var}(\widehat{\theta_2}).$$

当$c_1=\dfrac{1}{5}$时,$\mathrm{Var}(c_1\widehat{\theta_1}+c_2\widehat{\theta_2})$达到最小值.因此当$c_1=\dfrac{1}{5}$,$c_2=\dfrac{4}{5}$时,$c_1\widehat{\theta_1}+c_2\widehat{\theta_2}$仍是 θ 的无偏估计,且在这类无偏估计中方差达到最小.

5. 设X_1,X_2,X_3为总体 $X\sim N(\mu,\sigma^2)$的样本,试证明下式定义的$\hat{\mu}_1$和$\hat{\mu}_2$都是总体均

值 μ 的无偏估计,并进一步确定哪个估计更有效.

$$\hat{\mu}_1=\frac{1}{4}X_1+\frac{1}{2}X_2+\frac{1}{4}X_3,$$

$$\hat{\mu}_2=\frac{1}{3}X_1+\frac{1}{6}X_2+\frac{1}{2}X_3.$$

解 首先求两个统计量的数学期望.

$$E(\hat{\mu}_1)=E\left(\frac{1}{4}X_1+\frac{1}{2}X_2+\frac{1}{4}X_3\right)=\frac{1}{4}E(X_1)+\frac{1}{2}E(X_2)+\frac{1}{4}E(X_3)=\mu,$$

$$E(\hat{\mu}_2)=E\left(\frac{1}{3}X_1+\frac{1}{6}X_2+\frac{1}{2}X_3\right)=\frac{1}{3}E(X_1)+\frac{1}{6}E(X_2)+\frac{1}{2}E(X_3)=\mu.$$

这说明它们都是总体均值 μ 的无偏估计,下面求它们的方差.

$$\mathrm{Var}(\hat{\mu}_1)=\frac{1}{16}\mathrm{Var}(X_1)+\frac{1}{4}\mathrm{Var}(X_2)+\frac{1}{16}\mathrm{Var}(X_3)=\frac{3}{8}\sigma^2,$$

$$\mathrm{Var}(\hat{\mu}_2)=\frac{1}{9}\mathrm{Var}(X_1)+\frac{1}{36}\mathrm{Var}(X_2)+\frac{1}{4}\mathrm{Var}(X_3)=\frac{7}{18}\sigma^2.$$

可以看出 $\mathrm{Var}(\hat{\mu}_1)<\mathrm{Var}(\hat{\mu}_2)$,因此 $\hat{\mu}_1$ 更有效.

6. 设 $X_1,X_2,\cdots,X_n$ 是取自总体 X 的一个样本,X 的密度函数为

$$f(x)=\begin{cases}\lambda\mathrm{e}^{-\lambda(x-\theta)}, & x\geqslant\theta,\\ 0, & \text{其他},\end{cases}$$

其中 θ 未知,λ 是一指定的正数.

(1) 试证 θ 的最大似然估计量为 $X_{(1)}$;

(2) 试证 $X_{(1)}$ 不是 θ 的无偏估计,但是 θ 的渐近无偏估计,而 $X_{(1)}-\dfrac{1}{n\lambda}$ 是 θ 的无偏估计;

(3) 试证 $X_{(1)}$ 与 $X_{(1)}-\dfrac{1}{n\lambda}$ 都是 θ 的相合估计.

证明 (1) 似然函数

$$L(x_1,x_2,\cdots,x_n;\theta)=\prod_{i=1}^{n}f(x_i;\lambda)=\lambda^n\mathrm{e}^{-\lambda\sum\limits_{i=1}^{n}(x_i-\theta)}I_{\{x_{(1)}\geqslant\theta\}},$$

当 $\theta\leqslant x_{(1)}$ 时,该函数为 θ 的单调递增函数,因此当 $\theta=x_{(1)}$ 时似然函数有最大值,θ 的最大似然估计量为 $\hat{\theta}=X_{(1)}$.

(2) X 的分布函数为

$$F(x)=\begin{cases}0, & x<\theta,\\ 1-\mathrm{e}^{-\lambda(x-\theta)}, & x\geqslant\theta.\end{cases}$$

因此 $X_{(1)}$ 的密度函数为

$$f_{X_{(1)}}(x)=n\left[1-F(x)\right]^{n-1}f(x)=\begin{cases}0, & x<\theta,\\ n\lambda\mathrm{e}^{-n\lambda(x-\theta)}, & x\geqslant\theta.\end{cases}$$

$$E(X_{(1)})=\int_{\theta}^{+\infty}xf_{X_{(1)}}(x)\,\mathrm{d}x=\theta+\frac{1}{n\lambda}\neq\theta,$$

因此$X_{(1)}$不是 θ 的无偏估计.但由于当 $n\to+\infty$时,$\theta+\frac{1}{n\lambda}\to\theta$,故$X_{(1)}$是 θ 的渐近无偏估计.注意到 $E\left(X_{(1)}-\frac{1}{n\lambda}\right)=E(X_{(1)})-\frac{1}{n\lambda}=\theta$,因此$X_{(1)}-\frac{1}{n\lambda}$是 θ 的无偏估计.

(3) $E(X_{(1)}^2)=\int_{\theta}^{+\infty}x^2f_{X_{(1)}}(x)\,\mathrm{d}x=\theta^2+\frac{2\theta}{n\lambda}+\frac{2}{n^2\lambda^2}$,因此

$$\mathrm{Var}(X_{(1)})=E(X_{(1)}^2)-[E(X_{(1)})]^2=\frac{1}{n^2\lambda^2}\to0(n\to+\infty),$$

$$\mathrm{Var}\left(X_{(1)}-\frac{1}{n\lambda}\right)=\mathrm{Var}(X_{(1)})=\frac{1}{n^2\lambda^2}\to0(n\to+\infty),$$

因此$X_{(1)}$与$X_{(1)}-\frac{1}{n\lambda}$都是 θ 的相合估计.

7. 设$X_1,X_2,\cdots,X_n$是取自总体 X 的样本,$E(X)=\mu$,$\mathrm{Var}(X)=\sigma^2$. 试证$\frac{2}{n(n+1)}\sum_{i=1}^{n}iX_i$是未知参数 μ 的无偏估计,也是相合估计.

解　由于

$$E\left(\frac{2}{n(n+1)}\sum_{i=1}^{n}iX_i\right)=\frac{2\mu}{n(n+1)}\sum_{i=1}^{n}i=\frac{2\mu}{n(n+1)}\cdot\frac{n(n+1)}{2}=\mu,$$

$$\begin{aligned}\mathrm{Var}\left(\frac{2}{n(n+1)}\sum_{i=1}^{n}iX_i\right)&=\frac{4\mathrm{Var}(X)}{n^2(n+1)^2}\sum_{i=1}^{n}i^2\\&=\frac{4\sigma^2}{n^2(n+1)^2}\cdot\frac{n(n+1)(2n+1)}{6}\to0(n\to+\infty),\end{aligned}$$

因此$\frac{2}{n(n+1)}\sum_{i=1}^{n}iX_i$是未知参数 μ 的无偏估计,也是相合估计.

§7.4　正态总体均值和方差的置信区间

一、内容概要

1. 枢轴变量法　构造未知参数 θ 置信区间的最常用方法,分四步:

（1）先求出 θ 的一个点估计 $\hat{\theta}=\hat{\theta}(X_1,X_2,\cdots,X_n)$，通常会取 θ 的最大似然估计；

（2）构造一个样本的函数 G，作为枢轴函数．G 除包含待估计的未知参数 θ 以外，不再包含其他未知参数，并且 G 的分布的分位数可以通过查表或简单计算得到；

（3）确定 a 和 b，$a<b$，使得

$$P(a\leqslant G\leqslant b)\geqslant 1-\alpha,$$

当 G 为连续型分布时，只需考虑上述概率不等式中等号成立的情形；

（4）将 $a\leqslant G\leqslant b$ 等价变形为 $\underline{\theta}\leqslant\theta\leqslant\overline{\theta}$，其中 $\underline{\theta}=\underline{\theta}(X_1,X_2,\cdots,X_n)$ 和 $\overline{\theta}=\overline{\theta}(X_1,X_2,\cdots,X_n)$ 仅是样本的函数，则 $[\underline{\theta}(X_1,X_2,\cdots,X_n),\overline{\theta}(X_1,X_2,\cdots,X_n)]$ 就是 θ 的双侧 $1-\alpha$ 置信区间．

2．单正态总体置信区间：

（1）**方差已知时均值的置信区间**　设枢轴变量为 $G=\dfrac{\sqrt{\mu}(\hat{X}-\mu)}{\sigma}\sim N(0,1)$，$\mu$ 的双侧 $1-\alpha$ 置信区间为 $\left[\overline{X}-u_{1-\frac{\alpha}{2}}\dfrac{\sigma}{\sqrt{n}},\overline{X}+u_{1-\frac{\alpha}{2}}\dfrac{\sigma}{\sqrt{n}}\right]$；

（2）**方差未知时均值的置信区间**　设枢轴变量为 $G=\dfrac{\sqrt{n}(\hat{X}-\mu)}{S}\sim t(n-1)$，$\mu$ 的双侧 $1-\alpha$ 置信区间为 $\left[\overline{X}-t_{1-\frac{\alpha}{2}}(n-1)\dfrac{S}{\sqrt{n}},\overline{X}+t_{1-\frac{\alpha}{2}}(n-1)\dfrac{S}{\sqrt{n}}\right]$；

（3）**均值已知时方差的置信区间**　设枢轴变量为 $G=\dfrac{1}{\sigma^2}\sum\limits_{i=1}^{n}(X_i-\mu)^2\sim\chi^2(n)$，$\sigma^2$ 的双侧 $1-\alpha$ 置信区间为 $\left[\dfrac{\sum\limits_{i=1}^{n}(X_i-\mu)^2}{\chi^2_{1-\frac{\alpha}{2}}(n)},\dfrac{\sum\limits_{i=1}^{n}(X_i-\mu)^2}{\chi^2_{\frac{\alpha}{2}}(n)}\right]$；

（4）**均值未知时方差的置信区间**　设枢轴变量为 $G=\dfrac{(n-1)S^2}{\sigma^2}\sim\chi^2(n-1)$，$\sigma^2$ 的双侧 $1-\alpha$ 置信区间为 $\left[\dfrac{(n-1)S^2}{\chi^2_{1-\frac{\alpha}{2}}(n-1)},\dfrac{(n-1)S^2}{\chi^2_{\frac{\alpha}{2}}(n-1)}\right]$．

***3．双正态总体置信区间：**

（1）**方差已知时均值差的置信区间**　设枢轴变量为 $G=\dfrac{\overline{X}-\overline{Y}-(\mu_1-\mu_2)}{\sqrt{\dfrac{\sigma_1^2}{m}+\dfrac{\sigma_2^2}{n}}}\sim N(0,1)$，

$\mu_1-\mu_2$ 的双侧 $1-\alpha$ 置信区间为

$$\left[\overline{X}-\overline{Y}-u_{1-\frac{\alpha}{2}}\sqrt{\frac{\sigma_1^2}{m}+\frac{\sigma_2^2}{n}},\overline{X}-\overline{Y}+u_{1-\frac{\alpha}{2}}\sqrt{\frac{\sigma_1^2}{m}+\frac{\sigma_2^2}{n}}\right];$$

（2）**方差未知但相等时均值差的置信区间**　设枢轴变量为 $G=\dfrac{\overline{X}-\overline{Y}-(\mu_1-\mu_2)}{S_w\sqrt{\dfrac{1}{m}+\dfrac{1}{n}}}\sim$ $t(m+n-2)$，$\mu_1-\mu_2$的双侧 $1-\alpha$ 置信区间为

$$\left[\overline{X}-\overline{Y}-t_{1-\frac{\alpha}{2}}(m+n-2)S_w\sqrt{\frac{1}{m}+\frac{1}{n}},\overline{X}-\overline{Y}+t_{1-\frac{\alpha}{2}}(m+n-2)S_w\sqrt{\frac{1}{m}+\frac{1}{n}}\right];$$

（3）**均值已知时方差比的置信区间**　设枢轴变量为 $G=\dfrac{\dfrac{m\widehat{\sigma_1^2}}{\sigma_1^2}\Big/m}{\dfrac{n\widehat{\sigma_2^2}}{\sigma_2^2}\Big/n}\sim F(m,n)$，$\widehat{\sigma_1^2}=$ $\dfrac{1}{m}\sum\limits_{i=1}^{m}(X_i-\mu_1)^2$，$\widehat{\sigma_2^2}=\dfrac{1}{n}\sum\limits_{i=1}^{n}(Y_i-\mu_2)^2$，$\dfrac{\sigma_1^2}{\sigma_2^2}$的双侧 $1-\alpha$ 置信区间为

$$\left[\frac{\widehat{\sigma_1^2}/\widehat{\sigma_2^2}}{F_{1-\frac{\alpha}{2}}(m,n)},\frac{\widehat{\sigma_1^2}/\widehat{\sigma_2^2}}{F_{\frac{\alpha}{2}}(m,n)}\right];$$

（4）**均值未知时方差比的置信区间**　设枢轴变量为 $G=\dfrac{\dfrac{\sum\limits_{i=1}^{m}(X_i-\overline{X})^2}{\sigma_1^2}\Big/(m-1)}{\dfrac{\sum\limits_{i=1}^{n}(Y_i-\overline{Y})^2}{\sigma_2^2}\Big/(n-1)}\sim$ $F(m-1,n-1)$，$\dfrac{\sigma_1^2}{\sigma_2^2}$的双侧 $1-\alpha$ 置信区间为

$$\left[\frac{S_X^2/S_Y^2}{F_{1-\frac{\alpha}{2}}(m-1,n-1)},\frac{S_X^2/S_Y^2}{F_{\frac{\alpha}{2}}(m-1,n-1)}\right].$$

二、习题全解

1. 为检测某种香烟的尼古丁含量（单位：mg），随机抽了 10 支香烟，测得尼古丁的平均含量为$\bar{x}=0.25$，设该香烟尼古丁含量 X 服从正态分布 $N(\mu,2.25)$，求 μ 的单侧 0.95 置信上限.

解　样本均值$\bar{x}$是 μ 的无偏估计，σ^2 为 2.25，故 μ 的单侧 $1-\alpha$ 置信上限为$\bar{x}+u_{1-\alpha}\dfrac{\sigma}{\sqrt{n}}$，查表知临界点$u_{0.95}=1.64$，故 μ 的单侧 0.95 置信上限为 $0.25+1.64\dfrac{\sqrt{2.25}}{\sqrt{10}}=1.027\ 9$.

2. 某手表厂生产的手表的日走时误差(单位:s/d)服从正态分布 $N(\mu,\sigma^2)$,检验员从装配线上随机地抽取 9 只进行检测,检测的结果如下:-4.0, 3.1, 2.5, -2.9, 0.9, 1.1, 2.0, -3.0, 2.8,求该厂生产手表的日走时误差的均值 μ 的双侧 0.95 置信区间.

解　$\bar{X}$是 μ 的无偏估计,又σ^2未知,故 μ 的双侧 $1-\alpha$ 置信区间为

$$\left[\bar{X}-t_{1-\frac{\alpha}{2}}(n-1)\frac{S}{\sqrt{n}},\bar{X}+t_{1-\frac{\alpha}{2}}(n-1)\frac{S}{\sqrt{n}}\right].$$

$n=9,\bar{x}=\frac{1}{n}\sum_{i=1}^{n}x_i=0.277\ 8,s=\sqrt{\frac{1}{n-1}\sum_{i=1}^{n}(x_i-\bar{x})^2}=2.793\ 6,t_{0.975}(8)=2.306$,故 μ 的双侧 0.95 置信区间观测值为$\left[0.277\ 8-2.306\times\frac{2.793\ 6}{\sqrt{9}},0.277\ 8+2.306\times\frac{2.793\ 6}{\sqrt{9}}\right]$,即为 $[-1.869\ 5,2.425\ 1]$,表示该厂生产手表的日走时误差在$-1.869\ 5$s/d 至 2.425 1s/d 之间.

3. 从一大批螺丝钉中随机地取 9 枚,测得其长度(单位:cm)为$x_1,x_2,\cdots,x_9$,并算得 $\sum_{i=1}^{9}x_i=27$, $\sum_{i=1}^{9}x_i^2=83$, 设钉子的长度 X 服从正态分布 $N(\mu,\sigma^2)$,试分别求未知参数 μ 和σ^2的双侧 0.95 置信区间.

解　$\bar{X}$是 μ 的无偏估计,又σ^2未知,故 μ 的双侧 $1-\alpha$ 置信区间为

$$\left[\bar{X}-t_{1-\frac{\alpha}{2}}(n-1)\frac{S}{\sqrt{n}},\bar{X}+t_{1-\frac{\alpha}{2}}(n-1)\frac{S}{\sqrt{n}}\right].$$

$n=9,\bar{x}=\frac{1}{n}\sum_{i=1}^{n}x_i=3,s^2=\frac{1}{n-1}\sum_{i=1}^{n}(x_i-\bar{x})^2=\frac{1}{n-1}\left(\sum_{i=1}^{n}x_i^2-n\bar{x}^2\right)=0.25,t_{0.975}(8)=2.306$.故 μ 的双侧 0.95 置信区间观测值为$\left[3-2.306\times\frac{0.5}{\sqrt{9}},3+2.306\times\frac{0.5}{\sqrt{9}}\right]$,即为$[2.615\ 7,3.384\ 3]$,表示这批钉子的长度在 2.615 7 cm 至 3.384 3 cm 之间.

由题意知 μ 未知,故$\widehat{\sigma^2}=S^2$,σ^2的双侧 $1-\alpha$ 置信区间为

$$\left[\frac{(n-1)S^2}{\chi^2_{1-\frac{\alpha}{2}}(n-1)},\frac{(n-1)S^2}{\chi^2_{\frac{\alpha}{2}}(n-1)}\right].$$

查表得临界点:$\chi^2_{0.025}(8)=2.179\ 7$, $\chi^2_{0.975}(8)=17.534\ 5$,故$\sigma^2$的双侧 0.95 置信区间的观测值为$\left[\frac{8\times0.25}{17.534\ 5},\frac{8\times0.25}{2.179\ 7}\right]$,即为$[0.114\ 1,0.917\ 6]$.

4. 自动包装机包装食品,若食品每袋净含量(单位:g)$X\sim N(\mu,\sigma^2)$,现随机抽取 4 袋,测得每袋净含量x_1,x_2,x_3,x_4,并计算得 $\sum_{i=1}^{4}x_i=24$, $\sum_{i=1}^{4}x_i^2=147$,试分别求未知参数 μ 和 σ 的双侧 0.9 置信区间.

解 $\bar{X}$是μ的无偏估计，又σ^2未知，故μ的双侧 $1-\alpha$ 置信区间为

$$\left[\bar{X}-t_{1-\frac{\alpha}{2}}(n-1)\frac{S}{\sqrt{n}},\bar{X}+t_{1-\frac{\alpha}{2}}(n-1)\frac{S}{\sqrt{n}}\right].$$

$n=4,\bar{x}=\frac{1}{n}\sum_{i=1}^{n}x_i=6,s^2=\frac{1}{n-1}\sum_{i=1}^{n}(x_i-\bar{x})^2=\frac{1}{n-1}\left(\sum_{i=1}^{n}x_i^2-n\bar{x}^2\right)=1,t_{0.95}(3)=2.353\ 4$.故$\mu$的双侧 0.9 置信区间观测值为$\left[6-2.353\ 4\times\frac{1}{\sqrt{4}},6+2.353\ 4\times\frac{1}{\sqrt{4}}\right]$，即为[4.823 3，7.176 7]，表示食品每袋净含量在 4.823 3 至 7.176 7 g 之间.

由题意知μ未知，故$\widehat{\sigma^2}=S^2$，σ^2的双侧 $1-\alpha$ 置信区间为

$$\left[\frac{(n-1)S^2}{\chi^2_{1-\frac{\alpha}{2}}(n-1)},\frac{(n-1)S^2}{\chi^2_{\frac{\alpha}{2}}(n-1)}\right].$$

查表得临界点$\chi^2_{0.05}(3)=0.351\ 8$，$\chi^2_{0.95}(3)=7.814\ 7$，故$\sigma^2$的双侧 0.9 置信区间的观测值为$\left[\frac{3\times1}{7.814\ 7},\frac{3\times1}{0.351\ 8}\right]$，即为[0.383 9，8.527 6]，从而有$\sigma$的双侧 0.9 置信区间的观测值为$\left[\sqrt{\frac{3\times1}{7.814\ 7}},\sqrt{\frac{3\times1}{0.351\ 8}}\right]$，即为[0.619 6，2.920 2].

5. 为了估计一批钢索所能承受的平均拉应力 X（单位：N/cm²），从中随机地选取 10 个样品进行试验，由试验所得数据算得$\bar{x}=6\ 720$，$s=220$. 假定钢索所能承受的拉应力 X 服从正态分布，试在置信水平 0.95 下分别估计这批钢索所能承受的平均拉应力范围以及至少能承受的平均拉应力（保留一位小数）.

解 记 $X\sim N(\mu,\sigma^2)$，$\bar{X}$是μ的无偏估计，又σ^2未知，故μ的双侧 $1-\alpha$ 置信区间为

$$\left[\bar{X}-t_{1-\frac{\alpha}{2}}(n-1)\frac{S}{\sqrt{n}},\bar{X}+t_{1-\frac{\alpha}{2}}(n-1)\frac{S}{\sqrt{n}}\right].$$

查表得$t_{0.975}(9)=2.262\ 2$.故μ的双侧 0.95 置信区间观测值为$\left[6\ 720-2.262\ 2\times\frac{220}{\sqrt{10}},6\ 720+2.262\ 2\times\frac{220}{\sqrt{10}}\right]$，即为[6 562.6，6 877.4]，表示这批钢索所能承受的平均拉应力范围在 6 562.6 至 6 877.4 N/cm²之间.

要求至少能承受的平均拉应力，即求μ单侧 0.95 置信下限，为$\bar{X}-t_{1-\alpha}(n-1)\frac{S}{\sqrt{n}}$，临界点$t_{0.95}(9)=1.833\ 1$，故$\mu$的单侧 0.95 置信下限为$6\ 720-1.833\ 1\times\frac{220}{\sqrt{10}}=6\ 592.5$，即至少能承受的平均拉应力为 6 592.5 N/cm².

6. 设$X_1,X_2,\cdots,X_n$是取自正态总体$N(\mu,\sigma^2)$的一个样本,其中μ未知,但σ^2已知.试问样本容量n至少取多大才能使双侧$1-\alpha$置信区间长度不超过l,其中l是预先指定的一个正数.

解　样本均值$\overline{X}=\dfrac{1}{n}\sum\limits_{i=1}^{n}X_i$是$\mu$的无偏估计,$\sigma^2$已知,故$\mu$的双侧$1-\alpha$置信区间为

$$\left[\overline{X}-u_{1-\frac{\alpha}{2}}\frac{\sigma}{\sqrt{n}},\overline{X}+u_{1-\frac{\alpha}{2}}\frac{\sigma}{\sqrt{n}}\right].$$

置信区间长度为$\left(\overline{X}+u_{1-\frac{\alpha}{2}}\dfrac{\sigma}{\sqrt{n}}\right)-\left(\overline{X}-u_{1-\frac{\alpha}{2}}\dfrac{\sigma}{\sqrt{n}}\right)=2u_{1-\frac{\alpha}{2}}\dfrac{\sigma}{\sqrt{n}}$,要使置信区间长度不超过$l$,即

$$2u_{1-\frac{\alpha}{2}}\frac{\sigma}{\sqrt{n}}\leqslant l,$$

解得

$$n\geqslant\frac{4u_{1-\frac{\alpha}{2}}^2\sigma^2}{l^2},$$

即样本大小n至少取$\left[\dfrac{4u_{1-\frac{\alpha}{2}}^2\sigma^2}{l^2}\right]+1$才能使双侧$1-\alpha$置信区间长度不超过$l$,其中$[\cdot]$表示取整数.

7. 某食品加工厂有甲、乙两条加工猪肉罐头的生产线.设罐头质量服从正态分布,从甲生产线抽取10只罐头,测得其平均质量$\overline{x}=501$ g,已知其总体标准差$\alpha_1=5$ g;从乙生产线抽取20只罐头,测得其平均质量$\overline{y}=498$ g,已知其总体标准差$\alpha_2=4$ g,求甲、乙两条猪肉罐头生产线生产罐头质量的均值$\mu_1-\mu_2$的双侧0.99置信区间.

解　$\overline{X}-\overline{Y}$为$\mu_1-\mu_2$的最大似然估计,由于方差$\alpha_1^2$和$\alpha_2^2$已知,故$\mu_1-\mu_2$的双侧$1-\alpha$置信区间为

$$\left[\overline{X}-\overline{Y}-u_{1-\frac{\alpha}{2}}\sqrt{\frac{\alpha_1^2}{n_1}+\frac{\alpha_2^2}{n_2}},\overline{X}-\overline{Y}+u_{1-\frac{\alpha}{2}}\sqrt{\frac{\alpha_1^2}{n_1}+\frac{\alpha_2^2}{n_2}}\right].$$

$n_1=10,n_2=20$,查表得$u_{0.995}=2.576$.故$\mu_1-\mu_2$的0.99双侧置信区间观测值为$\left[3-2.576\times\sqrt{\dfrac{33}{10}},3+2.576\times\sqrt{\dfrac{33}{10}}\right]$,即为$[-1.679\ 5,7.679\ 5]$,表示甲、乙两条猪肉罐头生产线生产罐头重量的均值差$\mu_1-\mu_2$范围在$-1.679\ 5$ g至7.679 5 g之间.

8. 甲、乙两位化验员独立地对某种聚合物的含氯量用相同的方法各自做了13次测定,由各自的测定值分别算得$s_X^2=0.541\ 9,s_Y^2=0.606\ 5$.假定测定值服从正态分布,试

求两个总体分布的方差比σ_1^2/σ_2^2的双侧 0.90 置信区间.

解　$\dfrac{\sigma_1^2}{\sigma_2^2}$的估计为$\dfrac{s_X^2}{s_Y^2}=\dfrac{0.541\ 9}{0.606\ 5}$，$\mu_1$，$\mu_2$未知，故$\dfrac{\sigma_1^2}{\sigma_2^2}$的双侧 0.9 置信区间为$\left[\dfrac{s_X^2/s_Y^2}{F_{1-\frac{\alpha}{2}}(m-1,n-1)},\dfrac{s_X^2/s_Y^2}{F_{\frac{\alpha}{2}}(m-1,n-1)}\right]$. 查表得$F_{0.95}(12,12)=2.69$，$F_{0.05}(12,12)=0.37$，代入置信区间公式，可得方差比$\dfrac{\sigma_1^2}{\sigma_2^2}$的双侧 0.9 置信区间观测值为$\left[\dfrac{0.541\ 9/0.606\ 5}{2.69},\dfrac{0.541\ 9/0.606\ 5}{0.37}\right]$，即$[0.332\ 2,2.414\ 8]$.

* §7.5　总体比率的置信区间

一、内容概要

1. 大样本法

设$X_1,X_2,\cdots,X_n$是取自总体X的样本，总体均值$\mu\xlongequal{\text{def}}E(X)$，总体方差$\sigma^2\xlongequal{\text{def}}\operatorname{Var}(X)$. 当样本容量$n$较大时，在$\sigma$已知和$\sigma$未知两种情况下，其$\mu$的近似置信区间分别为$\left[\bar{X}-\dfrac{\sigma}{\sqrt{n}}u_{1-\frac{\alpha}{2}},\bar{X}+\dfrac{\sigma}{\sqrt{n}}u_{1-\frac{\alpha}{2}}\right]$和$\left[\bar{X}-\dfrac{S}{\sqrt{n}}u_{1-\frac{\alpha}{2}},\bar{X}+\dfrac{S}{\sqrt{n}}u_{1-\frac{\alpha}{2}}\right]$.

2. 总体比率的置信区间

当总体分布为参数p的 0-1 分布的时候，$\sigma^2=p(1-p)$，从而p的双侧$1-\alpha$置信区间为$\left[\hat{p}-\dfrac{\sqrt{\hat{p}(1-\hat{p})}}{\sqrt{n}}u_{1-\frac{\alpha}{2}},\hat{p}+\dfrac{\sqrt{\hat{p}(1-\hat{p})}}{\sqrt{n}}u_{1-\frac{\alpha}{2}}\right]$.

3. 盒子模型　当总体指标变量为定量指标变量时，若抽样结果只有两种结果，则其过程就可以模拟成在设定抽样方案下在该盒子中抽取n张标签的过程，我们称此数学模型为**盒子模型**；

4. 抽样误差及标准差　设已有样本$X_1,X_2,\cdots,X_n$，ε_i为单个样本X_i的随机误差，则随机误差的平均值为**抽样误差**，抽样误差的标准差为SE，也叫**标准误**，有$SE=\sqrt{\operatorname{Var}(\bar{X})}=\dfrac{\sqrt{p(1-p)}}{\sqrt{n}}$.

二、习题全解

1. 为检测某种香烟的尼古丁含量（单位：mg），抽了 100 支香烟，测得尼古丁的平均含量$\overline{x}=0.25$,样本方差为 2.25,试求 μ 的近似单侧 0.95 置信上限.

解　样本均值$\overline{x}$是 μ 的无偏估计,$n=100$,可以当作大样本.$s^2=2.25$,因此 $s=1.5$,由大样本法,μ 的近似单侧置信上限为$\overline{x}+u_{1-\alpha}\dfrac{s}{\sqrt{n}}$,查表知$u_{0.95}=1.64$,因此 μ 的单侧 0.95 置信上限即为 $0.25+1.64\times\dfrac{1.5}{\sqrt{100}}=0.496$.

2. 某厂销售部近几天不断接到一些商店的投诉电话或信件,抱怨目前该厂商品的开箱合格率很低,对即将发货的一批 2 000 件产品,销售部从中随机抽取 400 件检测,结果发现其中 60 件是不合格的.问如何计算产品不合格率的双侧 0.99 置信区间?

解　记产品不合格率为 μ,$\hat{p}=\dfrac{60}{400}=0.15$. 由于 $n=2\ 000$,为大样本数据,$\sqrt{n}(\overline{X}-\mu)/S$ 近似服从 $N(0,1)$,X 服从参数为 p 的 0-1 分布,标准差用$\sqrt{\hat{p}(1-\hat{p})}$来估计,从而有 μ 的近似双侧 $1-\alpha$ 置信区间为

$$\left[\hat{p}-\frac{\sqrt{\hat{p}(1-\hat{p})}}{\sqrt{n}}u_{1-\frac{\alpha}{2}},\hat{p}+\frac{\sqrt{\hat{p}(1-\hat{p})}}{\sqrt{n}}u_{1-\frac{\alpha}{2}}\right].$$

查表知$u_{0.995}=2.576$,代入数据可得置信区间为$\left[0.15-2.576\sqrt{\dfrac{0.15\times0.85}{2\ 000}},0.15+2.576\sqrt{\dfrac{0.15\times0.85}{2\ 000}}\right]$,即$[0.129\ 4,0.170\ 6]$.

3. 某市有 100 000 个年满 18 岁的居民,他们中已婚的占 60%,年收入超过 25 万元的占 10%,受过高等教育的占 20%.今从中抽取 1 600 人作为随机样本.

(1) 为求“样本中不超过 58%的人已婚”的比率,需要一个盒子模型,盒中票数应为 1 600 还是 100 000? 问此比率是多少?

(2) 为求样本中“不少于 11%的人的年收入超过 25 万元”的比率,需要一个盒子模型,盒中每张票子应该写上人们的收入吗? 试求此比率.

(3) 试求样本中“19%~21%之间的人受过高等教育”的比率.

解　(1) 盒中票数应为 100 000.引入新变量

$$X_i=\begin{cases}1, & \text{第 } i \text{ 个样本居民已婚},\\ 0, & \text{第 } i \text{ 个样本居民未婚},\end{cases}$$

其中,$i=1,2,\cdots,1\ 600$. 已知 $p=P(X_i=1)=0.6$,又因为 $n=1\ 600\ll N=100\ 000$,所以可以近似看成有放回抽样,$X_1,X_2,\cdots,X_{1\ 600}$相互独立,

$$p=E(X_i)=0.6,\sigma=\sqrt{p(1-p)}=0.489\ 9.$$

样本中已婚的比例即为$\overline{X}$,由于 $n=1\ 600$ 较大,因此可以将$\overline{X}$近似为正态分布,$\overline{X}\sim$

$N\left(p,\dfrac{\sigma^2}{n}\right)$,所求比率为

$$P(\overline{X}\leqslant 0.58)=P\left(\frac{\sqrt{n}(\overline{X}-p)}{\sigma}<\frac{\sqrt{1\ 600}(0.58-0.6)}{0.489\ 9}\right)$$
$$=\Phi(-1.633\ 0)=1-\Phi(1.633\ 0)$$
$$=1-0.948\ 8=0.051\ 2.$$

(2) 不用,根据年收入是否超过 25 万元写上 0 或 1 即可.引入新变量

$$Y_i=\begin{cases}1,\text{第 } i \text{ 个样本年收入超过 25 万元},\\0,\text{第 } i \text{ 个样本年收入不超过 25 万元},\end{cases}$$

其中,$i=1,2,\cdots,1\ 600$. 已知 $p=P(Y_i=1)=0.1$,又因为 $n=1\ 600\ll N=100\ 000$,因此可以近似看成有放回抽样,$Y_1,Y_2,\cdots,Y_{1\ 600}$相互独立.

$$p=E(Y_i)=0.1,\sigma=\sqrt{p(1-p)}=0.3.$$

样本中年收入超过 25 万元的比例即为$\overline{Y}$,由于 $n=1\ 600$ 较大,因此可以将$\overline{Y}$近似为正态分布,$\overline{Y}\sim N\left(p,\dfrac{\sigma^2}{n}\right)$,所求比率为

$$P(\overline{Y}\geqslant 0.11)=1-P(\overline{Y}<0.11)=1-P\left(\frac{\sqrt{n}(\overline{Y}-p)}{\sigma}<\frac{\sqrt{1\ 600}(0.11-0.1)}{0.3}\right)$$
$$=1-\Phi\left(\frac{4}{3}\right)=0.091\ 8.$$

(3) 引入新变量

$$Z_i=\begin{cases}1,\text{第 } i \text{ 个样本受过高等教育},\\0,\text{第 } i \text{ 个样本没受过高等教育},\end{cases}$$

其中,$i=1,2,\cdots,1\ 600$. 已知 $p=P(Z_i=1)=0.2$,又因为 $n=1\ 600\ll N=100\ 000$,因此可以近似看成有放回抽样,$Z_1,Z_2,\cdots,Z_{1\ 600}$相互独立.

$$p=E(Z_i)=0.2,\sigma=\sqrt{p(1-p)}=0.4.$$

样本中受过高等教育的比例即为$\overline{Z}$,由于 $n=1\ 600$ 较大,因此可以将$\overline{Z}$近似为正态分布,$\overline{Z}\sim N\left(p,\dfrac{\sigma^2}{n}\right)$,所求比率为

$$P(0.19\leqslant\overline{Z}\leqslant 0.21)$$
$$=P\left(\frac{\sqrt{1\ 600}(0.19-0.2)}{0.4}\leqslant\frac{\sqrt{n}(\overline{Z}-p)}{\sigma}\leqslant\frac{\sqrt{1\ 600}(0.21-0.2)}{0.4}\right)$$
$$=2\Phi(1)-1=0.682\ 6.$$

4. 某镇有 25 000 户家庭,平均每户拥有汽车 1.2 辆,标准差为 0.90 辆,又这些家

庭中的 10%没有汽车,今有 1 600 户家庭的随机样本,试求:9%~11%的样本家庭没有汽车的比率.

解 引入新变量

$$X_i=\begin{cases}1, \text{第 } i \text{ 个样本没有汽车},\\ 0, \text{第 } i \text{ 个样本有汽车},\end{cases}$$

其中,$i=1,2,\cdots,1\ 600$. 已知 $p=P(X_i=1)=0.1$,又因为 $n=1\ 600 \ll N=25\ 000$,因此可以近似看成有放回抽样,$X_1,X_2,\cdots,X_{1\ 600}$相互独立.

$$p=E(X_i)=0.1, \sigma=\sqrt{p(1-p)}=0.3.$$

样本家庭没有汽车的比例即为$\overline{X}$,由于 $n=1\ 600$ 较大,因此可以将$\overline{X}$近似为正态分布,即$\overline{X}\sim N\left(p,\dfrac{\sigma^2}{n}\right)$,9%~11%的样本家庭没有汽车的比率为

$$\begin{aligned}&P(0.09\leqslant \overline{X}\leqslant 0.11)\\ &=P\left(\frac{\sqrt{1\ 600}(0.09-0.1)}{0.3}\leqslant \frac{\sqrt{n}(\overline{X}-p)}{\sigma}\leqslant \frac{\sqrt{1\ 600}(0.11-0.1)}{0.3}\right)\\ &=2\Phi\left(\frac{4}{3}\right)-1=0.816\ 4.\end{aligned}$$

*§ 7.6 两个总体比率差的置信区间

一、内容概要

两个总体比率差的置信区间

若两个总体分布分别为参数p_1,p_2的 0-1 分布,则其差的近似双侧 $1-\alpha$ 置信区间为

$$\left[\hat{p}_1-\hat{p}_2-\sqrt{\frac{\hat{p}_1(1-\hat{p}_1)}{m}+\frac{\hat{p}_2(1-\hat{p}_2)}{n}}u_{1-\frac{\alpha}{2}}, \hat{p}_1-\hat{p}_2+\sqrt{\frac{\hat{p}_1(1-\hat{p}_1)}{m}+\frac{\hat{p}_2(1-\hat{p}_2)}{n}}u_{1-\frac{\alpha}{2}}\right].$$

二、习题全解

1. 有甲、乙两台机床加工同类产品,从两台机床加工的产品中各随机抽取若干件,测得产品直径(单位:mm)的样本均值及标准差分别为$\overline{x}=19.8, s_X=0.37, n_1=100, \overline{y}=20.0, s_Y=0.40, n_2=80$.取置信水平 $1-\alpha=0.99$,你能求出$\mu_1-\mu_2$(即两个总体均值之差)的近似双侧置信区间吗?

解　由于$n_1=100,n_2=80$,样本量较大,因此 $\mu_1-\mu_2$的置信区间观测值近似为

$$\left[\bar{x}-\bar{y}-u_{1-\frac{\alpha}{2}}\sqrt{\frac{s_1^2}{n_1}+\frac{s_2^2}{n_2}},\bar{x}-\bar{y}+u_{1-\frac{\alpha}{2}}\sqrt{\frac{s_1^2}{n_1}+\frac{s_2^2}{n_2}}\right],$$

查表得$u_{0.995}=2.576$,代入数据可得置信区间为$\left[19.8-20-2.576\sqrt{\frac{0.37^2}{100}+\frac{0.4^2}{80}},\ 19.8-\right.$

$\left.20+2.576\sqrt{\frac{0.37^2}{100}+\frac{0.4^2}{80}}\right]$,即$[-0.349\,5,-0.050\,5]$.

2. 某品牌照相机厂为了分析其生产的照相机在市场上的竞争能力,委托一个咨询机构进行市场调查,该咨询机构在北京市场上随机抽选了 300 名购买照相机的顾客,其中 100 人购买了该品牌照相机;在广州市场上随机抽选了 500 名购买照相机的顾客,其中 120 人购买了该品牌照相机.若取置信水平为 0.99,试求两个市场上该品牌照相机市场占有率差异的近似双侧置信区间.

解　$\hat{p}_1=\frac{100}{300}=\frac{1}{3},\hat{p}_2=\frac{120}{500}=\frac{6}{25},m=300,n=500,u_{1-\frac{\alpha}{2}}=u_{0.995}=2.576$.从而两个市场上该品牌照相机市场占有率差异的 0.99 近似置信区间为

$$\left[\hat{p}_1-\hat{p}_2\pm u_{1-\frac{\alpha}{2}}\sqrt{\frac{\hat{p}_1(1-\hat{p}_1)}{m}+\frac{\hat{p}_2(1-\hat{p}_2)}{n}}\right]$$

$$=\left[\frac{1}{3}-\frac{6}{25}-2.576\times\sqrt{\frac{\frac{1}{3}\times\frac{2}{3}}{300}+\frac{\frac{6}{25}\times\frac{19}{25}}{500}},\frac{1}{3}-\frac{6}{25}+2.576\times\sqrt{\frac{\frac{1}{3}\times\frac{2}{3}}{300}+\frac{\frac{6}{25}\times\frac{19}{25}}{500}}\right]$$

$$=[0.007\,7,0.179\,0].$$

第八章 假设检验

§8.1 假设检验问题

一、内容概要

1. 原假设与备择假设

对要检验的总体参数问题提出一个原假设H_0和备择假设H_1,原假设H_0一般是关于总体未知参数 θ 等于某个特殊常数值,即$H_0:\theta=\theta_0$.备择假设H_1是关于 θ 的不同于H_0的假设,通常备择假设有三种常用的形式:

(1) $H_0:\theta=\theta_0 \leftrightarrow H_1:\theta\neq\theta_0$,在$\theta_0$的两侧讨论与 θ 的可能不同,这样的检验问题也称为双侧检验;

(2) $H_0:\theta\leqslant\theta_0 \leftrightarrow H_1:\theta>\theta_0$,在$\theta_0$的右侧讨论与 θ 的可能不同,这样的检验问题也称为单侧(右侧)检验;

(3) $H_0:\theta\geqslant\theta_0 \leftrightarrow H_1:\theta<\theta_0$,在$\theta_0$的左侧讨论与 θ 的可能不同,这样的检验问题也称为单侧(左侧)检验.

2. 拒绝域

根据样本提供的信息,给出未知参数 θ 的点估计量$\hat{\theta}$,基于备择假设的内容,构造拒绝域W_1.如果样本观测值落在 W_1 的子集中,则拒绝H_0;反之则不拒绝H_0.

3. 两类错误

假设检验的两类错误如表 8.1 所示.

4. 显著性水平

保证犯第一类错误的概率不超过事先设定的 α,称 α 为显著性水平,满足上述要求的检验称为显著性水平 α 的检验.

表 8.1　假设检验的两类错误

<table>
<tr><td colspan="2" rowspan="2">检验带来的后果</td><td colspan="2">根据样本观测值所得的结论</td></tr>
<tr><td>当$(x_1,x_2,\cdots,x_n)\in W_0$时,不拒绝$H_0$</td><td>当$(x_1,x_2,\cdots,x_n)\in W_1$时,拒绝$H_0$</td></tr>
<tr><td rowspan="2">总体分布的实际情况(未知)</td><td>H_0成立</td><td>判断正确</td><td>犯第一类错误</td></tr>
<tr><td>H_0不成立</td><td>犯第二类错误</td><td>判断正确</td></tr>
</table>

5. 假设检验的基本步骤

在给定显著性水平 α 下,

(1) 建立针对未知参数 θ 的原假设H_0和备择假设H_1;

(2) 给出未知参数 θ 的点估计$\hat{\theta}(X_1,X_2,\cdots,X_n)$;

(3) 根据备择假设H_1的实际意义,构造一个拒绝域的表达形式(通常由一个或两个不等式组成);

(4) 构造检验统计量 $T=\varphi(\hat{\theta})$,要求当H_0成立时 T 的分布的分位数易求得(通常检验统计量 T 服从常用分布,其分位数可以通过查表或计算机软件得到);

(5) 根据检验需满足 $P((X_1,X_2,\cdots,X_n)\in W_1\mid H_0成立)\leqslant\alpha$ 来确定拒绝域W_1中不等式中的待定常数.

6. p 值

给定样本观测值$(x_1,x_2,\cdots,x_n)$,由检验统计量 T 给出的拒绝域做出拒绝原假设H_0的最小显著性水平.

7. p 值检验法

(1) p 值$\leqslant\alpha$,则在显著性水平 α 下拒绝原假设H_0;

(2) p 值$>\alpha$,则在显著性水平 α 下接受原假设H_0.

二、习题全解

1. 某制药厂进行有关疫苗效果的研究,个体接受疫苗注射后的抗体持续时间用 X 表示.假定 X 服从正态分布,需了解疫苗有效期是否能持续 1 年以上,请构造原假设和备择假设,并给出两类错误.

解　原假设和备择假设分别为

$$H_0:X\leqslant 1;\quad H_1:X>1.$$

第一类错误是疫苗有效期不超过 1 年,而我们拒绝原假设;第二类错误是疫苗有效期能持续 1 年以上,但我们接受原假设.

2. 某教改政策实施后,学校要考察高中学生的课后作业是否有显著减少,用学生每天的夜间睡眠时间 X 表示,假设规定高中生每天的夜间睡眠时间应达到 8 h,请构造原假设和备择假设，并给出两类错误.

解　原假设和备择假设分别为

$$H_0:X\leqslant 8;\quad H_1:X>8.$$

第一类错误是每天的夜间睡眠时间不足 8 h，而我们拒绝原假设；第二类错误是每天的夜间睡眠时间达到 8 h，但我们接受原假设.

3. 假设有一关于本科毕业生继续深造比率的讨论，记本科毕业生继续深造比率为 p，有人提出如下假设检验问题 $H_0:p\leqslant 0.5\leftrightarrow H_1:p>0.5$，基于样本数据，请判断下列决策是否有错误，分别是哪一类错误？

（1）最后做出拒绝原假设，而事实上，真值 $p=0.4$；

（2）最后做出接受原假设，而事实上，真值 $p=0.7$.

解　（1）第一类错误；（2）第二类错误.

4. 请问第一类错误和第二类错误的区别是什么？

解　第一类错误是指原假设 H_0 为真，但拒绝原假设所犯的错误；第二类错误是指原假设 H_0 不真，但没有拒绝原假设所犯的错误.

5. 设 $X_1,X_2,\cdots,X_{25}$ 为来自正态分布 $N(\mu,1)$ 的样本，检验假设

$$H_0:\mu=0\leftrightarrow H_1:\mu=1,$$

拒绝域为 $W_1=\{(x_1,x_2,\cdots,x_{25}):\bar{x}\geqslant 0.465\}$. 求

（1）此检验犯两类错误的概率；

（2）若要使检验犯第一类错误的概率不大于 0.001，样本容量最少取多少？

（3）该检验的 p 值有多大？

解　（1）由正态分布的性质，$\dfrac{\bar{X}-\mu}{\sqrt{1/25}}\sim N(0,1)$.

当原假设为真时，$\mu=0$，此时 $5\bar{X}\sim N(0,1)$. 由于拒绝域为 $W_1=\{\bar{x}\geqslant 0.465\}$，因此犯第一类错误的概率为

$$\begin{aligned}\alpha&=P(\bar{X}\geqslant 0.465\mid H_0)=P(5\bar{X}\geqslant 5\times 0.465)\\&=1-P(5\bar{X}<2.325)=1-\Phi(2.325)\\&=1-0.990\ 1=0.009\ 9.\end{aligned}$$

当原假设为假时，$\mu=1$，此时 $5(\bar{X}-1)\sim N(0,1)$. 因此犯第二类错误的概率为

$$\begin{aligned}\beta&=P(\bar{X}<0.465\mid H_1)=P(5(\bar{X}-1)<5\times(0.465-1))\\&=\Phi(-2.675)=1-\Phi(2.675)=0.003\ 7.\end{aligned}$$

（2）由正态分布的性质，$\sqrt{n}(\bar{X}-\mu)\sim N(0,1)$.

当原假设为真时，$\mu=0$，此时 $\sqrt{n}\bar{X}\sim N(0,1)$. 由于拒绝域为 $W_1=\{\bar{x}\geqslant 0.465\}$，因此犯第一类错误的概率为

$$P(\overline{X}\geqslant 0.465\,|\,H_0)=P(\sqrt{n}\overline{X}\geqslant\sqrt{n}\times 0.465)=1-P(\sqrt{n}\overline{X}<\sqrt{n}\times 0.465)$$
$$=1-\Phi(\sqrt{n}\times 0.465)\leqslant 0.001.$$

查表得$\sqrt{n}\times 0.465\geqslant 3.01$,解得 $n\geqslant 41.9$,因此样本容量最少取 42.

(3) 由(1)可知,p 值$=0.009\ 9$.

6. 设(X_1,X_2,X_3,X_4)为取自 0-1 分布总体的样本,检验假设

$$H_0:p=0.4\leftrightarrow H_1:p=0.6,$$

拒绝域为 $W_1=\{(x_1,x_2,x_3,x_4):\bar{x}\geqslant 0.7\}$. 求此检验犯两类错误的概率.

解　当原假设为真时,$p=0.4$.

$$\alpha=P(\overline{X}\geqslant 0.7)=P\left(\sum_{i=1}^{4}X_i\geqslant 2.8\right)=P\left(\sum_{i=1}^{4}X_i=3\right)+P\left(\sum_{i=1}^{4}X_i=4\right)$$
$$=\binom{4}{1}\times 0.4^3\times 0.6+0.4^4=0.179\ 2.$$

因此犯第一类错误的概率为 0.179 2.

当原假设为假时,$p=0.6$.

$$\beta=P(\overline{X}<0.7)=1-P(\overline{X}\geqslant 0.7)=1-\binom{4}{1}\times 0.6^3\times 0.4-0.6^4=0.524\ 8.$$

因此犯第二类错误的概率为 0.524 8.

7. 设样本 X(容量为 1)取自具有概率密度 $f(x)$ 的总体,今有关于总体的假设:

$$H_0:X\sim E(1)\leftrightarrow H_1:X\sim E(2),$$

检验的拒绝域为$W_1=\{x:x\geqslant 4\}$,试求该检验犯两类错误的概率.

解　当原假设为真时,$X\sim E(1)$, 其概率密度函数为$f(x)=\mathrm{e}^{-x},x>0$.

$$\alpha=P(X\geqslant 4)=\int_4^{+\infty}\mathrm{e}^{-x}\mathrm{d}x=\mathrm{e}^{-4}=0.018\ 3.$$

因此犯第一类错误的概率为 0.018 3.

当原假设为假时,$X\sim E(2)$, 其概率密度函数为 $f(x)=2\mathrm{e}^{-2x},x>0$.

$$\beta=P(X<4)=\int_0^4 2\mathrm{e}^{-2x}\mathrm{d}x=1-\mathrm{e}^{-8}=0.999\ 7.$$

因此犯第二类错误的概率为 0.999 7.

§8.2　正态总体均值和方差的假设检验

一、内容概要

设$X_1,X_2,\cdots,X_n$是取自正态总体 $X\sim N(\mu,\sigma^2)$的样本,显著性水平为 α,样本均值 $\overline{X}=\dfrac{1}{n}\sum\limits_{i=1}^{n}X_i$,样本方差$S^2=\dfrac{1}{n-1}\sum\limits_{i=1}^{n}(X_i-\overline{X})^2$,则均值 μ 和方差σ^2的假设检验问题及拒绝

域可整理如下表 8.2 和表 8.3 所示.

表 8.2　单正态总体下均值 μ 的假设检验汇总

<table>
<tr><th colspan="2">检验参数</th><th>原假设与备择假设</th><th>检验统计量</th><th>拒绝域 W_1</th></tr>
<tr><td rowspan="6">均值 μ</td><td rowspan="3">σ^2 已知</td><td>$H_0:\mu=\mu_0 \leftrightarrow$
$H_1:\mu\neq\mu_0$</td><td rowspan="3">当 $\mu=\mu_0$ 时，
$Z=\dfrac{\sqrt{n}(\overline{X}-\mu_0)}{\sigma}\sim N(0,1)$</td><td>$\left|\dfrac{\sqrt{n}(\overline{x}-\mu_0)}{\sigma}\right|\geqslant u_{1-\frac{\alpha}{2}}$</td></tr>
<tr><td>$H_0:\mu\leqslant\mu_0 \leftrightarrow$
$H_1:\mu>\mu_0$</td><td>$\dfrac{\sqrt{n}(\overline{x}-\mu_0)}{\sigma}\geqslant u_{1-\alpha}$</td></tr>
<tr><td>$H_0:\mu\geqslant\mu_0 \leftrightarrow$
$H_1:\mu<\mu_0$</td><td>$\dfrac{\sqrt{n}(\overline{x}-\mu_0)}{\sigma}\leqslant -u_{1-\alpha}$</td></tr>
<tr><td rowspan="3">σ^2 未知</td><td>$H_0:\mu=\mu_0 \leftrightarrow$
$H_1:\mu\neq\mu_0$</td><td rowspan="3">当 $\mu=\mu_0$ 时，
$T=\dfrac{\sqrt{n}(\overline{X}-\mu_0)}{S}\sim t(n-1)$</td><td>$\left|\dfrac{\sqrt{n}(\overline{x}-\mu_0)}{s}\right|\geqslant t_{1-\frac{\alpha}{2}}(n-1)$</td></tr>
<tr><td>$H_0:\mu\leqslant\mu_0 \leftrightarrow$
$H_1:\mu>\mu_0$</td><td>$\dfrac{\sqrt{n}(\overline{x}-\mu_0)}{s}\geqslant t_{1-\alpha}(n-1)$</td></tr>
<tr><td>$H_0:\mu\geqslant\mu_0 \leftrightarrow$
$H_1:\mu<\mu_0$</td><td>$\dfrac{\sqrt{n}(\overline{x}-\mu_0)}{s}\leqslant -t_{1-\alpha}(n-1)$</td></tr>
</table>

表 8.3　单正态总体下方差 σ^2 的假设检验汇总

<table>
<tr><th colspan="2">检验参数</th><th>原假设与备择假设</th><th>检验统计量</th><th>拒绝域 W_1</th></tr>
<tr><td rowspan="6">方差 σ^2</td><td rowspan="3">μ 已知</td><td>$H_0:\sigma^2=\sigma_0^2 \leftrightarrow$
$H_1:\sigma^2\neq\sigma_0^2$</td><td rowspan="3">当 $\sigma^2=\sigma_0^2$ 时，
$\chi^2=\dfrac{\sum\limits_{i=1}^{n}(X_i-\mu)^2}{\sigma_0^2}$
$\sim\chi^2(n)$</td><td>$\dfrac{\sum\limits_{i=1}^{n}(x_i-\mu)^2}{\sigma_0^2}\leqslant\chi^2_{\frac{\alpha}{2}}(n)$ 或
$\dfrac{\sum\limits_{i=1}^{n}(x_i-\mu)^2}{\sigma_0^2}\geqslant\chi^2_{1-\frac{\alpha}{2}}(n)$</td></tr>
<tr><td>$H_0:\sigma^2\leqslant\sigma_0^2 \leftrightarrow$
$H_1:\sigma^2>\sigma_0^2$</td><td>$\dfrac{\sum\limits_{i=1}^{n}(x_i-\mu)^2}{\sigma_0^2}\geqslant\chi^2_{1-\alpha}(n)$</td></tr>
<tr><td>$H_0:\sigma^2\geqslant\sigma_0^2 \leftrightarrow$
$H_1:\sigma^2<\sigma_0^2$</td><td>$\dfrac{\sum\limits_{i=1}^{n}(x_i-\mu)^2}{\sigma_0^2}\leqslant\chi^2_{\alpha}(n)$</td></tr>
<tr><td rowspan="3">μ 未知</td><td>$H_0:\sigma^2=\sigma_0^2 \leftrightarrow$
$H_1:\sigma^2\neq\sigma_0^2$</td><td rowspan="3">当 $\sigma^2=\sigma_0^2$ 时，
$\chi^2=\dfrac{\sum\limits_{i=1}^{n}(X_i-\overline{X})^2}{\sigma_0^2}$
$\sim\chi^2(n-1)$</td><td>$\dfrac{\sum\limits_{i=1}^{n}(x_i-\overline{x})^2}{\sigma_0^2}\leqslant\chi^2_{\frac{\alpha}{2}}(n-1)$ 或
$\dfrac{\sum\limits_{i=1}^{n}(x_i-\overline{x})^2}{\sigma_0^2}\geqslant\chi^2_{1-\frac{\alpha}{2}}(n-1)$</td></tr>
<tr><td>$H_0:\sigma^2\leqslant\sigma_0^2 \leftrightarrow$
$H_1:\sigma^2>\sigma_0^2$</td><td>$\dfrac{\sum\limits_{i=1}^{n}(x_i-\overline{x})^2}{\sigma_0^2}\geqslant\chi^2_{1-\alpha}(n-1)$</td></tr>
<tr><td>$H_0:\sigma^2\geqslant\sigma_0^2 \leftrightarrow$
$H_1:\sigma^2<\sigma_0^2$</td><td>$\dfrac{\sum\limits_{i=1}^{n}(x_i-\overline{x})^2}{\sigma_0^2}\leqslant\chi^2_{\alpha}(n-1)$</td></tr>
</table>

二、习题全解

1. 在正态总体 $N(\mu,\sigma^2)$ 中抽取了 16 个样品，计算得$\overline{x}=5$.

(1) 当$\sigma^2=1$ 时，试检验假设$H_0:\mu=5.5\leftrightarrow H_1:\mu<5.5$（取显著性水平 $\alpha=0.01$）；

(2) 当$s^2=1$ 时，试检验假设$H_0:\mu=5.5\leftrightarrow H_1:\mu<5.5$（取显著性水平 $\alpha=0.01$）；

(3) 计算(1)中的检验在$\mu=5$ 时犯第二类错误的概率.

解 (1) 构造检验统计量

$$Z=\frac{\overline{X}-\mu_0}{\sigma/\sqrt{n}},$$

拒绝域为

$$W_1=\{z\leqslant u_{0.01}\}=\{z\leqslant -2.33\}.$$

由题意可知$\overline{x}=5,\mu_0=5.5,\sigma=1,n=16$. 此时统计量的观测值 $z_0=-2>-2.33$. 因此不能拒绝原假设.

(2) 构造检验统计量

$$T=\frac{\overline{X}-\mu_0}{S/\sqrt{n}},$$

拒绝域为

$$W_1=\{t\leqslant t_{0.01}(15)\}=\{t\leqslant -2.602\ 5\}.$$

由题意可知$\overline{x}=5,\mu_0=5.5,s=1,n=16$. 此时统计量的观测值$t_0=-2>-2.602\ 5$. 因此不能拒绝原假设.

(3) 在(2)中，$W_1=\{t\leqslant t_{0.01}(15)\}=\{t\leqslant -2.602\ 5\}=\{\overline{x}\leqslant 4.849\ 4\}$.

当 $\mu=5$ 时，

$$P(\overline{X}\geqslant 4.849\ 4)=1-P(\overline{X}<4.849\ 4)=1-\Phi(4.849\ 4-5)=0.559\ 6.$$

所以犯第二类错误的概率为 0.559 6.

2. 某新能源汽车厂声称，该厂的新能源车在一定的操作和一定的环境条件下续航里程可达 600 km，假定续航里程服从正态分布，现随机跟踪了 16 辆新车的续航里程，其平均续航里程为 549 km，标准差为 14 km.试检验该厂商的声称是否合理（显著性水平 $\alpha=0.05$）.

解 记续航里程为μ，由题意考虑以下假设检验

$$H_0:\mu=600\leftrightarrow H_1:\mu<600.$$

构造检验统计量

$$T=\frac{\overline{X}-\mu_0}{S/\sqrt{n}},$$

拒绝域为

$$W_1=\{t\leqslant t_{0.05}(15)\}=\{t\leqslant -1.7531\}.$$

由题意可知$\bar{x}=549,\mu_0=600,s=14,n=16$. 此时统计量的观测值$t_0=-14.57<-1.7531$. 因此拒绝原假设,即该厂商的声称不合理.

3. 设参加概率论与数理统计课程考试的考生成绩服从分布 $N(\mu,100)$(单位:分),从中随机抽取 100 位考生的成绩,算出 $\bar{x}=78$(分),问在显著性水平 $\alpha=0.05$ 下可否认为考生的平均成绩 $\mu=80$?

解 由题意考虑以下假设检验

$$H_0:\mu=80\leftrightarrow H_1:\mu\neq 80.$$

构造检验统计量

$$Z=\frac{\bar{X}-\mu_0}{\sigma/\sqrt{n}}.$$

拒绝域为

$$W_1=\{|z|\geqslant u_{0.975}\}=\{|z|\geqslant 1.96\}.$$

由题意可知$\bar{x}=78,\mu_0=80,\sigma=10,n=100$. 此时统计量的观测值$z_0=-2$. 即$|z_0|>1.96$. 因此拒绝原假设,即在显著性水平 $\alpha=0.05$ 下不能认为考生的平均成绩 $\mu=80$.

4. 自从开通了地铁 10 号线以后,沿线周边的居民改用绿色出行替代私家车出行,大大缓解了交通拥堵程度,原来经过沿线某路段平均需要 10 min,现随机采集了 64 辆经过该路段的车辆的驶入和驶出时间,测得平均经过时长为 6 min,标准差为 2 min,能否认为地铁确实缓解了交通拥堵程度?(取显著性水平 $\alpha=0.05$)

解 记经过沿线某路段平均时间为 μ,由题意考虑以下假设检验

$$H_0:\mu=10\leftrightarrow H_1:\mu<10.$$

构造检验统计量

$$T=\frac{\bar{X}-\mu_0}{S/\sqrt{n}}.$$

拒绝域为

$$W_1=\{t\leqslant t_{0.05}(63)\}=\{t\leqslant -1.669\}.$$

由题意可知$\bar{x}=6,\mu_0=10,s=2,n=64$. 此时统计量的观测值$t_0=-16<-1.669$. 因此拒绝原假设,即可以认为地铁确实缓解了交通拥堵程度.

5. 某企业想了解员工们上下班往返花在路途上的平均时间是否超过 2 h,抽样测得 100 个员工的平均时间为 138 min,标准差为 20 min.试问能否认为每天通勤时间超过 2 h?(取显著性水平 $\alpha=0.05$)

解 记员工上下班花在路途上的时间为 μ,由题意考虑以下假设检验

$$H_0:\mu\leqslant 120\leftrightarrow H_1:\mu>120.$$

构造检验统计量

$$T=\frac{\overline{X}-\mu_0}{S/\sqrt{n}},$$

拒绝域为

$$W_1=\{t\geqslant t_{0.95}(99)\}=\{t\geqslant 1.66\}.$$

由题意可知$\overline{x}=138,\mu_0=120,s=20,n=100$. 此时统计量的观测值$t_0=9>1.66$. 因此拒绝原假设,即可以认为每天通勤时间超过 2 h.

§8.3　双正态总体均值差和方差比的假设检验

一、内容概要

设$X_1,X_2,\cdots,X_m$为取自总体$N(\mu_1,\sigma_1^2)$的样本,$Y_1,Y_2,\cdots,Y_n$为取自总体$N(\mu_2,\sigma_2^2)$的样本,且$X_1,X_2,\cdots,X_m$与$Y_1,Y_2,\cdots,Y_n$相互独立.显著性水平为α,记$\overline{X}=\frac{1}{m}\sum_{i=1}^{m}X_i$, $\overline{Y}=\frac{1}{n}\sum_{i=1}^{n}Y_i$, $S_X^2=\frac{1}{m-1}\sum_{i=1}^{m}(X_i-\overline{X})^2$, $S_Y^2=\frac{1}{n-1}\sum_{i=1}^{n}(Y_i-\overline{Y})^2$, $S_w^2=\frac{1}{m+n-2}\left[\sum_{i=1}^{m}(X_i-\overline{X})^2+\sum_{i=1}^{n}(Y_i-\overline{Y})^2\right]=\frac{1}{m+n-2}[(m-1)S_X^2+(n-1)S_Y^2]$.则均值差$\mu_1-\mu_2$和方差比$\frac{\sigma_1^2}{\sigma_2^2}$的假设检验问题及拒绝域可整理如表 8.4 和表 8.5 所示.

表 8.4　双正态总体下均值差 $\mu_1-\mu_2$的假设检验汇总

检验参数		原假设与备择假设	检验统计量	拒绝域W_1
均值差$\mu_1-\mu_2$	σ_1^2,σ_2^2已知	$H_0:\mu_1-\mu_2=0\leftrightarrow H_1:\mu_1-\mu_2\neq 0$	当$\mu_1=\mu_2$时, $Z=\dfrac{\overline{X}-\overline{Y}}{\sqrt{\dfrac{\sigma_1^2}{m}+\dfrac{\sigma_2^2}{n}}}\sim N(0,1)$	$\dfrac{\lvert\overline{x}-\overline{y}\rvert}{\sqrt{\dfrac{\sigma_1^2}{m}+\dfrac{\sigma_2^2}{n}}}\geqslant u_{1-\frac{\alpha}{2}}$
		$H_0:\mu_1-\mu_2\leqslant 0\leftrightarrow H_1:\mu_1-\mu_2>0$		$\dfrac{\overline{x}-\overline{y}}{\sqrt{\dfrac{\sigma_1^2}{m}+\dfrac{\sigma_2^2}{n}}}\geqslant u_{1-\alpha}$
		$H_0:\mu_1-\mu_2\geqslant 0\leftrightarrow H_1:\mu_1-\mu_2<0$		$\dfrac{\overline{x}-\overline{y}}{\sqrt{\dfrac{\sigma_1^2}{m}+\dfrac{\sigma_2^2}{n}}}\leqslant -u_{1-\alpha}$

续表

检验参数		原假设与备择假设	检验统计量	拒绝域 W_1
均值差 $\mu_1-\mu_2$	$\sigma_1^2=\sigma_2^2=\sigma^2$ 未知	$H_0:\mu_1-\mu_2=0\leftrightarrow$ $H_1:\mu_1-\mu_2\neq 0$	当 $\mu_1=\mu_2$ 时，$T=\dfrac{\overline{X}-\overline{Y}}{S_w\sqrt{\dfrac{1}{m}+\dfrac{1}{n}}}\sim t(m+n-2)$	$\dfrac{\lvert\overline{x}-\overline{y}\rvert}{s_w\sqrt{\dfrac{1}{m}+\dfrac{1}{n}}}\geqslant t_{1-\frac{\alpha}{2}}(m+n-2)$
		$H_0:\mu_1-\mu_2\leqslant 0\leftrightarrow$ $H_1:\mu_1-\mu_2>0$		$\dfrac{\overline{x}-\overline{y}}{s_w\sqrt{\dfrac{1}{m}+\dfrac{1}{n}}}\geqslant t_{1-\alpha}(m+n-2)$
		$H_0:\mu_1-\mu_2\geqslant 0\leftrightarrow$ $H_1:\mu_1-\mu_2<0$		$\dfrac{\overline{x}-\overline{y}}{s_w\sqrt{\dfrac{1}{m}+\dfrac{1}{n}}}\leqslant -t_{1-\alpha}(m+n-2)$

表 8.5　双正态总体下方差比 $\dfrac{\sigma_1^2}{\sigma_2^2}$ 的假设检验汇总

检验参数		原假设与备择假设	检验统计量	拒绝域 W_1
方差比 $\dfrac{\sigma_1^2}{\sigma_2^2}$	μ_1,μ_2 已知	$H_0:\dfrac{\sigma_1^2}{\sigma_2^2}=1\leftrightarrow$ $H_1:\dfrac{\sigma_1^2}{\sigma_2^2}\neq 1$	当 $\sigma_1^2=\sigma_2^2$ 时，$F=\dfrac{\dfrac{\sum\limits_{i=1}^{m}(X_i-\mu_1)^2}{m}}{\dfrac{\sum\limits_{i=1}^{n}(Y_i-\mu_2)^2}{n}}\sim F(m,n)$	$\dfrac{\dfrac{\sum\limits_{i=1}^{m}(x_i-\mu_1)^2}{m}}{\dfrac{\sum\limits_{i=1}^{n}(y_i-\mu_2)^2}{n}}\geqslant F_{1-\frac{\alpha}{2}}(m,n)$ 或 $\dfrac{\dfrac{\sum\limits_{i=1}^{m}(x_i-\mu_1)^2}{m}}{\dfrac{\sum\limits_{i=1}^{n}(y_i-\mu_2)^2}{n}}\leqslant F_{\frac{\alpha}{2}}(m,n)$
		$H_0:\dfrac{\sigma_1^2}{\sigma_2^2}\leqslant 1\leftrightarrow$ $H_1:\dfrac{\sigma_1^2}{\sigma_2^2}>1$		$\dfrac{\dfrac{\sum\limits_{i=1}^{m}(x_i-\mu_1)^2}{m}}{\dfrac{\sum\limits_{i=1}^{n}(y_i-\mu_2)^2}{n}}\geqslant F_{1-\alpha}(m,n)$
		$H_0:\dfrac{\sigma_1^2}{\sigma_2^2}\geqslant 1\leftrightarrow$ $H_1:\dfrac{\sigma_1^2}{\sigma_2^2}<1$		$\dfrac{\dfrac{\sum\limits_{i=1}^{m}(x_i-\mu_1)^2}{m}}{\dfrac{\sum\limits_{i=1}^{n}(y_i-\mu_2)^2}{n}}\leqslant F_{\alpha}(m,n)$

续表

<table>
<tr><th colspan="2">检验参数</th><th>原假设与备择假设</th><th>检验统计量</th><th>拒绝域W_1</th></tr>
<tr><td rowspan="3">方差比$\dfrac{\sigma_1^2}{\sigma_2^2}$</td><td rowspan="3">$\mu_1,\mu_2$未知</td><td>$H_0:\dfrac{\sigma_1^2}{\sigma_2^2}=1\leftrightarrow$ $H_1:\dfrac{\sigma_1^2}{\sigma_2^2}\neq 1$</td><td rowspan="3">当$\sigma_1^2=\sigma_2^2$时，$F=\dfrac{\dfrac{\sum\limits_{i=1}^{m}(X_i-\overline{X})^2}{m-1}}{\dfrac{\sum\limits_{i=1}^{n}(Y_i-\overline{Y})^2}{n-1}}=\dfrac{S_X^2}{S_Y^2}\sim F(m-1,n-1)$</td><td>$\dfrac{s_X^2}{s_Y^2}\geqslant F_{1-\frac{\alpha}{2}}(m-1,n-1)$或$\dfrac{s_X^2}{s_Y^2}\leqslant F_{\frac{\alpha}{2}}(m-1,n-1)$</td></tr>
<tr><td>$H_0:\dfrac{\sigma_1^2}{\sigma_2^2}\leqslant 1\leftrightarrow$ $H_1:\dfrac{\sigma_1^2}{\sigma_2^2}>1$</td><td>$\dfrac{s_X^2}{s_Y^2}\geqslant F_{1-\alpha}(m-1,n-1)$</td></tr>
<tr><td>$H_0:\dfrac{\sigma_1^2}{\sigma_2^2}\geqslant 1\leftrightarrow$ $H_1:\dfrac{\sigma_1^2}{\sigma_2^2}<1$</td><td>$\dfrac{s_X^2}{s_Y^2}\leqslant F_{\alpha}(m-1,n-1)$</td></tr>
</table>

二、习题全解

1. 在漂白工艺中要考察温度对某种针织品的断裂强力的影响，在 70 ℃ 和 80 ℃ 下分别做了 6 次试验，测得断裂强力数据（单位：kg）如下：

70 ℃：　34　35　39　32　33　34；

80 ℃：　29　27　32　33　28　31.

设 70 ℃ 和 80 ℃ 下的针织品断裂强力分别服从正态分布 $N(\mu_1,\sigma^2)$ 和 $N(\mu_2,\sigma^2)$. 试问在这两种温度下的断裂强力有无显著差异？（显著性水平 $\alpha=0.05$）

解　由题意考虑以下假设检验

$$H_0:\mu_1=\mu_2\leftrightarrow H_1:\mu_1\neq\mu_2.$$

构造检验统计量

$$T=\frac{\dfrac{\overline{X}_1-\overline{X}_2}{\sqrt{\dfrac{1}{n_1}+\dfrac{1}{n_2}}}}{\sqrt{\dfrac{(n_1-1)S_1^2+(n_2-1)S_2^2}{n_1+n_2-2}}}\sim t(n_1+n_2-2).$$

拒绝域为

$$W_1=\{|t|\geqslant t_{0.975}(10)\}=\{|t|\geqslant 2.228\ 1\}.$$

由题意计算可知$\overline{x}_1=34.5,\overline{x}_2=30,s_1^2=5.9,s_2^2=5.6,n_1=n_2=6$. 此时统计量的观测值$t_0=$

$$\frac{\dfrac{34.5-30}{\sqrt{\dfrac{1}{6}+\dfrac{1}{6}}}}{\sqrt{\dfrac{5\times5.9+5\times5.6}{6+6-2}}}=3.250\ 4>2.228\ 1.$$ 因此拒绝原假设,即在这两种温度下的断裂强力有显著差异.

2. 为比较两种品牌电池质量,两种品牌电池各买 10 个,测得电压(单位:V)如下:

a 品牌:1.5, 1.45, 1.49, 1.44, 1.5, 1.45, 1.46, 1.42, 1.51, 1.48;

b 品牌:1.49, 1.37, 1.47, 1.38, 1.48, 1.48, 1.38, 1.27, 1.48, 1.47.

能否认为这两种品牌电池电压的方差没有差异(显著性水平 $\alpha=0.05$)?

解　记两种品牌电池电压的方差分别为 σ_1^2和 σ_2^2.由题意考虑以下假设检验

$$H_0:\sigma_1^2=\sigma_2^2\leftrightarrow H_1:\sigma_1^2\neq\sigma_2^2.$$

构造检验统计量

$$F=\frac{S_1^2}{S_2^2}.$$

当 $\alpha=0.05$ 时,拒绝域为

$$\begin{aligned}W_1&=\{F\leqslant F_{0.025}(n_1-1,n_2-1),F\geqslant F_{0.975}(n_1-1,n_2-1)\}\\&=\{F\leqslant0.25,F\geqslant4.03\}.\end{aligned}$$

由题意计算可知$s_1^2=0.000\ 9$,$s_2^2=0.005\ 4$. 此时统计量的观测值$F_0=\dfrac{0.000\ 9}{0.005\ 4}=0.166\ 7<0.25$. 因此拒绝原假设,即在 $\alpha=0.05$ 的显著性水平下,认为这两种品牌电池电压的方差有差异.

3. 甲乙两家不同的公司生产同一种汽车零配件,假设零件的直径(单位:mm)服从正态分布,分别从这两公司的成品仓库随机地抽取 8 个和 10 个产品,测得它们的直径分别为:

甲公司:19.5, 19.8, 20.6, 20.1, 19.9, 20.3, 20.5, 20.0;

乙公司:19.9, 19.9, 19.9, 19.8, 20.4, 19.9, 20.2, 19.6, 20.1, 20.4.

请问这两家公司生产的汽车零配件直径是否有明显差异?

解　由于 σ_1,σ_2 未知,因此首先考虑如下假设检验:

$$H_0:\sigma_1^2=\sigma_2^2\leftrightarrow H_1:\sigma_1^2\neq\sigma_2^2.$$

构造检验统计量

$$F=\frac{S_1^2}{S_2^2}.$$

当 $\alpha=0.1$ 时,$n_1=8$,$n_2=10$,拒绝域为

$$\begin{aligned}W_1&=\{F\leqslant F_{0.05}(n_1-1,n_2-1),F\geqslant F_{0.95}(n_1-1,n_2-1)\}\\&=\{F\leqslant 0.30,F\geqslant 3.68\}.\end{aligned}$$

由题意计算可知 $s_1^2=0.135\ 5,s_2^2=0.067\ 7$,此时统计量的观测值 $F_0=\dfrac{0.135\ 5}{0.067\ 7}=2.00$. 因此不拒绝原假设,即在 $\alpha=0.1$ 的显著性水平下,认为这两种零件直径的方差无差异.

不妨假设 $\sigma_1^2=\sigma_2^2=\sigma^2$ 未知,考虑如下假设检验:

$$H_0:\mu_1=\mu_2\leftrightarrow H_1:\mu_1\neq\mu_2.$$

构造检验统计量

$$T=\frac{\dfrac{\overline{X}_1-\overline{X}_2}{\sqrt{\dfrac{1}{n_1}+\dfrac{1}{n_2}}}}{\sqrt{\dfrac{(n_1-1)S_1^2+(n_2-1)S_2^2}{n_1+n_2-2}}}\sim t(n_1+n_2-2).$$

由题意计算可知 $\overline{x}_1=20.087\ 5,\overline{x}_2=20.01,s_1^2=0.135\ 5,s_2^2=0.067\ 7,n_1=8,n_2=10$. 当 $\alpha=0.05$ 时,拒绝域为

$$W_1=\{|t|\geqslant t_{0.975}(16)\}=\{|t|\geqslant 2.119\ 9\}.$$

此时统计量的观测值 $t_0=0.065\ 5<2.119\ 9$,因此不能拒绝原假设,即这两家公司生产的汽车零配件直径没有明显差异.

4. 设随机变量 X 与 Y 相互独立,都服从正态分布,分别为 $N(\mu_1,\sigma_1^2),N(\mu_2,\sigma_2^2)$,$\mu_1,\mu_2,\sigma_1^2,\sigma_2^2$都未知,现有样本观测值$(x_1,x_2,\cdots,x_{16})$和$(y_1,y_2,\cdots,y_{10})$,由数据算得:$\sum\limits_{i=1}^{16}x_i=84,\sum\limits_{i=1}^{10}y_i=18,\ \sum\limits_{i=1}^{16}x_i^2=563,\sum\limits_{i=1}^{10}y_i^2=72$,在显著性水平 $\alpha=0.05$ 下,检验$H_0:\sigma_1^2\leqslant\sigma_2^2\leftrightarrow H_1:\sigma_1^2>\sigma_2^2$.

解 构造检验统计量

$$F=\frac{S_1^2}{S_2^2}.$$

拒绝域为

$$W_1=\{F\geqslant F_{1-\alpha}(n_1-1,n_2-1)\}=\{F\geqslant F_{0.95}(15,9)\}=\{F\geqslant 3.01\}.$$

由题意计算可知$s_1^2=\dfrac{1}{15}\sum\limits_{i=1}^{16}(x_i-\overline{x})^2=\dfrac{1}{15}\left(\sum\limits_{i=1}^{16}x_i^2-16\ \overline{x}^2\right)=8.13,s_2^2=\dfrac{1}{9}\left(\sum\limits_{i=1}^{10}y_i^2-10\ \overline{y}^2\right)=4.4$. 此时统计量的观测值$F_0=1.85<3.01$. 因此不能拒绝原假设.

§8.4　总体比率的假设检验

一、内容概要

设$X_1, X_2, \cdots, X_n$是取自总体 $X \sim B(1,p)$ 的一个样本，p 未知，

（1）双侧检验问题$H_0: p=p_0 \leftrightarrow H_1: p \neq p_0$，$p$ 值 $= 2\min\left\{P\left(\sum_{i=1}^{n} X_i > \sum_{i=1}^{n} x_i\right), P\left(\sum_{i=1}^{n} X_i < \sum_{i=1}^{n} x_i\right)\right\}$；

（2）单侧（右侧）检验问题$H_0: p=p_0 \leftrightarrow H_1: p>p_0$，$p$ 值 $=P\left(\sum_{i=1}^{n} X_i > \sum_{i=1}^{n} x_i\right)$；

（3）单侧（左侧）检验问题$H_0: p \geqslant p_0 \leftrightarrow H_1: p<p_0$，$p$ 值 $=P\left(\sum_{i=1}^{n} X_i < \sum_{i=1}^{n} x_i\right)$.

若 p 值$\leqslant \alpha$，则拒绝原假设.

二、习题全解

1. 为了研究大货车司机在驾驶车辆过程中疲劳驾驶的频率，在全国范围内随机选取了 1 165 个司机作为样本，通过在驾驶室安装的检测装置发现，其中有 35 位驾驶员在驾驶过程中出现疲劳驾驶情况，用 p 值法检验司机疲劳驾驶的真实比率 p 是否等于 0.02.（显著性水平 α 取 0.05）

解　由题意考虑以下假设检验

$$H_0: p=0.02 \leftrightarrow H_1: p \neq 0.02.$$

由于 $n=1\ 165$，本题为大样本情况.构造检验统计量

$$Z=\frac{\sqrt{n}(\bar{X}-p_0)}{\sqrt{p_0(1-p_0)}},$$

由题意计算可知 $\bar{x}=\frac{35}{1\ 165}=0.03$. 统计量的观测值 $z_0=\frac{\sqrt{1\ 165}(0.03-0.02)}{\sqrt{0.02\times 0.98}}=2.438\ 0$. 因此 p 值 $=P(|z| \geqslant z_0)=2-2\Phi(2.438\ 0)=0.014\ 6$. p 值$<\alpha$. 因此拒绝原假设，即司机疲劳驾驶的真实比率 p 不等于 0.02.

2. 公司生产的产品合格率一直保持在 95%，近期对该厂生产的该类产品抽查 10 件，发现有 8 件合格品，能否认为这批产品的合格率也保持在 95%以上？（显著性水平 α 取 0.05）

解　记 X 为合格品的个数，本题为小样本情况.由题意考虑以下假设检验

$$H_0: p=0.95 \leftrightarrow H_1: p<0.95,$$

拒绝域为

$$W_1=\{X \leqslant c_1\},$$

其中 c_1 为满足 $\sum_{i=0}^{c_1} p_0^i(1-p_0)^{10-i} \leqslant \alpha$ 的最大整数.又因为

$$P(X \leqslant 7)=0.012<0.05<P(X \leqslant 8)=0.086,$$

所以 $c_1=7$. 因此拒绝域为 $W=\{X \leqslant 7\}$. 因为发现 8 件合格品，所以不拒绝原假设，可以认为这批产品的合格率保持在 95%.

3. 某家电企业生产了一种新型扫地机器人，厂家声称市场上已有 10%以上的家庭正在使用这一产品.市场抽样调查人员在消费者群体中随机抽选了一个由 300 个家庭组成的随机样本，发现有 20 个家庭使用这一产品.这些数据是否为证实厂家的说法提供了依据？（显著性水平 α 取 0.05）

解　由题意考虑以下假设检验

$$H_0: p \geqslant 0.1 \leftrightarrow H_1: p<0.1.$$

由于 $n=300$，本题为大样本情况.构造检验统计量

$$Z=\frac{\sqrt{n}(\bar{X}-p_0)}{\sqrt{p_0(1-p_0)}},$$

拒绝域为

$$W_1=\{z \leqslant u_{0.05}\}=\{z \leqslant -1.645\}.$$

由题意计算可知 $\bar{x}=\frac{20}{300}=0.067$. 统计量的观测值 $z_0=\frac{\sqrt{300}(0.067-0.1)}{\sqrt{0.1 \times 0.9}}=-1.905\ 3<-1.645$. 因此拒绝原假设，即不能认为已有 10%以上的家庭正在使用这一产品.

4. 据往年情况总结，一大型社区里仅有 20%的人会选择就地过年，腊月到来，社区服务中心需要规划组织春节期间的货源.为了解今年春节就地过年的比率，社区工作人员随机在社区里了解了 100 人的计划，其中有 30 人选择就地过年，请问，能否建议社区服务中心仍然按照往年一样组织货源？（显著性水平 α 取 0.05）

解　由题意考虑以下假设检验

$$H_0: p=0.2 \leftrightarrow H_1: p \neq 0.2.$$

由于 $n=100$，本题为大样本情况.构造检验统计量

$$Z=\frac{\sqrt{n}(\bar{X}-p_0)}{\sqrt{p_0(1-p_0)}},$$

拒绝域为

$$W_1=\{|z|\geqslant u_{0.975}\}=\{|z|\geqslant 1.96\}.$$

由题意计算可知 $\bar{x}=\dfrac{30}{100}=0.3$. 统计量的观测值 $z_0=\dfrac{\sqrt{100}(0.3-0.2)}{\sqrt{0.2\times0.8}}=2.5>1.96$. 因此拒绝原假设,即不建议社区服务中心仍然按照往年一样组织货源.

§8.5　双总体比率差的假设检验

一、内容概要

设$X_1,X_2,\cdots,X_m$是取自总体 $X\sim B(1,p_1)$ 的样本,$Y_1,Y_2,\cdots,Y_n$是取自总体 $Y\sim B(1,p_2)$的样本,p_1和p_2都未知,$(X_1,X_2,\cdots,X_m)$与$(Y_1,Y_2,\cdots,Y_n)$相互独立.

(1) 双侧检验问题$H_0:p_1=p_2\leftrightarrow H_1:p_1\neq p_2$,拒绝域为

$$W_1=\left\{(x_1,x_2,\cdots,x_m,y_1,y_2,\cdots,y_n):\frac{|\bar{x}-\bar{y}|}{\sqrt{\dfrac{\hat{p}(1-\hat{p})}{m}+\dfrac{\hat{p}(1-\hat{p})}{n}}}\geqslant u_{1-\alpha/2}\right\},\text{其中}\hat{p}=\frac{m\bar{x}+n\bar{y}}{m+n}.$$

(2) 单侧(右侧)检验$H_0:p_1=p_2\leftrightarrow H_1:p_1>p_2$,拒绝域为

$$W_1=\left\{(x_1,x_2,\cdots,x_m,y_1,y_2,\cdots,y_n):\frac{\bar{x}-\bar{y}}{\sqrt{\dfrac{\hat{p}(1-\hat{p})}{m}+\dfrac{\hat{p}(1-\hat{p})}{n}}}\geqslant u_{1-\alpha}\right\};$$

(3) 单侧(左侧)检验$H_0:p_1\geqslant p_2\leftrightarrow H_1:p_1<p_2$,拒绝域为

$$W_1=\left\{(x_1,x_2,\cdots,x_m,y_1,y_2,\cdots,y_n):\frac{\bar{x}-\bar{y}}{\sqrt{\dfrac{\hat{p}(1-\hat{p})}{m}+\dfrac{\hat{p}(1-\hat{p})}{n}}}\leqslant -u_{1-\alpha}\right\}.$$

二、习题全解

1. 研究人员对两种治疗疼痛的药物疗效做了比较研究,他们随机地选取了一部分患有偏头痛的人,然后把这些人随机地划分成两个组. 120 人服用 A 药物,结果有 80 人表示疼痛感明显减轻了.80 人服用了 B 药物,有 60 人报告疼痛感有所缓解,请问两种药物的疗效有差异吗?(显著性水平 α 取 0.05)

解　由题意考虑以下假设检验

$$H_0:p_1=p_2\leftrightarrow H_1:p_1\neq p_2.$$

构造检验统计量

$$Z=\frac{\overline{X}_1-\overline{X}_2}{\sqrt{\hat{p}(1-\hat{p})\left(\frac{1}{n_1}+\frac{1}{n_2}\right)}}.$$

拒绝域为

$$W_1=\{\,|z|\geqslant u_{0.975}\}=\{\,|z|\geqslant 1.96\},$$

其中$n_1=120,n_2=80,\overline{x}_1=\frac{80}{120}=0.667,\overline{x}_2=\frac{60}{80}=0.75,\hat{p}=\frac{\overline{x}_1n_1+\overline{x}_2n_2}{n_1+n_2}=0.7$.因此统计量的观测值为 $z_0=\frac{0.667-0.75}{\sqrt{0.7(1-0.7)\left(\frac{1}{120}+\frac{1}{80}\right)}}=-1.26$. 由于 $|z_0|<1.96$，因此不能拒绝原假设,即两种药物的疗效无差异.

2. 由 200 家大型购物中心的商铺组成的随机样本显示,60%的商铺会采用直播带货模式进行销售,而由同样数量的在线网店商铺组成的随机样本显示,75%的商铺会采用直播带货模式进行销售,试问,两种不同商铺的直播带货比率是否一致?（显著性水平 α 取 0.05）

解　由题意考虑以下假设检验

$$H_0:p_1=p_2\leftrightarrow H_1:p_1\neq p_2.$$

构造检验统计量

$$Z=\frac{\overline{X}_1-\overline{X}_2}{\sqrt{\hat{p}(1-\hat{p})\left(\frac{1}{n_1}+\frac{1}{n_2}\right)}},$$

拒绝域为

$$W_1=\{\,|z|\geqslant u_{0.975}\}=\{\,|z|\geqslant 1.96\},$$

其中$n_1=n_2=200,\overline{x}_1=0.6,\overline{x}_2=0.75,\hat{p}=\frac{\overline{x}_1n_1+\overline{x}_2n_2}{n_1+n_2}=0.675$.因此统计量的观测值为$z_0=\frac{0.6-0.75}{\sqrt{0.675(1-0.675)\left(\frac{1}{200}+\frac{1}{200}\right)}}=-3.202\ 6$. 由于 $|z_0|>1.96$，因此拒绝原假设,即两种不同商铺的直播带货比率不一致.

3. 一学期共有 1 000 名学生选修概率论与数理统计课程,其中男生 600 名,女生 400 名.某位老师认为该课程的及格率女生要高于男生.为了证实自己的想法,他分别随机抽选了 60 名男生和 40 名女生,发现其中有 55 名男生和 36 名女生通过考试.这些能否说明这位老师的看法正确?(显著性水平 α 取 0.05)

解　记p_1和p_2分别为女生、男生的及格率,由题意考虑以下假设检验

$$H_0: p_1 \geqslant p_2 \leftrightarrow H_1: p_1 < p_2.$$

构造检验统计量

$$Z = \frac{\overline{X}_1 - \overline{X}_2}{\sqrt{\hat{p}(1-\hat{p})\left(\frac{1}{n_1}+\frac{1}{n_2}\right)}},$$

拒绝域为

$$W_1 = \{z \leqslant u_{0.05}\} = \{z \leqslant -1.645\}.$$

其中$n_1 = 400, n_2 = 600, \bar{x}_1 = \frac{36}{40} = 0.9, \bar{x}_2 = \frac{55}{60} = 0.916\ 7, \hat{p} = \frac{\bar{x}_1 n_1 + \bar{x}_2 n_2}{n_1 + n_2} = 0.91$.因此统计量的观测值为$z_0 = \frac{0.9-0.916\ 7}{\sqrt{0.91(1-0.91)\left(\frac{1}{600}+\frac{1}{400}\right)}} = -0.90$. 由于$z_0 > -1.645$, 因此不能拒绝原假设,说明这位老师的看法正确.

§ 8.6　拟合优度检验

一、内容概要

设总体未知的分布函数为 $F(x)$,$F_0(x)$是某类型已知的分布函数(可能含有若干未知参数),检验原假设 $H_0: F(x) = F_0(x)$. 对总体 X 的取值分成两两互不相容的 k 类,记为$A_1, A_2, \cdots, A_k$.设$X_1, X_2, \cdots, X_n$是取自该总体的样本,记N_i分别表示样本值落在A_i类的个数,$i = 1, 2, \cdots, k$.

理论频数　$p_i = P(X \in A_i \mid H_0\text{成立})$,$np_i$为理论频数.

实际频数　样本观测值中落在A_i类的个数记为n_i.

拟合优度检验　H_0成立的假定下,若样本$(X_1, X_2, \cdots, X_n)$的观测值落入拒绝域$W_1 = \left\{ \sum_{i=1}^{k} \frac{(n_i - np_i)^2}{np_i} \geqslant \chi^2_{1-\alpha}(k-r-1) \right\}$内,则拒绝原假设$H_0$,认为总体分布不符合原假设中的表述,其中 k 表示总体分布取值分组的组数,r 表示总体分布中有 r 个未知参数通过样本来估计,若总体分布中没有未知参数,则 $r=0$.

二、习题全解

1. 从十年前的数据来看,大学生春节返乡使用的交通工具中,飞机占 30%,高铁占 45%,私家车占 25%,随着公共交通网络的快速发展,调查学生选择返乡交通工具是否发生了变化,随机对 200 个学生进行调查,其中 93 人选择飞机,88 人选择高铁,19 人选择私家车来接.请问学生对返乡工具的选择是否较十年前发生了变化?(显著性水平 α 取 0.05)

解 由题意考虑以下假设检验

$$H_0:p_1=0.3,p_2=0.45,p_3=0.25.$$

构造检验统计量

$$\chi^2=\sum_{k=1}^{3}\frac{(N_k-np_k)^2}{np_k},$$

拒绝域为

$$W_1=\{\chi^2\geqslant\chi^2_{0.95}(2)\}=\{\chi^2\geqslant 5.99\}.$$

由题意得$n_1=93,n_2=88,n_3=19$.计算统计量的观测值为$\chi^2=\frac{(93-60)^2}{60}+\frac{(88-90)^2}{90}+\frac{(19-50)^2}{50}=37.41>5.99$. 因此拒绝原假设,即学生对返乡工具的选择较十年前发生了变化.

2. 某 24 小时便利店为了探究在午夜 0:00 到凌晨 6:00 消费者进店购物的人流量,采集了若干天的数据,统计结果如表所示.

到店人次	0	1	2	3	4	5	6	≥7
实际天数n_k	7	20	27	17	13	4	7	3

可否认为夜间到店人次服从泊松分布?(显著性水平 α 取 0.05)

解 由题意考虑以下假设检验

$$H_0:F(x)=F_0(x)\leftrightarrow H_1:F(x)\neq F_0(x),$$

其中$F_0(x)$是泊松分布的分布函数,且

$$P(X=x)=\mathrm{e}^{-\lambda}\frac{\lambda^x}{x!},\quad \lambda>0,x=0,1,2,\cdots,$$

λ 的最大似然估计为样本均值$\bar{x}$,其中

$$\bar{x}=\frac{1}{7+20+\cdots+3}(0\times7+1\times20+\cdots+7\times3)=2.65.$$

即$\hat{\lambda}=2.65$,于是

$$P(X=x)=\mathrm{e}^{-2.65}\frac{2.65^x}{x!},\quad x=0,1,2,\cdots.$$

从而得到下表：

到店人次	0	1	2	3	4	5	6	≥7
实际频数n_k	7	20	27	17	13	4	7	3
理论频率p_k	0.070 7	0.187 2	0.248 1	0.219 1	0.145 2	0.076 9	0.034 0	0.018 8
理论频数 np_k	7	18	24	21	14	8	3	2

构造检验统计量并计算其观测值

$$\chi^2=\sum_{k=1}^{8}\frac{(n_k-np_k)^2}{np_k}=9.263\ 9.$$

对于显著性水平 $\alpha=0.05$ 而言，拒绝域为

$$W_1=\{\chi^2\geqslant\chi^2_{0.95}(8-1-1)\}=\{\chi^2\geqslant 12.592\}.$$

因此不能拒绝原假设，即可以认为夜间到店人次服从泊松分布.

3. 某汽车厂商非常注重企业决策的公平性和广泛性.设有主管人员和技术专家组成的 10 人委员会，负责审议并通过每一项待审核的企业建议.每个委员会成员要对一项待审核的新建议做出赞成或反对的投票表决.首席执行官认为这一投票过程服从以 0.25 为赞成比例的二项分布，即每位委员会成员有 25%的可能性对一项待审核的新建议投赞成票，从历史积累的大量记录中抽取了 100 例，其赞成票的频数如下表所示.

赞成票数	0	1	2	3	4	5	≥6
实际案例数n_k	6	24	32	21	14	2	1

可否认为这一委员会的审核程序服从以 0.25 为赞成比例的二项分布？（显著性水平 α 取 0.05）

解　记 X 为赞成的人数，当 $X\sim B(10,0.25)$ 时，$P(X=k)=\binom{10}{k}0.25^k\cdot 0.75^{10-k}$，$k=0,1,2,\cdots,10$. 因此考虑以下假设检验

$$H_0:p_1=P(X=0)=0.056\ 3,\quad p_2=P(X=1)=0.187\ 7,$$
$$p_3=P(X=2)=0.281\ 6,\quad p_4=P(X=3)=0.250\ 3,$$
$$p_5=P(X=4)=0.146\ 0,\quad p_6=P(X=5)=0.058\ 4,$$
$$p_7=P(X\geqslant 6)=1-\sum_{i=0}^{5}P(X=i)=0.019\ 7.$$

从而得到下表：

赞成票数	0	1	2	3	4	5	≥6
实际频数n_k	6	24	32	21	14	2	1
理论频率p_k	0.056 3	0.187 7	0.281 6	0.250 3	0.146 0	0.058 4	0.019 7
理论频数 np_k	6	19	28	25	15	6	2

构造检验统计量并计算其观测值

$$\chi^2=\sum_{k=1}^{7}\frac{(n_k-np_k)^2}{np_k}=5.760\ 6.$$

对于显著性水平 $\alpha=0.05$ 而言,拒绝域为

$$W_1=\{\chi^2\geqslant\chi^2_{0.95}(7-1)\}=\{\chi^2\geqslant 12.592\}.$$

因此不能拒绝原假设,可以认为这一委员会的审核程序服从以 0.25 为赞成比例的二项分布.

4. 任课教师声称概率论与数理统计课程的期中考试成绩服从正态分布,待成绩公布后,瑶瑶同学了解到周边同学们的成绩分布过于分散,她便对成绩是否服从正态分布产生了疑惑.在调查了参加此次考试的 70 名同学的成绩之后,通过整理计算得:$\bar{x}=83,s=10$.成绩分段情况如下表所示:

分段(单位:分)	[90,100]	[80,90)	[70,80)	[60,70)	[0,60)
人数	19	26	15	5	5

可否认为期中考试的成绩服从正态分布?(显著性水平 α 取 0.05)

解 由题意考虑以下假设检验

$$H_0:F(x)=F_0(x)\leftrightarrow H_1:F(x)\neq F_0(x),$$

其中$F_0(x)$是正态分布的分布函数.根据样本均值$\bar{x}=83$ 和样本方差 $s=10$ 计算每个区间的概率为

$$p_1=1-F_0(90)=1-\Phi\left(\frac{90-83}{10}\right)=0.242\ 0,$$

$$p_2=F_0(90)-F_0(80)=\Phi\left(\frac{90-83}{10}\right)-\Phi\left(\frac{80-83}{10}\right)=0.375\ 9,$$

$$p_3=F_0(80)-F_0(70)=\Phi\left(\frac{80-83}{10}\right)-\Phi\left(\frac{70-83}{10}\right)=0.285\ 3,$$

$$p_4=F_0(70)-F_0(60)=\Phi\left(\frac{70-83}{10}\right)-\Phi\left(\frac{60-83}{10}\right)=0.086\ 1,$$

$$p_5=F_0(60)=\Phi\left(\frac{60-83}{10}\right)=0.010\ 7.$$

从而得到下表:

分段(单位:分)	[90,100]	[80,90)	[70,80)	[60,70)	[0,60)
实际频数n_k	19	26	15	5	5
理论频率p_k	0.242 0	0.375 9	0.285 3	0.086 1	0.010 7
理论频数 np_k	17	26	20	6	1

构造检验统计量并计算其观测值

$$\chi^2=\sum_{k=1}^{5}\frac{(n_k-np_k)^2}{np_k}=17.652\ 0.$$

对于显著性水平 $\alpha=0.05$ 而言,拒绝域为

$$W_1=\{\chi^2\geqslant\chi^2_{0.95}(5-2-1)\}=\{\chi^2\geqslant 5.99\}.$$

因此拒绝原假设,不认为期中考试成绩服从正态分布.

§8.7　独立性检验

一、内容概要

假设特性 A 有 r 个分类,特性 B 有 s 个分类,属于A_iB_j类的频数为N_{ij},其观测值记为$n_{ij}(i=1,2,\cdots,r;j=1,2,\cdots,s)$. $r\times s$ 频数列联表如下所示:

A	B				$n_{i\cdot}$
	1	2	$\cdots$	s	
1	n_{11}	n_{12}	$\cdots$	n_{1s}	$n_{1\cdot}$
2	n_{21}	n_{22}	$\cdots$	n_{2s}	$n_{2\cdot}$
$\vdots$	$\vdots$	$\vdots$		$\vdots$	$\vdots$
r	n_{r1}	n_{r2}	$\cdots$	n_{rs}	$n_{r\cdot}$
$n_{\cdot j}$	$n_{\cdot 1}$	$n_{\cdot 2}$	$\cdots$	$n_{\cdot s}$	n

其中,$n_{i\cdot}=\sum\limits_{j=1}^{s}n_{ij}$表示具有$A_i$特性的所有频数,$n_{\cdot j}=\sum\limits_{i=1}^{r}n_{ij}$表示具有$B_j$特性的所有频数,$n=\sum\limits_{j=1}^{s}\sum\limits_{i=1}^{r}n_{ij}$为样本容量.

特性 A 与 B 是否独立的假设检验问题

$$H_0:X\text{ 与 }Y\text{ 相互独立}\leftrightarrow H_1:X\text{ 与 }Y\text{ 不相互独立}.$$

对给定的显著性水平 α, 检验问题的拒绝域为

$$W_1=\left\{(n_{11},n_{12},\cdots,n_{rs}):\sum_{i=1}^{r}\sum_{j=1}^{s}\frac{\left(n_{ij}-n\dfrac{n_{i\cdot}}{n}\dfrac{n_{j\cdot}}{n}\right)^2}{n\dfrac{n_{i\cdot}}{n}\dfrac{n_{j\cdot}}{n}}\geqslant\chi^2_{1-\alpha}((r-1)(s-1))\right\}$$

二、习题全解

1. 某市交通运输部门想引入某项驾驶新规政策,通过调查问卷获得群众反馈结

果如下表所示：

性别	支持	反对	无所谓
男	32	17	87
女	28	25	65

试问性别是否影响了对该新政策的看法？（显著性水平 α 取 0.05）

解 由题意考虑以下假设检验

H_0:性别与对该新政策的看法无关联,即它们是独立的.

构造检验统计量

$$\chi^2=\sum_{i=1}^{r}\sum_{j=1}^{s}\frac{(N_{ij}-np_{i\cdot}p_{\cdot j})^2}{np_{i\cdot}p_{j\cdot}}=\sum_{i=1}^{r}\sum_{j=1}^{s}\frac{\left(N_{ij}-\dfrac{n_{i\cdot}n_{\cdot j}}{n}\right)^2}{\dfrac{n_{i\cdot}n_{\cdot j}}{n}}.$$

拒绝域为

$$W_1=\{\chi^2\geqslant\chi^2_{1-\alpha}(1\times2)\}=\{\chi^2\geqslant\chi^2_{0.95}(2)\}=\{\chi^2\geqslant5.99\}.$$

计算可得性别与对新政策看法的联合分布频数表：

	支持	反对	无所谓	合计
男	32	17	87	136
女	28	25	65	118
合计	60	42	152	254

性别与对新政策看法的理论频数分布表：

	支持	反对	无所谓	合计
男	$\frac{60\times136}{254}=32$	$\frac{42\times136}{254}=22$	$\frac{152\times136}{254}=81$	136
女	$\frac{60\times118}{254}=28$	$\frac{42\times118}{254}=20$	$\frac{152\times118}{254}=71$	118
合计	60	42	152	254

统计量计算表：

	支持	反对	无所谓	合计
男	$\frac{(32-32)^2}{32}=0$	$\frac{(17-22)^2}{22}=1.14$	$\frac{(87-81)^2}{81}=0.44$	1.58
女	$\frac{(28-28)^2}{28}=0$	$\frac{(25-20)^2}{20}=1.25$	$\frac{(65-71)^2}{71}=0.51$	1.76
合计	0	2.39	0.95	3.34

而 $\chi^2=3.34<5.99$. 所以不能拒绝原假设,即可以认为性别与对该新政策的看法无关联.

2. 为了探究不同生源地的学生是否会对不同的菜品产生偏好,后勤工作人员做了一次小调查,以下是某天调查的部分数据:

生源地	点菜人数		
	菠萝咕咾肉	毛血旺	小鸡炖蘑菇
四川	31	62	45
江苏	59	23	42
辽宁	43	37	45

能否认为学生的生源地对菜品的喜爱存在影响?(显著性水平 α 取 0.05)

解　由题意考虑以下假设检验

$$H_0:\text{生源地不影响对菜品的喜爱}.$$

构造检验统计量

$$\chi^2=\sum_{i=1}^{r}\sum_{j=1}^{s}\frac{(N_{ij}-np_{i\cdot}p_{\cdot j})^2}{np_{i\cdot}p_{j\cdot}}=\sum_{i=1}^{r}\sum_{j=1}^{s}\frac{\left(N_{ij}-\dfrac{n_{i\cdot}n_{\cdot j}}{n}\right)^2}{\dfrac{n_{i\cdot}n_{\cdot j}}{n}}.$$

拒绝域为

$$W_1=\{\chi^2\geqslant\chi^2_{1-\alpha}(2\times2)\}=\{\chi^2\geqslant\chi^2_{0.95}(4)\}=\{\chi^2\geqslant9.49\}.$$

计算可得生源地与点菜人数的联合分布频数表如下所示:

	菠萝咕咾肉	毛血旺	小鸡炖蘑菇	合计
四川	31	62	45	138
江苏	59	23	42	124
辽宁	43	37	45	125
合计	133	122	132	387

生源地与点菜人数的理论频数分布表:

	菠萝咕咾肉	毛血旺	小鸡炖蘑菇	合计
四川	$\frac{133\times138}{387}=47$	$\frac{122\times138}{387}=44$	$\frac{132\times138}{387}=47$	138
江苏	$\frac{133\times124}{387}=43$	$\frac{122\times124}{387}=39$	$\frac{132\times124}{387}=42$	124
辽宁	$\frac{133\times125}{387}=43$	$\frac{122\times125}{387}=39$	$\frac{132\times125}{387}=43$	125
合计	133	122	132	387

统计量计算表：

	菠萝咕咾肉	毛血旺	小鸡炖蘑菇	合计
四川	$\frac{(31-47)^2}{47}=5.45$	$\frac{(62-44)^2}{44}=7.36$	$\frac{(45-47)^2}{47}=0.09$	12.9
江苏	$\frac{(59-43)^2}{43}=5.95$	$\frac{(23-39)^2}{39}=6.56$	$\frac{(42-42)^2}{42}=0$	12.51
辽宁	$\frac{(43-43)^2}{43}=0$	$\frac{(37-39)^2}{39}=0.10$	$\frac{(45-43)^2}{43}=0.09$	0.19
合计	11.4	14.02	0.18	25.6

$\chi^2=25.6>9.49$. 所以拒绝原假设，即认为学生的生源地对菜品的喜爱存在影响.

3. 为了探究大学生"追星"情况，学校学生会随机抽取部分在校大学生进行调查，调查结果如下：

年级	追星	不追星
大一	231	156
大二	329	211
大三	178	207
大四及以上	157	193

请问能否认为不同年级的学生对追星有不同的态度？（显著性水平 α 取 0.05）

解 由题意考虑以下假设检验

$$H_0\text{:年级与对追星的态度独立.}$$

构造检验统计量

$$\chi^2=\sum_{i=1}^{r}\sum_{j=1}^{s}\frac{(N_{ij}-np_{i.}p_{.j})^2}{np_{i.}p_{j.}}=\sum_{i=1}^{r}\sum_{j=1}^{s}\frac{\left(N_{ij}-\frac{n_{i.}n_{.j}}{n}\right)^2}{\frac{n_{i.}n_{.j}}{n}}.$$

拒绝域为

$$W_1=\{\chi^2\geqslant\chi^2_{1-\alpha}(3\times1)\}=\{\chi^2\geqslant\chi^2_{0.95}(3)\}=\{\chi^2\geqslant7.81\}.$$

计算可得年级与对"追星"的态度的联合分布频数表：

	追星	不追星	合计
大一	231	156	387
大二	329	211	540
大三	178	207	385
大四及以上	157	193	350
合计	895	767	1 662

年级与对“追星”的态度的理论频数分布表：

	追星	不追星	合计
大一	$\frac{895\times387}{1\ 662}=208$	$\frac{767\times387}{1\ 662}=179$	387
大二	$\frac{895\times540}{1\ 662}=291$	$\frac{767\times540}{1\ 662}=249$	540
大三	$\frac{895\times385}{1\ 662}=207$	$\frac{767\times385}{1\ 662}=178$	385
大四及以上	$\frac{895\times350}{1\ 662}=188$	$\frac{767\times350}{1\ 662}=162$	350
合计	894	768	1 662

统计量计算表：

	追星	不追星	合计
大一	$\frac{(231-208)^2}{208}=2.54$	$\frac{(156-179)^2}{179}=2.96$	5.5
大二	$\frac{(329-291)^2}{291}=4.96$	$\frac{(211-249)^2}{249}=5.80$	10.76
大三	$\frac{(178-207)^2}{207}=4.06$	$\frac{(207-178)^2}{178}=4.72$	8.78
大四及以上	$\frac{(157-188)^2}{188}=5.11$	$\frac{(193-162)^2}{162}=5.93$	11.04
合计	16.67	19.41	36.08

而 $\chi^2=36.08>7.81$. 所以拒绝原假设，即认为不同年级的学生对追星有不同的态度.

第九章

相关分析和回归分析

§ 9.1 相关分析和回归分析问题

一、内容概要

皮尔逊相关系数 $R=\dfrac{\sum\limits_{i=1}^{n}(X_i-\overline{X})(Y_i-\overline{Y})}{\sqrt{\sum\limits_{i=1}^{n}(X_i-\overline{X})^2\sum\limits_{i=1}^{n}(Y_i-\overline{Y})^2}}$

线性相关程度 若$|R|\geqslant 0.8$,一般认为 X 与 Y 高度相关;若 $0.5\leqslant|R|<0.8$,一般认为 X 与 Y 中度相关;若 $0.3\leqslant|R|<0.5$,一般认为 X 与 Y 低度相关;若$|R|<0.3$,一般认为 X 与 Y 相关程度极弱.

相关关系 当变量间的关系不能完全确定时,变量间虽然有关系,但不是确定的关系,不能用函数唯一地来表示各自的关系.

二、习题全解

在工程实践中,H 型钢梁较普通工字钢承载能力大大提高,且用材少,便于拼装组合成各种构件,从而缩短工期.H 型钢梁受弯失稳以及变形破坏的三个主要因素为位移、荷载和转角,表 9.1 给出了某次 H 型钢梁受弯试验的部分实验数据.

(1) 画出该数据组中位移、荷载和转角与应变的散点图;

(2) 由散点图是否可以找出与应变关系最大的是位移、荷载和转角中的哪个因素?

表 9.1　H 型钢梁受弯试验的部分实验数据

位移/mm	荷载/kN	应变	转角/rad
484.28	-4.786	-24.161	-0.076 0
479.61	-4.808	-20.222	-0.066 3
473.30	-4.721	-18.879	-0.063 7
468.90	-4.674	-18.187	-0.060 6
467.80	-4.688	-17.022	-0.058 9
466.70	-4.724	-16.796	-0.057 1
454.34	-4.608	-15.354	-0.054 0
449.12	-4.558	-14.971	-0.052 8
446.65	-4.547	-14.714	-0.051 4
441.70	-4.539	-13.647	-0.049 7
442.80	-4.666	-13.284	-0.048 0
413.69	-4.362	-11.087	-0.043 2
384.84	-4.065	-9.131	-0.035 8
357.10	-3.851	-6.120	-0.028 4
328.53	-3.648	-4.323	-0.021 7
273.32	-3.180	-3.110	-0.018 2

(3) 计算应变与其关系较大的那个因素的相关系数.

解　(1) 该数据组的散点图如图 9.1,图 9.2,图 9.3 所示.

(2) 由散点图可以发现应变与转角的关系相关关系最大.

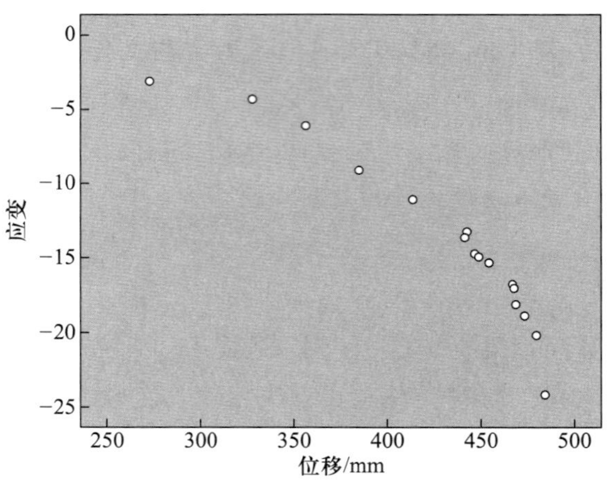

图 9.1

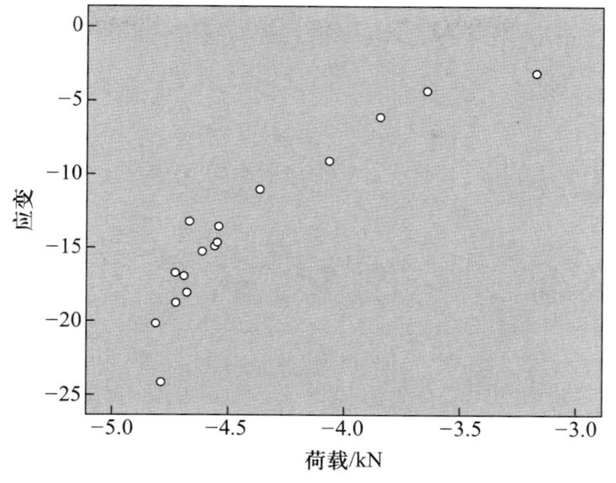

图 9.2

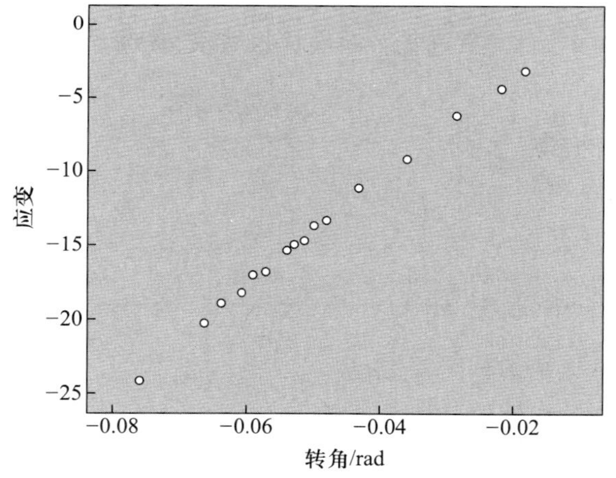

图 9.3

（3）根据相关系数的计算公式，两列数据之间的相关系数为

$$R=\frac{\sum_{i=1}^{16}(X_i-\overline{X})(Y_i-\overline{Y})}{\sqrt{\sum_{i=1}^{16}(X_i-\overline{X})^2\sum_{i=1}^{16}(Y_i-\overline{Y})^2}}=0.998\ 4.$$

§9.2　相关性检验

一、内容概要

1. 定理　若总体(X,Y)服从二维正态分布，则$R^2=\dfrac{F}{F+(n-2)}$，其中随机变量$F\sim F(1,n-2)$.

2. 相关性检验　原假设与备选假设$H_0:\rho=0\leftrightarrow H_1:\rho\neq0$，根据样本相关系数的上述性质，上述检验问题的拒绝域为$W_1=\{(x_1,y_1),(x_2,y_2),\cdots,(x_n,y_n):|r|>c\}$，其中临界点$c$可由$H_0$成立时样本相关系数$R$的分布给出.

二、习题全解

某驾校的教练对12名学员进行了两次模拟考试，成绩如表9.2所示.

表9.2　驾校模拟考试数据

学员编号	1	2	3	4	5	6	7	8	9	10	11	12
模拟考试x	97	60	52	87	77	89	79	98	94	83	74	73
模拟考试y	94	61	48	85	76	87	85	97	92	80	71	72

(1) 求两次考试成绩的相关系数；

(2) 问两次考试的成绩有无相关关系？

解　(1) 根据数据计算可得，$\bar{x}=80.25,\bar{y}=79$，两次考试成绩的相关系数为

$$R=\frac{\sum_{i=1}^{12}(X_i-\bar{X})(Y_i-\bar{Y})}{\sqrt{\sum_{i=1}^{12}(X_i-\bar{X})^2}\sqrt{\sum_{i=1}^{12}(Y_i-\bar{Y})^2}}=0.983\ 0.$$

(2) 记$\rho=\mathrm{Corr}(X,Y)$，构造原假设与备择假设如下：

$$H_0:\rho=0\leftrightarrow H_1:\rho\neq0\ .$$

上述检验问题的拒绝域为$W_1=\{(x_1,y_1),(x_2,y_2),\cdots,(x_n,y_n):|r|>c\}$，由(1)可知$R$的观测值$r=0.983\ 0$，临界值

$$c=r_{1-\alpha}(n-2).$$

不妨令显著性水平为$\alpha=0.05$，查表知$r_{0.95}(10)=0.576\ 0$. 由于$0.983\ 0>0.576\ 0$，所

以在显著性水平 $\alpha=0.05$ 下拒绝原假设，因而可以认为 $\rho\neq 0$，也就是认为 X 与 Y 是相关的，两次考试的成绩有相关关系.

§9.3　一元线性回归模型参数的估计与检验

一、内容概要

1. 一元线性回归模型　样本 $Y_1,Y_2,\cdots,Y_n$ 满足：$Y_i=a+bx_i+\varepsilon_i,i=1,2,\cdots,n$，其中 $\varepsilon_1,\varepsilon_2,\cdots,\varepsilon_n$ 相互独立，$E(\varepsilon_i)=0,\mathrm{Var}(\varepsilon_i)=\sigma^2,i=1,2,\cdots,n$. 称上述模型为**一元线性回归模型**，$a,b,\sigma^2$ 是三个未知参数，其中 b 称为**回归系数**，σ^2 称为**误差方差**.

2. 若能得到参数 a,b 的估计值 $\hat{a},\hat{b}$，则称 $y=\hat{a}+\hat{b}x$ 为 Y 关于 x 的**经验回归函数**，简称为**回归方程**.

3. 回归系数的最小二乘估计　从 $\min\limits_{a,b}\sum(y_i-a-bx_i)^2$ 中得到 a,b 的估计 $\hat{a},\hat{b}$：

$$\begin{cases}\hat{b}=\dfrac{l_{xy}}{l_{xx}},\\ \hat{a}=\overline{y}-\hat{b}\overline{x}.\end{cases}$$

称其为**最小二乘估计**，这种估计方法称为**最小二乘法**.

4. 在一元正态线性回归模型下，上式给出的 $\hat{a},\hat{b}$ 分别是 a,b 的无偏估计，且有 $\hat{a}\sim N\left(a,\dfrac{\sigma^2\sum x_i^2}{nl_{xx}}\right),\hat{b}\sim N\left(b,\dfrac{\sigma^2}{l_{xx}}\right)$.

5. 总离差平方和的平方分解式：$SS_{总}=SS_R+SS_e$，其中**总离差平方和** $SS_{总}=\sum\limits_{i=1}^{n}(Y_i-\overline{Y})^2$，**回归平方和** $SS_R=\sum\limits_{i=1}^{n}(\hat{Y}_i-\overline{Y})^2$，**误差平方和** $SS_e=\sum\limits_{i=1}^{n}(Y_i-\hat{y}_i)^2$.

6. 回归系数的显著性检验

$$H_0:b=0\leftrightarrow H_1:b\neq 0.$$

(1) **F-检验**　$F=\dfrac{SS_R}{SS_e/(n-2)}$，拒绝域 $W_1=\{(x_1,y_1),(x_2,y_2),\cdots,(x_n,y_n):F>F_{1-\alpha}(1,n-2)\}$，见表 9.3：

表 9.3　方差分析表

方差来源	平方和	自由度	均方	F 统计量
回归	SS_R	1	$MSS_R=SS_R$	$F=\dfrac{MSS_R}{MSS_e}$
误差	SS_e	$n-2$	$MSS_e=SS_e/(n-2)$	
总和	$SS_{总}$	$n-1$		

（2）**t-检验**　$T=\dfrac{\hat{b}\sqrt{l_{xx}}}{\sqrt{MSS_e}}$，拒绝域 $W_1=\{(x_1,y_1),(x_2,y_2),\cdots,(x_n,y_n):|t|>t_{1-\frac{\alpha}{2}}(n-2)\}$；

（3）**相关系数检验**　检验 $H_0:b=0$ 等价于 $H_0:\rho=0$，$R^2=\dfrac{F}{F+(n-2)}$，拒绝域 $W_1=\{(x_1,y_1),(x_2,y_2),\cdots,(x_n,y_n):|r|>r_{1-\alpha}(n-2)\}$，临界值 $r_{1-\alpha}(n-2)$ 可以通过查表得到.

二、习题全解

1. 已知 29 例儿童的血红蛋白（单位：g）与铁（单位：μg）的含量（如表 9.4 所示），试做下面工作：

（1）求出铁与血红蛋白之间的相关系数，并检验其是否为 0；

（2）找出儿童血红蛋白与铁之间的线性回归关系；

（3）使用 F-检验和 t-检验检测回归的有效性.

表 9.4　数　据　表

血红蛋白/g	13.50	13.00	13.75	14.00	14.25	12.75	12.50	12.25	12.00	11.75
铁/μg	448.70	467.30	425.61	469.80	456.55	395.78	448.70	440.13	394.40	405.60
血红蛋白/g	11.50	11.25	11.00	10.75	10.50	10.25	10.00	9.75	9.50	9.25
铁/μg	446.00	383.20	416.70	430.80	445.80	409.80	384.10	342.90	326.29	388.54
血红蛋白/g	9.00	8.75	8.50	8.25	8.00	7.80	7.50	7.25	7.00	
铁/μg	331.10	258.94	292.80	292.60	312.80	283.00	344.20	312.50	294.70	

解　（1）记血红蛋白含量为随机变量 Y，铁含量为随机变量 X，其样本观测值为 $(x_1,y_1),(x_2,y_2),\cdots,(x_{29},y_{29})$ 如表 9.4 所示. $R=\dfrac{\sum\limits_{i=1}^{29}(x_i-\bar{x})(y_i-\bar{y})}{\sqrt{\sum\limits_{i=1}^{29}(x_i-\bar{x})^2\sum\limits_{i=1}^{29}(y_i-\bar{y})^2}}=$ 0.863 4.

记 $\rho=\operatorname{Corr}(X,Y)$，构造原假设与备择假设如下：

$$H_0:\rho=0\leftrightarrow H_1:\rho\neq 0\ .$$

上述检验问题的拒绝域为 $W_1=\{(x_1,y_1),(x_2,y_2),\cdots,(x_n,y_n):|r|>c\}$，由(1)可知，$R$ 的观测值 $r=0.863\ 4$.不妨令显著性水平为 $\alpha=0.05$，查表知临界值 $c=r_{0.95}(27)=0.367\ 3$.由于 $0.863\ 4>0.367\ 3$，所以拒绝原假设，可以认为 $\rho\neq 0$.

(2) 令儿童血红蛋白与铁之间的线性回归关系为 $y=a+bx+\varepsilon$，根据样本观测值计算可得，$\bar{y}=10.536\ 2$，$\bar{x}=381.011\ 7$，$\sum_{i=1}^{29}x_iy_i=119\ 795.037\ 5$，$\sum_{i=1}^{29}y_i^2=3\ 352.402\ 5$，$\sum_{i=1}^{29}x_i^2=4\ 324\ 881.149\ 2$，$l_{xy}=\sum_{i=1}^{29}(x_i-\bar{x})(y_i-\bar{y})=3\ 376.905\ 2$，$l_{xx}=\sum_{i=1}^{29}(x_i-\bar{x})^2=114\ 953.065\ 2$.因此由最小二乘估计可知，

$$\hat{b}=\frac{l_{xy}}{l_{xx}}=0.029\ 4,\ \hat{a}=\bar{y}-\hat{b}\bar{x}=-0.665\ 5.$$

即 $y=0.029\ 4x-0.665\ 5$.

(3) 不妨令 $\alpha=0.05$.回归是否有效即检验如下假设：

$$H_0:b=0\leftrightarrow H_1:b\neq 0.$$

计算可得 $SS_{总}=133.064\ 5$，$SS_e=33.863\ 2$，$SS_R=99.201\ 3$，$MSS_R=\frac{SS_R}{1}=99.201\ 3$，$MSS_e=\frac{SS_e}{n-2}=1.254\ 2$，因此

$$F=\frac{MSS_R}{MSS_e}=\frac{99.201\ 3}{1.254\ 2}=79.095\ 3.$$

注意到 $F_{0.95}(1,27)=4.21$，现在 $F=79.095\ 3>4.21$，因此拒绝原假设 H_0，说明回归效果显著.

下面再通过 t-检验检测回归的有效性.根据计算 $\hat{b}=0.029\ 4$，$l_{xx}=114\ 953.065\ 2$，$MSS_e=1.254\ 2$，因而有

$$t=\frac{\hat{b}\sqrt{l_{xx}}}{\sqrt{MSS_e}}=8.893\ 6.$$

查表得 $t_{0.975}(27)=2.051\ 8$.现在 $t=8.893\ 6>2.051\ 8$，因此拒绝原假设 H_0，说明回归效果显著.

2. 试利用表 9.5 中的数据建立学童身高作为其体重的函数，其中身高 y(单位：in，1 in=2.54 cm)，体重 x(单位：lb，1 lb=453.59 g).

表 9.5　数　据　表

身高 y/in	56.3	62.5	62.0	64.5	65.3	61.8	63.3	65.5
体重 x/lb	85.0	112.5	94.5	123.5	107.0	85.0	101.0	140.0
身高 y/in	64.3	62.3	62.8	61.3	59.5	60.0	61.3	64.5
体重 x/lb	110.5	99.5	102.5	94.0	93.5	109.0	107.0	102.5

解　令 $y=a+bx+\varepsilon$，根据样本观测值计算可得，$\bar{x}=104.187\ 5$，$\bar{y}=62.325$，$\sum_{i=1}^{18}x_iy_i=104\ 221.7$，$\sum_{i=1}^{18}x_i^2=176\ 570$，$\sum_{i=1}^{18}y_i^2=62\ 236.16$，$l_{xy}=\sum_{i=1}^{18}(x_i-\bar{x})(y_i-\bar{y})=325.925\ 0$，$l_{xx}=\sum_{i=1}^{18}(x_i-\bar{x})^2=2\ 889.437\ 5$. 因此由最小二乘估计可知，

$$\hat{b}=\frac{l_{xy}}{l_{xx}}=0.112\ 8,\quad \hat{a}=\bar{y}-\hat{b}\bar{x}=50.572\ 7.$$

即学童身高作为其体重的函数为 $y=0.112\ 8x+50.572\ 7$.

*§ 9.4　回归的应用：预测与控制

一、内容概要

1. 对原回归方程，若有一个新的点 x_0，$Y_0=a+bx_0+\varepsilon_0$，$\varepsilon_0\sim N(0,\sigma^2)$，且 ε_0 与 ε_1，ε_2，…，ε_n 相互独立，则 Y_0 **的点估计**为 $\hat{y}_0=\hat{a}+\hat{b}x_0$，$Y_0$ 的一个置信水平为 $1-\alpha$ 的**预测区间**，其上、下限为 $(\hat{a}+\hat{b}x_0)\pm t_{1-\frac{\alpha}{2}}(n-2)\hat{\sigma}\sqrt{1+\frac{1}{n}+\frac{(x_0-\bar{x})^2}{l_{xx}}}$；

2. 若需要 Y_0 落在 y_L 与 y_U 之间的概率达到预先给定的值 $1-\alpha$，则变量 x 的**控制区间**为 $[x_L,x_U]$，其中，$x_L=\frac{1}{\hat{b}}(y_L-\hat{a}-u_{1-\frac{\alpha}{2}}\hat{\sigma}_n)$，$x_U=\frac{1}{\hat{b}}(y_U-\hat{a}+u_{1-\frac{\alpha}{2}}\hat{\sigma}_n)$.

二、习题全解

1. 试求习题 9.3 第 1 题中铁取值为 500 μg 时，血红蛋白的预测值，并给出其置信水平为 0.95 的预测区间.

解　在习题 9.3 第 1 题中，已经求得经验回归函数 $y=0.029\ 4x-0.665\ 5$，于是，当 $x_0=500$ 时，y_0 的预测值

$$\hat{y}_0=0.029\,4\times500-0.665\,5=14.034\,5.$$

由$t_{0.975}(27)=2.051\,8$,$\hat{\sigma}=1.119\,9$及

$$d=\sqrt{1+\frac{1}{n}+\frac{(x_0-\bar{x})^2}{l_{xx}}}=\sqrt{1+\frac{1}{29}+\frac{(500-381.011\,7)^2}{114\,953.065}}=1.075\,9.$$

得到Y_0的双侧 0.95 预测区间的上、下限分别为

$$\begin{aligned}\hat{y}_0\pm t_{0.975}(27)\hat{\sigma}d&=14.034\,5\pm2.051\,8\times1.119\,9\times1.075\,9\\&=14.034\,5\pm2.472\,2,\end{aligned}$$

即所求预测区间为(11.562 3,16.506 7). 这说明当铁含量为 500 μg 时,血红蛋白的估计值为 14.034 5g,所在范围为(11.562 3,16.506 7).

2. 试问当希望习题 9.3 第 1 题中血红蛋白的值在 8-13 g 的概率达到 0.95 时,铁的含量应该控制在什么范围?

解 计算可得$\hat{\sigma}_n=1.080\,6$,$u_{0.975}=1.96$,$\hat{a}=-0.665\,5$,$\hat{b}=0.029\,4$,$y_L=8$,$y_U=13$,所以可以求得

$$x_L=\frac{1}{\hat{b}}(y_L-\hat{a}+u_{1-\frac{\alpha}{2}}\hat{\sigma}_n)=\frac{1}{0.029\,4}(8+0.665\,5+1.96\times1.080\,6)=366.784\,9,$$

$$x_U=\frac{1}{\hat{b}}(y_U-\hat{a}-u_{1-\frac{\alpha}{2}}\hat{\sigma}_n)=\frac{1}{0.029\,4}(13+0.665\,5-1.96\times1.080\,6)=392.772\,9.$$

因此铁的含量最好控制在区间(366.784 8,392.772 9)之内.

§9.5 一元非线性回归的线性化方法

一、内容概要

1. 可线性化的非线性回归函数$f(x)$,其回归模型可以通过函数变换成为线性回归模型,如:

双曲函数$\frac{1}{y}=a+b\frac{1}{x}$,令$y'=\frac{1}{y}$,$x'=\frac{1}{x}$,双曲函数转化为$y'=a+bx'$;

幂函数 $y=ax^b$,令$y'=\ln y$,$x'=\ln x$,$a'=\ln a$,幂函数化为$y'=a'+bx'$;

指数函数 $y=a\mathrm{e}^{bx}$,令$y'=\ln y$,$a'=\ln a$,指数函数化为$y'=a'+bx$;

对数函数 $y=a+b\ln x$,令$x'=\ln x$,对数函数化为$y=a+bx'$;

S 形曲线 $y=\frac{1}{a+b\mathrm{e}^{-x}}$,令$y'=\frac{1}{y}$,$x'=\mathrm{e}^{-x}$,S 形曲线转化为$y'=a+bx'$.

2. 评判拟合效果的优劣：

复相关系数$R^2=\dfrac{SS_R}{SS_总}=1-\dfrac{SS_e}{SS_总}$. R^2的观测值越大，说明残差越小，回归曲线拟合越好；

剩余标准差 $s=\sqrt{\dfrac{SS_e}{n-2}}=\sqrt{\dfrac{\sum(y_i-\hat{y}_i)^2}{n-2}}$，$s$ 为平均残差平方和的标准差，s 越小，拟合越好.

二、习题全解

1. 在斜槽内滚下小球，用定时摄影法测得各时刻（单位：s）球心与原始位置间的距离（单位：cm）的数据如表 9.6 所示. 已知 $y=kt^2+\varepsilon_i$，试求经验回归函数.

表 9.6　数　据　表

时间 t/s	0.50	0.55	0.60	0.65	0.70	0.75	0.80	0.85	0.90	0.95	1.00
距离 y/cm	23.3	28.4	33.6	39.1	45.8	52.1	58.8	67.1	75.1	83.8	93.2

解　令 $t'=t^2$，则 $y=kt'+\varepsilon_i$. 由截距为 0 的最小二乘公式可知

$$\hat{k}=\frac{\sum\limits_{i=1}^{11}t_i'y_i}{\sum\limits_{i=1}^{11}t_i'^2}=92.867\ 7.$$

因此 y 与 t' 的经验回归函数为 $y=92.867\ 7t'$，即 $y=92.867\ 7\ t^2$.

2. 对不同的黄沙堆测得数据如表 9.7 所示，试用幂函数和指数函数求跨度（单位：m）l 与质量（单位：kg）y 之间的经验公式，并根据复相关系数R^2选择哪个更好.

表 9.7　数　据　表

跨度 l/m	2.90	3.14	3.20	3.25	4.02	5.07
质量 y/kg	2 131	2 590	2 705	2 813	5 181	11 103

解　首先令 $y=al^b+\varepsilon$，作变换，令 $y'=\ln y$，$l'=\ln l$，$a'=\ln a$，将上述幂函数化为$y'=a'+bl'+\varepsilon$，此时数据为

跨度 l'/m	1.064 7	1.144 2	1.163 2	1.178 7	1.391 3	1.623 3
质量 y'/kg	7.664 4	7.859 4	7.902 9	7.942 0	8.552 8	9.315 0

由上表数据计算可得$\overline{l'}=1.260\ 9$，$\overline{y'}=8.206\ 1$，$\sum l_i'y_i'=62.727\ 0$，$\sum l_i'^2=9.755\ 9$，$\sum y_i'^2=405.961\ 5$，$l_{l'y'}=\sum(l_i'-\overline{l'})(y_i'-\overline{y'})=0.645\ 2$，$l_{l'l'}=\sum(l_i'-\overline{l'})^2=0.216\ 8$，$SS_R=$

1.920 2，$SS_{总}=1.925\ 2$.

因此系数为

$$\hat{b}=\frac{l_{l'y'}}{l_{l'l'}}=2.976\ 0,\widehat{a'}=\overline{y'}-\hat{b}\overline{l'}=4.453\ 7.$$

经验回归函数为$y'=4.453\ 7+2.976l'$，即 $\ln y=4.453\ 7+2.976\ln l$，因此跨度 l 与质量 y 之间的经验公式为 $y=85.944\ 4\ l^{2.976}$，$R_1^2=\frac{SS_R}{SS_{总}}=\frac{1.920\ 2}{1.925\ 2}=0.997\ 4$.

再令 $y=ke^{tl}+\varepsilon$，作变换令 $y'=\ln y,k'=\ln k$，将上述指数函数化为 $y'=k'+tl+\varepsilon$，此时数据为

跨度 l/m	2.90	3.14	3.20	3.25	4.02	5.07
质量 y'/kg	7.664 4	7.859 4	7.902 9	7.942 0	8.552 8	9.315 0

由上表数据计算可得$\overline{l}=3.596\ 7$，$\overline{y'}=8.206\ 1$，$\sum l_iy_i'=179.614\ 8$，$\sum l_i^2=80.937\ 4$，$\sum y_i'^2=405.961\ 5$，$l_{ly'}=\sum(l_i-\overline{l})(y_i'-\overline{y'})=2.528\ 1$，$l_{ll}=\sum(l_i-\overline{l})^2=3.321\ 3$，$SS_R=1.924\ 3$，$SS_{总}=1.925\ 2$.因此系数为

$$\hat{t}=\frac{l_{ly'}}{l_{ll}}=0.761\ 2,\hat{k'}=\overline{y'}-\hat{t}\overline{l}=5.468\ 3.$$

经验回归函数为$y'=5.468\ 3+0.761\ 2l$，即 $\ln y=5.468\ 3+0.761\ 2l$，因此跨度 l 与质量 y 之间的经验公式为 $y=237.056\ 9\ e^{0.761\ 2l}$，$R_2^2=\frac{SS_R}{SS_{总}}=\frac{1.924\ 3}{1.925\ 2}=0.999\ 5$.

由于$R_2^2>R_1^2$，因此使用指数函数效果更好.

3. 若干城市 9—17 岁女子的平均体重资料如表 9.8 所示，试分别拟合直线回归方程、二次抛物线、三次抛物线，并选择一种最适合的回归模型.

表 9.8　数　据　表

年龄/岁	9	10	11	12	13	14	15	16	17
体重/kg	24.6	27.1	30.5	34.1	38.5	42.3	45.4	47.4	48.6

解　记年龄为 X，体重为 Y.

直线拟合：令 $y=a_1+b_1x+\varepsilon$，根据样本观测值计算可得，$\overline{x}=13$，$\overline{y}=37.611\ 1$，$\sum x_iy_i=4\ 595.4$，$\sum x_i^2=1\ 581$，$\sum y_i^2=13\ 374.05$，$l_{xy}=\sum(x_i-\overline{x})(y_i-\overline{y})=194.90$，$l_{xx}=\sum(x_i-\overline{x})^2=60$，$SS_R=633.100\ 2$，$SS_e=9.588\ 7$，$SS_{总}=642.688\ 9$.

因此由最小二乘估计可知，

$$\widehat{b_1}=\frac{l_{xy}}{l_{xx}}=3.248\ 3,\widehat{a_1}=\overline{y}-\widehat{b_1}\overline{x}=-4.616\ 8.$$

即经验回归函数为 $y=3.2483x-4.6168$，复相关系数$R_1^2=\dfrac{SS_R}{SS_{总}}=0.9851$，剩余标准差$s_1=\sqrt{\dfrac{SS_e}{n-2}}=1.1704$.

二次抛物线拟合：令 $y=a_2+b_2x^2+\varepsilon$，作变换，令$x_2=x^2$，将上述二次抛物线化为 $y=a_2+b_2x_2+\varepsilon$，此时数据为

x_2	81	100	121	144	169	196	225	256	289
y	24.6	27.1	30.5	34.1	38.5	42.3	45.4	47.4	48.6

根据样本观测值计算可得，$\overline{x_2}=175.6667$，$\overline{y}=37.6111$，$\sum x_{2i}y_i=64495.6$，$\sum x_{2i}^2=318597$，$\sum y_i^2=13374.05$，$l_{x_2y}=\sum(x_{2i}-\overline{x_2})(y_i-\overline{y})=5032.4333$，$l_{x_2x_2}=\sum(x_{2i}-\overline{x_2})^2=40868$，$SS_R=619.6874$，$SS_e=23.0015$，$SS_{总}=642.6889$.

因此由最小二乘估计可知，

$$\widehat{b_2}=\frac{l_{x_2y}}{l_{x_2x_2}}=0.1231,\ \widehat{a_2}=\overline{y}-\widehat{b_2}\overline{x_2}=15.9865.$$

即经验回归函数为 $y=0.1231x^2+15.9865$，复相关系数$R_2^2=\dfrac{SS_R}{SS_{总}}=0.9642$，剩余标准差$s_2=\sqrt{\dfrac{SS_e}{n-2}}=1.8127$.

三次抛物线拟合：令 $y=a_3+b_3x^3+\varepsilon$，作变换，令$x_3=x^3$，将上述二次抛物线化为 $y=a_3+b_3x_3+\varepsilon$，此时数据为

x_3	729	1 000	1 331	1 728	2 197	2 744	3 375	4 096	4 913
y	24.6	27.1	30.5	34.1	38.5	42.3	45.4	47.4	48.6

根据样本观测值计算可得，$\overline{x_3}=2457$，$\overline{y}=37.6111$，$\sum x_{3i}y_i=931356.6$，$\sum x_{3i}^2=70950741$，$\sum y_i^2=13374.05$，$l_{x_3y}=\sum(x_{3i}-\overline{x_3})(y_i-\overline{y})=99662.10$，$l_{x_3x_3}=\sum(x_{3i}-\overline{x_3})^2=16619100$，$SS_R=597.6578$，$SS_e=45.0311$，$SS_{总}=642.6889$.

因此由最小二乘估计可知，

$$\widehat{b_3}=\frac{l_{x_3y}}{l_{x_3x_3}}=0.0060,\ \widehat{a_3}=\overline{y}-\widehat{b_3}\overline{x_3}=22.8691.$$

即经验回归函数为 $y=0.006x^3+22.8691$，复相关系数$R_3^2=\dfrac{SS_R}{SS_{总}}=0.9299$，剩余标准差$s_3=\sqrt{\dfrac{SS_e}{n-2}}=2.5363$.

因此三种拟合方式的复相关系数和剩余标准差为

	直线拟合	二次抛物线	三次抛物线
复相关系数R^2	0.985 1	0.964 2	0.929 9
剩余标准差 s	1.170 4	1.812 7	2.536 3

结合复相关系数和剩余标准差可知,用直线拟合最合适.

参考文献

[1] 茆诗松,程依明,濮晓龙. 概率论与数理统计教程.3 版.北京:高等教育出版社,2019.

[2] 茆诗松,程依明,濮晓龙. 概率论与数理统计教程(第三版)习题与解答. 北京:高等教育出版社,2020.

[3] 何书元. 概率论. 北京:北京大学出版社,2006.

[4] ROSS S M.Introductory Statistics.3rd ed.Pittsburgh:Academic Press,2010.

[5] 韦博成. 参数统计教程. 北京:高等教育出版社,2006.

[6] 李贤平. 概率论基础. 3 版. 北京:高等教育出版社,2010.

[7] 何迎晖,闵华玲. 数理统计. 北京:高等教育出版社,1989.

[8] 王福保,等. 概率论及数理统计. 3 版. 上海:同济大学出版社,1994.

[9] 王静龙,梁小筠. 非参数统计分析. 北京:高等教育出版社,2007.

[10] 陈家鼎,孙山泽,李东风,等. 数理统计学讲义. 2 版. 北京:高等教育出版社,2006.

[11] 同济大学概率统计教研组. 概率统计. 4 版. 上海:同济大学出版社,2009.

[12] 同济大学数学系. 工程数学　新编统计学教程. 北京:高等教育出版社,2008.

[13] 同济大学数学科学学院. 工程数学　概率统计简明教程. 3 版. 北京:高等教育出版社,2021.

[14] 盛骤,谢式千,潘承毅. 概率论与数理统计. 5 版. 北京:高等教育出版社,2019.

[15] RICE J A.Mathematical Statistics and Data Analysis.2nd ed.North Scituate,Mass:Duxbury Press,1995.

[16] SCHEAFFER R L,YOUNG L J. Introduction to Probability and Its Applications. 3rd ed. Boston: Cengage Learning,2010.

[17] 王俊峰,冯玉龙. 光强对两种入侵植物生物量分配、叶片形态和相对生长速率的影响. 植物生态学报,2004,28(6):781-786.

[18] 程丽,何金平. 调水工程监测效应量运行安全监控指标的分级方法. 水电与新能源,2022,36(4):6-9.

[19] 邬华芝,郭海丁,高德平. 疲劳破坏寿命的概率统计方法研究综述. 强度与环境,2002,29(4):38-44.

[20] 胡春华,周文斌,肖化云,等. 鄱阳湖富营养化现状及其正态分布特征分析. 人民长江,2010,41(19):64-68.

[21] 杨笛,邹斌,孙柏雨,等. 自然指数分布函数解析多种物理实际问题的教学研究. 内蒙古师范大学学报(教育科学版),2021,34(2):152-156.

[22] 张文灿,郭咏梅,杨丽. 稀土元素科普系列:铽. 稀土信息,2021(4):31-34.

[23] 明英,蒋晶珏. 视觉监视中基于柯西分布的统计变化检测. 中国图象图形学报,2008,13(2):328-334.

读者意见反馈

为收集对教材的意见建议，进一步完善教材编写并做好服务工作，读者可将对本教材的意见建议通过如下渠道反馈至我社。

咨询电话　400-810-0598

反馈邮箱　hepsci@pub.hep.cn

通信地址　北京市朝阳区惠新东街 4 号富盛大厦 1 座

　　　　　高等教育出版社理科事业部

邮政编码　100029